U0172330

城市意匠

国家出版基金项目
NATIONAL PUBLICATION FOUNDATION

『十三五』国家重点图书出版规划项目

大美中国系列丛书
The Magnificent China Series

王贵祥　陈薇　主编
Edited by
WANG Guixiang CHEN Wei

Planning and Design Aesthetics of
Historical Cities

覃力　著
Written by
QIN Li

中国建筑工业出版社
中国城市出版社

目 录

第一章　绪论　　　　　　　　　　　　　　　　　　001

第二章　中国古代城市的发展历程　　　　　　　　009
第一节　从黄帝筑城邑到封土建国　　　　　　　　009
一、史前　　　　　　　　　　　　　　　　　　　009
二、夏　　　　　　　　　　　　　　　　　　　　012
三、商　　　　　　　　　　　　　　　　　　　　014
四、西周　　　　　　　　　　　　　　　　　　　018
第二节　经自由发展转向天下一统　　　　　　　　021
一、春秋战国　　　　　　　　　　　　　　　　　021
二、秦　　　　　　　　　　　　　　　　　　　　024
三、汉　　　　　　　　　　　　　　　　　　　　027
第三节　封闭方正的宏伟城池　　　　　　　　　　032
一、三国曹魏　　　　　　　　　　　　　　　　　032
二、魏晋南北朝　　　　　　　　　　　　　　　　034
三、隋唐　　　　　　　　　　　　　　　　　　　039
第四节　平民化的生活空间　　　　　　　　　　　046
一、北宋　　　　　　　　　　　　　　　　　　　046
二、南宋　　　　　　　　　　　　　　　　　　　049
第五节　传统经典的确立　　　　　　　　　　　　053
一、辽、夏、金　　　　　　　　　　　　　　　　053
二、元　　　　　　　　　　　　　　　　　　　　054
三、明清　　　　　　　　　　　　　　　　　　　058

第三章　中国古代城市的职能与规模建制　　　　　069
第一节　城市的性质及职能　　　　　　　　　　　069
一、行政置点城市　　　　　　　　　　　　　　　069
二、军事要塞城市　　　　　　　　　　　　　　　073

三、经济都会城市　　　　　　　　　　　078
第二节　城市的规模及建制　　　　　　　081
一、城市层级　　　　　　　　　　　　081
二、城市规模　　　　　　　　　　　　085
三、城市人口　　　　　　　　　　　　088

第四章　中国古代城市的形态与营筑理念　　093
第一节　格局方整的空间形态　　　　　　093
一、方数为典　　　　　　　　　　　　093
二、井田概念　　　　　　　　　　　　098
第二节　时空合一的方位观念　　　　　　100
一、居中观　　　　　　　　　　　　　100
二、方位观　　　　　　　　　　　　　102
第三节　取象于天的设计原则　　　　　　105
一、与天同构　　　　　　　　　　　　105
二、中宫天极　　　　　　　　　　　　106

第五章　中国古代城市的核心建筑与奉祀场所　111
第一节　宫室衙署　　　　　　　　　　　111
一、夏商周的宫室　　　　　　　　　　111
二、秦汉以后的宫室　　　　　　　　　114
三、中央官署　　　　　　　　　　　　120
四、地方官署　　　　　　　　　　　　123
第二节　祠庙寺观　　　　　　　　　　　129
一、宗庙与社稷　　　　　　　　　　　129
二、文庙与武庙　　　　　　　　　　　133
三、民间奉祀的庙宇　　　　　　　　　137
四、佛寺与道观　　　　　　　　　　　142

第六章　中国古代城市的道路规划与里坊街市　149
第一节　道路系统　　　　　　　　　　　149
一、路网结构形态　　　　　　　　　　149
二、道路宽度规限　　　　　　　　　　152
三、形制铺装设计　　　　　　　　　　156
第二节　里坊聚居　　　　　　　　　　　160
一、闾里　　　　　　　　　　　　　　160

二、里坊 163

三、街巷 166

第三节 市制兴衰 169

一、王室贵族垄断的市 169

二、官府管理的市 170

三、封闭市制的瓦解 173

第四节 街市水乡 174

一、商业街市 174

二、街巷生活 178

三、河街水巷 180

第七章 中国古代城市的生活设施与公共活动场所 185

第一节 面向大众的生活服务设施 185

一、酒楼 185

二、茶馆 188

三、戏园 190

第二节 丰富多彩的公共活动场所 195

一、佛寺的节日庆典 195

二、庙会经济的繁荣 197

三、同乡行会的聚所 200

第八章 中国古代城市的景观建筑与防御设施 207

第一节 城防设施 207

一、城墙 207

二、城门 214

第二节 形象标志 219

一、城楼 219

二、钟鼓楼 225

第三节 景观建筑 230

一、风水楼阁 230

二、牌坊 236

后记 241

索引 245

图片来源 249

主要参考书目 255

　　"城市"一词在中国，可以简称为"城"，"城"字在传统的汉语词意中，有着双重含义，既指城市，又代表城墙。

　　自古以来，中国的城市与城墙，就是紧密地联系在一起不可分离的，不论是都城，还是各地的府、州、县城，均被城墙所环绕，就连一些规模较大的市镇和堡寨也都修建有城墙。宋人黄榦曾说："州郡不可无城壁，如人家不可无墙垣，人身不可无衣服"①。清代文人李渔又曰："国之宜固者城池，城池固而国始固。家之宜坚者墙壁，墙壁坚而家始坚"②。我们从勉斋和笠翁两位先生的文字之中，便可以看到古人对待城市与城墙的态度。实际上，城、郭二字，就都与甲骨文的"✛"字有着直接的关系，城、郭二字同源，它形象地表明，中国古代的城市是由带有门楼的墙垣围合而成的聚居地。

　　虽说城墙并不是城市形成的必然条件，但是，中国古代的大多数城市都普遍修建有城墙，绝大多数的城市人口（非农业人口）均集中在有城墙的城市之中，甚至有些从事农业生产的人，也居住在城市之内。很多古城都拥有不止一道墙垣，而是修筑有两重抑或是三重城墙，人们一般会把内城称为"城"，外城叫作"郭"，即《管子》所说的："内为之城，城外为之郭"③。唐代以后，也将内城称为"子城"，或是"小城"，外城叫作"罗城"，或是"大城"。总之，这是一种多重内向性的围合式空间结构，一道道、一重重的城墙，构成了古人生活聚居地最为基本的特征，高高的城墙和城门楼也成了中国古代城市的形象标志。中国人甚至还修建了围绕着国境的城墙——万里长城，而这一举世罕见的伟大工程，更成为中华民族的

---

① （宋）黄榦. 勉斋先生文集［M］. 北京：北京图书馆出版社，2005.
② （清）李渔. 闲情偶寄［M］. 天津：天津古籍出版社，1996.
③ （战国）管仲. 管子·度地［M］. 扬州：广陵书社，2009.

图1-1　万里长城

长城是古代中国疆域的防卫设施，修筑长城的历史可以上溯至春秋战国，当时各国互相攻伐，在各自的边境修建有长度不等的城垣。秦始皇统一中国后，连接并重修了战国长城，始有"万里长城"之说。今天我们所见到的长城是明代重新修筑完成的。

图1-2　万里长城

长城以连绵不断的城墙为主体，并与大量的城、障、亭、台相结合，形成可以阻隔敌骑行动的一道物质屏障。根据《居延汉简》的记载是"五里一燧，十里一墩，三十里一堡，百里一城"，是点线面相结合的军事防卫设施。

象征。

　　这些环绕着城市的城墙，不仅在防御外来入侵方面起着十分重要的作用，同时也迎合了中国传统社会结构的内向性和封闭性，便于统治者对内部进行管理。所以，在古代，人们对于修筑城墙一直非常看重，认为是关系到城市兴衰的大事，同时也对城墙的建造寄予厚望，怀有极大的热情，数千年来反复修建，以至于最终将其升华成为一种民间信仰，也就是普遍存在于中国城市之中的对"城隍神"的祭祀。于是，在中国的各级城市之中，便都修建有城隍庙，官府亦将对城隍的祭拜列入国家祀典，官民共祭，以期城隍神能够在冥冥之中保护城市的太平。

　　关于"城市"一词的起源，有人考证最早见于《诗经·鄘风》，文曰："文公徙居楚丘，始建城市而营宫室"[1]。唐代经学家孔颖达疏云："始建城，使民得安处。始建市，使民得交易"[2]。可见，这里所讲之"城市"，乃是"城"（城墙）与"市"（市场）两个独立语义名词的并称，与现代人对城市的认识还是有些不同的。但是，到了战国时期，"城"与"市"就开始结合在一起，形成了新的概念，"城市"一词的应用也比较常见了。虽说"城市"一词大致出现在周代，但是很明显，城市的建设要早

---

① （周）尹吉甫采集. 诗经·鄘风［M］. 北京：中华书局，2015.
② （清）阮元校勘. 十三经注疏［M］. 北京：中华书局，1980.

得多，从近年来考古发掘的成果来看，夏商之时的古城就已经具备了城市的基本要素，只是概念形成的较晚，语义表达尚未定型。战国时，"城市"一词才被固定下来，其意为：特指与乡村相对的聚居形态。后来，经过漫长的演变，至近代又注入了新的含义，才使其与英文中的city、urban、town等词大致相当，并一直沿用至今。

"邑"字相对较早，出现在殷商时期，也是指人群聚居之地。《释名》中谓："邑，犹俋，聚会之称也"[1]。甲骨文中称商王的都城为"天邑""大邑"；商周时，也称一般的聚落为"某某邑"。可见，不论聚居地的大小与重要程度如何，均可以称之为"邑"，都城可以称为"都邑"，乡里也可以叫作"乡邑"，聚族而居的地方还可以称为"族邑"，邑应当是聚居地的统称。此外，上古时期，许多古城的名字都带有邑旁，如郭、郢、郏、邺、邯郸等，说明邑还是城的表意。邑与城之间的区别在于：城，有城墙；而邑，早期与城墙无关，后来，既指有城墙的聚居地，也指无城墙的聚居地。城，侧重于墙垣；而邑，则重在聚居。"城邑"连用，或可与"城市"相通，但是，多指早期的城市。商周之际，城邑实指以宗族为基础的邦国，经济因素较弱，泛指有别于乡野的人群聚居地，《说文解字》中之所以释"邑"为"国也"[2]，说的就是这层意思。

从早期世界各地城市的发展情况来看，中国古代城市的起源，与西方城市一样，都是因阶级分化和军事冲突而产生的，并没有本质上的差别。但是，在随后的历史发展进程之中，中国古代的城市经历了夏、商、周——早期城邑阶段，秦至唐——古代前期城市阶段以及宋至清——古代后期城市阶段，持续地传承迭代，四千余年，已经形成了自己的鲜明特色。

就城市的性质而言，自聚落分化、发展形成城市之后，中国古代城市的设置，除了军事防御目的之外，主要就是出于王朝统治方面的需要，不论是都城，还是各级地方城市，均是维系政权的重要工具。在中国，筑城本身一直就是一项经过精心策划的政治行动，同时，也是一种

---

① （东汉）刘熙撰.（清）毕沅疏证，释名疏证补［M］.王先谦补.北京：中华书局，2008.
② （汉）许慎.说文解字［M］.北京：中华书局，1963.

极为重要的获取和展示统治权力的手段，所以，城市工商业的发展才会长期受到限制，因而中国古代大多数城市的兴衰也就很自然地取决于政治因素。许多城市都是先修筑了城墙，而后才形成街市，筑城也是为了设治和容纳、管理臣民。所以，《说文解字》中才有"城，以盛民也"①的解释，而战国时期的宋国博士卫平说得就更加直白了："牧人民，为之城郭。"②

由于筑城的目的不同，所以也就导致了中国古代城市的发展道路、城市空间格局及其在社会经济结构中所起的作用与西方古代的城市不太一样，并在很多方面都呈现出与西方城市不同的形态特征。在埃及与美索不达米亚的城市之中，神庙居于统领地位，是城市中最为神圣的地方，所谓的"Babi-ilani"（巴比伦的全称）即是"众神之门"的意思，是诸神降临的地方③。但是在中国，早期城邑的文明却是以祭祀祖先的宗庙为核心，祖先崇拜在中国早期城市的演进过程中扮演过非常重要的角色。中世纪以后，中国的城市也与西方以及日本的城市有着较大的差异。欧洲的古城，有很多是基于商业与交通上的原因兴建起来的，也有一些城市，是在形成了市街之后才开始修筑城墙的，城市经济和市民公共活动是推动城市发展的主因。而日本的城，不过是统治者（各地的大名）的堡垒要塞，平民百姓都居住在城外，所以，平民聚居的街市在日本被称作"城下町"。此外，城市中心的建设内容也不尽相同。中国的城市中心，在早期城邑阶段是宗庙与宫室，后来的城市中心地段多设置衙署（都城是宫殿）和钟、鼓楼，一直都是政治性的权力和礼仪中心。在欧洲古希腊、古罗马时期，城市中心最重要的设施是神庙、元老院、竞技场、大型浴室等多元化的公共建筑，后来则发展演变成为市民的公众生活场所——广场、市场和教堂。而日本城中最重要的、建筑形制最为壮观的天守阁，却是城主（大名）的家。

虽说不同地域之间的城市经济、文化以及城市建设的方式总会通过各种交流相互影响，相互学习、借鉴，进而产生一些高度契合的共同价

---

① （汉）许慎.说文解字［M］.北京：中华书局，1963.
② （汉）司马迁.史记·龟策列传［M］.北京：中华书局，1975.
③ （美）乔尔·科特金.全球城市史［M］.王旭，等译.北京：社会科学文献出版社，2014.

值观，而且中国古代城市在漫长的整合、发展过程之中，也经历了数次重大变化，物质空间所承载的城市文化，在不同的发展阶段，也呈现出不同的面貌，但是，中国古代城市的规划建设思想及其文化内涵却是一脉相承的，在世界上，仍然可以说是独树一帜。

早在三千多年前的周代，中国就已经出现了以维护礼制为目标的城市建设思想的萌芽。所谓"礼制"，就是规范人们的行为，也就是要按照等级秩序去规限、指导营筑活动，《周礼·考工记》及其他一些先秦文献中所记载的"建国制度"和"营国制度"[①]，就是后人对这一城市建设思想的总结。它既是世界城市规划学史上最早出现的理论体系之一，也是影响极为深刻、长久的体系之一。在这一城市建设思想的影响之下，经过后世的不断发展和完善，在中国，逐渐建立起了一整套强调礼仪教化的城市空间设计原则和自上而下的、由官府严格控制的规划建设制度，以及与国家行政体制相一致的城镇体系。另外，还相继出现了秦咸阳、汉长安等气势开阔、规模宏大的都城，以及隋唐长安、北宋汴梁、南宋临安等人口接近百万的特大城市，而在元大都的基础之上修建起来的明清北京城，亦是举世闻名的经典杰作，其规划和建设成就在当时均达到了相当高的水准，在世界城市发展史上占有重要的位置，城市建筑等物质遗存，也是直至今日仍然闪烁着极其璀璨的光芒。

就古代世界而言，中国城市的形成晚于两河流域、埃及和印度，但是，自城市发展到一定程度之后，中国城市便开始引起了世人的关注。不仅城市的空间形态迥异于世界其他地区，而且城市的数量、城市的占地规模和城市人口也是后来居上，很多时候，都是明显地大于或是多于同一时期的其他地域。

西汉时，中国就已经拥有1500多座城市（县级以上的城市），城市户籍人口占到了全国总人口的17.5%[②]。而同一时期的西方大国罗马，大约拥有600多座城市，城市人口仅占全国人口的1/14。古罗马最强盛

① 闻人军.考工记译注［M］.上海：上海古籍出版社，2008.
② 关于汉代城市人口的占比，有多种说法，本书采用赵冈的《秦汉以来城市人口之变迁》一文中西汉城市人口占比为17.5%的测算数据。但是，也有学者认为，汉代城市人口的占比应该更高，或为27%左右，日本学者宇都宫清吉的推测甚至达到了30%。

时期的城市占地面积约为20平方公里^①，此时，西汉长安城圈的占地面积已经达到了36平方公里，若是加上郭区，占地规模很可能会超过罗马城的一倍以上。隋唐长安城的占地面积更是达到了84平方公里，是古代世界最大的城市。直到中世纪之前，英国伦敦的占地面积却只有1平方英里（约2.6平方公里），加上威斯敏斯特地区，伦敦市的占地规模也就在4平方公里左右。法国巴黎到1370年时，城圈内的占地面积亦不过是4.4平方公里^②。两宋时期，汴梁和临安的人口密度均已高达每平方公里1万多人^③，而现在，日本东京（23区）的人口密度也不过是每平方公里1.4万人。这就充分说明，中国在聚居方式上，有着自己的发展特征。

在汉文化圈中，中国古代城市对周边地区的影响也很大，朝鲜和越南等国家都修建有中国式的"城"，日本的平成京（奈良）和平安京（京都）、新罗的王京（庆州）、韩国的汉城（首尔）、越南的顺化等都城，也都借鉴了中国的城市建设经验。中国城市的规划建设方法，可以说是远播域外，在一定程度上成为周边地区学习的楷模。

时至今日，中国古代在城市规划和城市建设方面所取得的成就已经举世公认，其规划布局上所特有的传统风格，亦广为世人称道，当今的一些城市规划理论也从中汲取了不少的精华。纵观整个世界，还很少有哪个国家的城市规划建设思想能够数千年来，连绵不断地延展得如此广阔和深远，也没有哪个国家的城市像中国那样，两千多年来，一直都是在有组织的"营建制度"的控制之下，形成了一个完整的、遍布全国的城市网络。这些在自然环境与社会因素的综合作用之下所创造出来的城市意匠，对于我们来说，则无疑是值得万分珍视的人类智慧与技术文明的结晶，是一份非常珍贵的文化遗产，也是一种人世间的大美！

① （意）贝纳沃罗.世界城市史［M］.薛钟灵，等译.北京：科学出版社，2000.
② （意）贝纳沃罗.世界城市史［M］.薛钟灵，等译.北京：科学出版社，2000.
③ 包伟民.宋代城市研究［M］.北京：中华书局，2014.

第一节 从黄帝筑城邑到封土建国

一、史前

中国的城始自三皇五帝时期，文献记载中有"黄帝筑城邑"[①]，又有"鲧筑城以卫君，造郭以守民，此城郭之始也"[②]，以及"城郭自禹始也"[③]等多种说法。考古发掘亦表明，四五千年以前，中国就已经出现了一批数量可观的较为原始的"城"[④]。同时，考古还印证了"城"的出现是源于原始聚落的分化与公共权力的集中，城与文明的形成和国家的诞生息息相关。

湖南澧县的城头山古城遗址是目前所知年代最早的史前古城，距今4800～6000年。遗址上的堆土城垣呈现为不规则圆形，占地面积7.6万平方米，时间上大致与传说中的黄帝时期相当[⑤]。河南郑州的西山古城遗址，距今4800～5300年，有学者认为，该城与黄帝似乎有着某种密切关系[⑥]。河南巩义的双槐树遗址，是一座5300多年前超大规模的中心聚落，

---

① （汉）司马迁.史记·轩辕本记［M］.北京：中华书局，1975.

② （汉）赵晔.吴越春秋［M］.张觉，译注.上海：上海三联书店，2013.

③ （晋）张华.博物志（外七种）［M］.王根林，校点.上海：上海古籍出版社，2012.

④ 根据历年考古资料统计，目前全国各地已经经过发掘的史前古城遗址就有50余座，未经发掘的更多，这说明，当时此种类型的聚居形态应该是比较普遍的。

⑤ 湖南省文物考古研究所.澧县城头山古城址1997～1998年度发掘简报［J］.文物，1999（6）；湖南省文物考古研究所.澧县城头山：新石器时代遗址发掘报告［M］.北京：文物出版社，2007.

⑥ 陈隆文.从祝融部落的迁徙看郑州西山古城遗址的兴废［J］.中原文物，1996（3）.

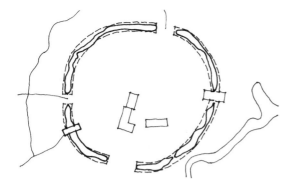

图2-1　湖南澧县城头山古城平面示意图

湖南澧县的城头山大溪文化城址，是中国目前发现最早的一座"城"，距今4800～6000年。夯土城垣呈不规则圆形，城垣残存高度4～5米，东、西、南、北四个方向上有四个缺口，应是城门，城垣外侧有城壕环绕。城内西南部有一处高出地面1米左右的夯土台，坐西朝东，东西宽约20米，南北长约60米。经考古确定，城头山遗址曾经过4次修筑：第一期建于大溪文化早期，距今6000年；第二期建于大溪文化晚期，距今5600年；第三期建于屈家岭文化早期，距今5200年；第四期建于屈家岭文化中期，距今4800年。

占地面积达到了117万平方米，有三重环壕和大型建筑基址[1]。河南淮阳的平粮台古城则是一座距今4500年左右的古城，该城占地规模较小，只有3.4万平方米，正方形平面，有南北两座城门，南城门带有门卫房，地下埋有陶制排水管道[2]。而山东章丘的城子崖古城，距今4100～4600年，平面为长方形，占地面积17.55万平方米，亦是已知这一时期规模较大的一座古城[3]。

图2-2　红山文化"女神"头像

"女神"头像约与真人大小相当，面部比例相当准确。出土于牛河梁红山文化遗址的女神庙，主室西侧是一处用于礼仪祭祀活动的场所，表明当时的社群关系已经出现了复杂社会的某些特征。

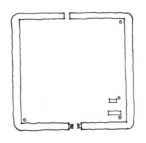

图2-3　河南淮阳平粮台古城平面示意图

河南淮阳的平粮台古城是一座龙山文化时期的遗址，考古确定为公元前2355±175年。城址平面为正方形，占地面积3.4万平方米。城垣底部宽13米，顶部宽约5～7米，残存高度3～5米。南墙和北墙的中部各有一座城门，南门两旁有门卫房，疑似主要出入口。有专家估计该城可能有900余人居住，其城墙的建造，按照当时的技术水平，要花费38100人/日。

① 王胜昔，王羿.河南巩义双槐树遗址：揭五千年前"河洛古国"神秘面纱［N］.光明日报，2020.5.8
② 河南省文物研究所等.河南淮阳平粮台龙山文化城址试掘简报［J］.文物，1983（3）.
③ 张学海.章丘县城子崖古城址［A］//中国考古学年鉴（1991年）［C］.北京：文物出版社，1992；魏成敏.章丘市城子崖遗址［A］//中国考古学年鉴（1994年）［C］.北京：文物出版社，1997.

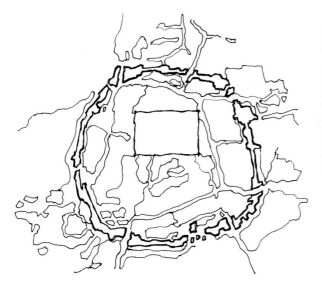

图2-5　良渚遗址出土的玉琮

玉琮内圆外方，装饰兽面纹饰，是四五千年前古人用于祭祀的一种礼器，同时也是权势和财富的象征，表明当时该地域居住的人群已经进入复杂社会，社群之间存在着信仰共同体。

图2-4　浙江余杭良渚古城平面示意图

浙江余杭良渚古城遗址，考古确定距今5000年至4300年。城址呈不规则圆形，城内外水网密布，中心的宫殿区是一处670米×450米人工堆筑的方形土台。四周有类似城墙的环城土垣，城垣底部铺垫石块，上部堆土，形成一圈封闭的空间。全城有9处城门（开口部），8处为水门，说明当时的对外交通以水路为主。主城区的外围还建有断断续续不闭合的外垣，外垣的建设时间晚于主城，应为人口扩张后修建的外围防御设施。专家估计良渚古城的居住人口约为2万。

公元前3000年前后是中国由原始社会向氏族社会过渡的时期。当时，出现了众多的聚落及聚落联盟。社会分化不断，聚落之间战争频发，从而促成了带有墙垣与壕沟等防御工事的"城"的雏形的出现。不过，除了个别较大的城址之外，早期这种具有军事防卫性能的"城"的规模一般都不大，从整体格局上看，更接近于城堡的性质。但是，到了龙山文化晚期至夏代之前，出现等级阶层之后，便完成了从聚落至聚落联盟的权力中心——"邦国"（城邦）的演变，出现了规模巨大的中心聚落。古城的样态也不再是单纯的军事防御设施，而是同时拥有大规模的核心建筑、居民聚居区、仓储设施、手工业作坊群与大型祭祀场所等，已经具备了"早期城市"的基本特征。

浙江余杭的良渚古城是一座4300年至5000年以前的水城，占地2.9平方公里，规模远超已经发现的同期其他古城。良渚古城城垣内外有大片水域，城内居住区——莫角山遗址群的占地面积近30万平方米，建筑为干栏式长方形排屋，与中原地区明显不同。城垣外围的水利系统，是迄今所知中国最早的大型水利工程[①]。山西襄汾的陶寺

---

① 浙江省文物考古研究所.良渚古城综合研究报告［M］.北京：文物出版社，2019.

古城遗址也是一座距今4000年左右的古城，有二重城墙，大城占地面积为2.8平方公里，小城占地面积约为10万平方米，大城的建造时间晚于小城，或为城区扩大所致。小城内宫殿区的占地达到了6.7万平方米，应该是权力中心的所在。因此，陶寺古城可以说是一座功能分区相对明确的较为典型的早期都邑。此外，城址中还发现了一处具有"观天授时"功能的建筑遗迹[①]。从城址与文献记载恰好一致的情况来看，一些学者认为，陶寺城址可能是尧的都城"平阳"[②]。

二、夏

夏被推定为中国历史上的第一个邦国联盟王朝。《吕氏春秋》中讲：其时"天下万国"，有许多类似的政体，后世学者称之为"诸夏"。考古验证，当时联盟内外城邑之间的规模差异开始拉大，有等级结构的存在，说明已经形成了区域共同体，或是更大范围的统一联合体（王朝），但是，邦国之间的城邑相对独立，相互之间并不一

图2-6 陕西神木石峁古城
石峁古城是一座距今4000多年的古城，城址的占地规模巨大，是目前发现的同一时期古城遗址中最大的。城墙和皇城台均为石包土结构，外侧砌筑石块，在皇城台护墙的底部，垒砌有雕刻着神面与对兽的条石。同时，该城址还清理出神面石柱、玉器、陶鹰、口簧、卜骨等令人振奋的各种遗物。石峁古城与辽宁牛河梁、夏家店下层的石构防御遗迹有许多相近之处。

图2-7 二里头出土绿松石饕餮纹牌饰
牌饰呈长圆形，面凸起，为固定在织物上的装饰品，用绿松石小片镶嵌在铜牌上贴成饕餮纹图案。做工精巧，反映出当时的制作工艺已经相当精湛。

① 中国社会科学院考古研究所山西工作队等.山西襄汾陶寺城址2002年报告［J］.考古学报，2005（3）.
② 霍文琦.陶寺：尧帝之都，中国之都［J］.中国社会科学报，2015（6）.

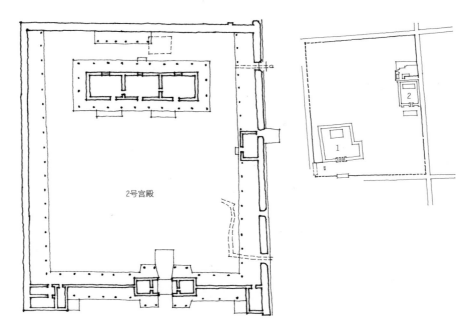

图2-8　河南偃师二里头古城宫室区及2号宫室遗址平面示意图
河南偃师二里头是一处规模庞大的夏代古城遗址，修建年代距今3500～3900年，占地面积约3.75
平方公里。目前在其中心区已经发掘出修建在夯土台基上的大型房屋建筑两处，疑为宫室或是宗
庙。"1号宫殿"的夯土台基面积为9583平方米，由宫墙和回廊环绕，主殿前为大型广场，坐北朝
南。"2号宫殿"位于"1号宫殿"东北约150米，占地面积约为4200平方米。整组建筑亦包括一个
回廊和前庭，坐北朝南，以南门为正门。

定具有隶属关系。

　　2011年发现的陕西神木石峁古城，经过考古判定，是一座龙山文化晚期至夏代早
期的城市，该城址的占地面积，达到了4.25平方公里，由皇城台、内城和外城组成，城
门带有瓮城，城墙和皇城台的外侧均叠砌石块，是一座颇具规模、建筑宏伟的大城[①]。
因其有别于中原地区的石构建筑，显示了中国与欧亚草原存在着广泛的文化交流。

　　河南登封的王城岗古城遗址，是一座夏代早期的城址，该遗址最初只发现了一座
东西并联的面积接近2万平方米的小城，后来又发现了修筑时间略晚一些的大城，占
地面积约为0.35平方公里[②]。发掘者推测，王城岗应为禹都"阳城"，也有人认为，该
城址规模较小，不似都城，对此持有不同的见解[③]。河南新密的新砦城址已经被考古

①　陕西省考古研究院等.陕西神木县石峁遗址［J］.考古，2013（7）.
②　北京大学考古文博学院等.登封王城岗考古发现与研究（2002～2005）［M］.郑州：大象出版社，2007.
③　河南省文物研究所.中国历史博物馆考古部.登封王城岗与阳城［M］.北京：文物出版社，1992.

确认属于夏代早期的城邑，有学者推测，可能是夏代早期夏启的都城[①]，也有人认为是方国的都邑[②]。新砦古城的占地面积接近1平方公里，有三重城壕和一道城墙，小城位于大城的西南，也是一座重城相套的空间格局。

河南偃师二里头的夏代晚期遗址，同样规模宏大，占地面积约为3.75平方公里，学者估计高峰时的居住人口有可能达到了1.8万～3万人[③]。现在已经发掘出两处大型宫殿（宗庙）基址，建筑平面为方形，主体大殿位于北部中央，四周围合有廊庑和门塾。遗址中还发现有祭祀遗迹、墓葬和带有墙垣的手工业作坊区等。遗址的布局为：核心建筑——宫殿区（宫城）的四面修建有2米厚的夯土宫墙，占地面积约为10.8万平方米，宫墙的四周有大道形成街道框架。宫殿区位于整个遗址的中部，带有墙垣的绿松石作坊区与冶铜作坊区位于宫殿区的南部，骨器作坊区位于东部和北部，墓葬区散布于西北部，有大道与宫殿区相连[④]。这说明夏代时期的城邑是经过一定的人为分区布局的，只是二里头遗址至今没有发现外围的城墙。根据文献考证与地望判断，有学者认为，该遗址似为夏都"斟寻"（斟鄩）[⑤]。

三、商

商王掌握的权势与资源，比夏王朝更加集中，其实力与辖地也远胜当时的其他方国。故此，商代的都城作为邦国联盟的权力中心，称作"大邑商"，显然要比夏代的城市更为宏大、更加繁荣，《诗经·商颂》称："商邑翼翼，四方之极，赫赫厥声，濯濯厥灵"[⑥]，就是形容商代都城的建设十分壮丽，是其他城邑无法比拟的。

亳是商代早期的都城，郑州商城曾经被一些学者推定为"亳"[⑦]，也就是商代第

① 赵春青. 新密新砦城址与夏启之居［J］. 中原文物, 2004（3）.
② 刘莉, 陈星灿. 中国考古学［M］. 北京: 生活·读书·新知三联书店, 2017.
③ 早期遗址居住人口的推算实属困难, 方法不同, 结论相差很远。本文采用刘莉、陈星灿所著《中国考古学》一书中总结的二里头三期最大的人口估计数值。
④ 中国科学院考古研究所洛阳发掘队. 河南偃师二里头遗址发掘简报［J］. 考古, 1965（5）; 中国社会科学院考古研究所二里头工作队. 河南偃师市二里头遗址中心区的考古新发现［J］. 考古, 2005（7）; 中国社会科学院考古研究所二里头工作队. 河南偃师二里头遗址宫城及宫殿区外围道路的勘察与发掘［J］. 考古, 2004（11）.
⑤ 赵芝荃. 论二里头遗址为夏代晚期都邑［J］. 华夏考古, 1987（2）; 张国硕. 夏商时代都城制度研究［M］. 郑州: 河南人民出版社, 2002.
⑥ （周）尹吉甫. 诗经·商颂［M］. 北京: 中华书局, 2015.
⑦ 邹衡. 夏商周考古论文集［M］. 北京: 文物出版社, 1980. 但是, 安金槐对此持有不同见解, 认为郑州商城应该是隞。参见: 安金槐, 试论郑州商代城址——隞都［J］. 文物, 1961（5）: 4.

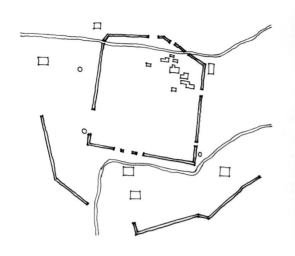

图2-9　郑州商城遗址平面示意图

郑州商城位于郑州市，通常被认为是商代早期的都城，有两圈城墙，内城占地3.4平方公里，外城面积约为25平方公里。内城平面为缺角长方形，城墙为分段版筑，底部宽约20米，顶部宽约5米，高10米。内城主要是宫室、贵族的居住区，外城为居民聚居区、手工业作坊和墓地等。

图2-10　大禾人面方鼎

湖南宁乡出土的大禾人面方鼎，为商代后期铸造的青铜器。此鼎四面腹饰人面，足上饰饕餮纹，腹隅及足上部有扉棱，内壁有铭文"大禾"。鼎壁以人面为主题的情况不多见，故有学者认为，此鼎或与"黄帝四面"的传说有关。

一位君主商汤所都之"亳"。郑州商城有内外两圈城墙，内城平面为比较方正的缺角长方形，周长接近7公里，占地面积约为3.4平方公里。其外城现在只发现了东南侧与西南侧的几段折线形城墙，呈现出环抱内城之势。据推测，整个城区的总占地面积已经达到了25平方公里，估计居住人口有10万之众[1]，或为当时世界上最大的城市之一。郑州商城的宫殿区，在内城的东北部，面积约为6万平方米。内城主要是宫室、宗庙及贵族居住区，平民百姓大部分居住在外城，手工业作坊区也多分布在外城，包括青铜制造作坊、陶窑、骨器作坊、酿酒作坊等[2]。同时，遗址中还发现有贝币，表明商代城市的商业活动已经非常兴盛，从一个侧面印证了《六韬》记载的商代都邑之中有九市的说法[3]。

河南的偃师商城也是商代早期的城市[4]，被部分学者认为是"西亳"。该城已经

---

① 参见刘莉、陈星灿著. 三联书店出版的《中国考古学》一书中有关郑州商城人口估算的平均值。

② 河南省博物馆，郑州市博物馆. 郑州商代城址试掘简报 [J]. 文物，1977（1）；河南省文物研究所. 郑州商城外夯土墙基的调查与试掘 [J]. 中原文物，1991（1）；刘莉，陈星灿. 中国考古学 [M]. 北京：生活·读书·新知三联书店，2017.

③ （周）姜尚. 六韬 [M]. 北京：中华书局，2007.

④ 中国社会科学院考古研究所洛阳汉魏故城工作队. 偃师商城的初步勘探和发掘 [J]. 考古，1984（6）；杜金鹏. 偃师商城遗址 [A] //中国考古学年鉴（1998）[C]. 北京：文物出版社，2000.

探明有不同时期修筑的三道城墙，东北部的外城年代最晚，是后来扩建的城区。内城是一座较为规整的南北大于东西近一倍的矩形，宫殿区占据着内城中央，内城的北面及东北部地区筑有外城，呈现出不完整的三重空间结构，总体占地面积约为2平方公里。安阳的洹北商城则是一座晚商都城，占地4.7平方公里，有二重城墙，外城的平面近似于正方形，内城（宫城）为长方形，内城占地面积约为41万平方米[①]。

从郑州商城、偃师商城和洹北商城的平面形态特征来看，这三座被确认为商代都邑的城圈平面布局均前所未有地方正、规整，城墙交接处边角硬挺。尤其是洹北商城，几乎就是一座直角相接的正方形城池，这与夏代及其以前的城邑均为圆角相接，整体城墙走势不甚规整的情况明显不同，说明商代筑城的技术水平有了很大的进步。

殷是商王盘庚在公元前1300年时的迁都之地，为商代后期的都城，考古界已经基

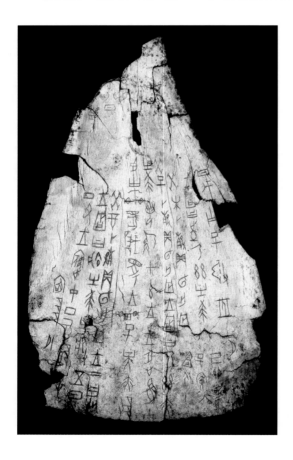

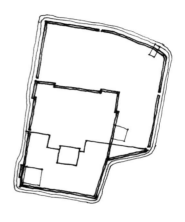

图2-12　河南偃师商城遗址平面示意图
偃师商城的建造年代与郑州商城相当，也是商代早期的都城，占地面积约为2平方公里，有两重夯土城墙。内城平面大体呈长方形，南北长1100米，东西宽740米。内城南部正中有一处边长200米的正方形，疑似宫城性质的大型建筑基址，其内发现有宫殿遗迹10余座。外城平面为纵向长方形，现已发现城门5座，其中北门一座，东、西门各两座。

图2-11　河南安阳殷墟出土的甲骨刻辞
此骨为商王武丁时期的一块牛胛骨记事刻辞，正、反两面共刻有160余个文字，记录了商代社会生活及天文气象方面的信息。

①　中国社会科学院考古研究所安阳工作队. 河南安阳市洹北商城的勘察和试掘 [J]. 考古，2003（5）.

本确认，河南安阳的"殷墟"即是盘庚的都城遗址。殷墟共分为四个时期：第一期（公元前1370—前1260年）时只是一个小城，第二期（公元前1259—前1240年）时，扩大为12平方公里的大型都会，第三期（公元前1239年以后）时城市范围达到了最高峰，占地面积约30平方公里。学者估计，殷墟人口最多时，可能有14.6万人[①]，比两千多年以后金国最大的城市——金中都（占地面积22平方公里）的占地规模还要大。殷墟出土的文化遗存十分丰富，除了大型宫殿遗址、陵墓、平民居住区等建筑工程遗址之外，还有成千上万件的生产工具、兵器、手工艺品、青铜器以及刻有文字的甲骨等极有价值的各类文物[②]。其中大量的海贝、鲸鱼骨、海蚌、大龟和玉制品等遗物，皆非本地所产，应该是通过交换而得来的。可见，商代已经与遥远的海滨及西域地区有了较为频繁的商贸联系和文化交流。殷墟城址的规模虽然很大，具备了城市聚居生活的基本要素，但是，其空间格局还是比较凌乱的，保留着原始聚落混居的空间特征。遗址内的聚居地呈点状分散在整个城区，其间还夹杂着大片耕地，所以，整体的建筑密度很低，是一种松散、开放、尚未成熟的早期城市形态。殷墟也一直没有发现城墙，与夏都二里头遗址一样，很可能是一座不设防的城市。

从文献记载中可以看到，商代在其势力范围之内已经确立起了一套国都与封邑、封国、属国之间的政治从属关系。考古发掘资料表明，商在沿袭并扩展了夏的城邑空间分布的基础之上，初步形成了一个王畿加畿外封邑加方国的早期城邑体系的雏形，而且，随着属国的实力与地位的不同，城邑之间的规模差异急剧加大，有着非常明显的级差。

前述之商代都城的规模都极为巨大，特别是商代晚期的都城，占地面积最大时，达到了20～30平方公里。相比之下，一般的地方城邑则要小得多，足见商王的权势及经济发达程度都远非前代可比（二里头夏都只有不到4平方公里）。以现在已经探明的部分商代城址为例，如河南焦作的府城、江西湳水边上的吴城、陕西的垣曲商城、山西夏县的东下冯商城等，占地面积都在0.1平方公里上下，较大的河南新郑望京楼商城的占地面积也只有0.37平方公里[③]。尽管已经由考古验明了在望京楼商城、吴城之中，也有类似宫殿的大型核心建筑，但是从规模上看，这些城市应该是商的封邑或

① 宋镇豪.夏商人口初探［J］.历史研究，1991（4）.
② 中国社会科学院考古研究所.殷墟发掘报告1958～1961［M］.北京：文物出版社，1987；中国社会科学院考古研究所.殷墟的发现与研究［M］.北京：科学出版社，1994；孟宪武.安阳殷墟考古研究［M］.郑州：中州古籍出版社，2003.
③ 许宏.先秦城市考古学研究［M］.北京：北京燕山出版社，2000.

图2-13 四川广汉三星
堆出土青铜立人像

三星堆是距今3000～5000
年的古蜀文化遗址，出土
了大量青铜面具和青铜立
人像等器物。三星堆的铜
人不同于中原地区，以纵
目、宽嘴、大耳为特征，
形象极为夸张。

图2-14 青铜何尊

何尊出土于陕西宝鸡，系
圆尊，有四道扉稜，头饰
蚕纹，腹饰饕餮纹，内底
有铭文122字。因铭文述及
周武王克商后决定兴建东
都，内容与《逸周书·度
邑》相合，佐证了洛阳王城
的建造史实。

是属国的都邑，而四川广汉的三星堆商城与湖北黄陂的盘龙城、江西樟树的吴城、安
阳的洹北商城，则属于另一个级别。湖北黄陂的盘龙城占地面积为2.9平方公里，樟
树吴城的占地面积为4平方公里，洹北商城的占地面积为4平方公里，三星堆商城的占
地将近3平方公里[①]。很明显，黄陂盘龙城与樟树吴城、广汉三星堆商城，均属于不
同地域的方国，是与商的都城同时并存的区域性中心城市。

四、西周

西周为了维护政权，控制属地，在商代城邦联盟的基础之上，以宗法制度立国，
用血缘关系巩固王朝统治的权威，以"分封殖民"的方式，将同宗、功臣分封到各
地，在全国建立起了许多统治、防卫基地。也就是说，西周初期，为了配合这一"封
土建国"的政策，在原有的邦国之外，又重新整合了辖域内的城邑建设，并以城为中
心，治野建邑。当时，城邑连同周围的乡野，即形成一"国"，故此，"筑城"就意
味着"建国"，周就是由这样一系列的大小邦国所组成。

---

① 许宏. 先秦城市考古学研究［M］. 北京：北京燕山出版社，2000.

西周的300多年里，一直都在积极地推行这种分封制，分封的诸侯国，由最初的71个发展至1200余个。在经历了各种变故之后，到西周末年，尚存有140多个诸侯国，这些诸侯国的首邑城市更是从众多的聚邑之中脱颖而出，发展成为了当时的区域性中心城市，构成了中国早期城邑的空间分布框架。为了使夏商以来在共主支配下的城邦林立的状况朝着有利于权力集中的方向发展，周人便在前代筑城经验的基础之上，开始尝试对城邑建设进行一定的规限，也就是《周礼·考工记》及其他先秦文献中所记述的"建国制度"与"营国制度"。这一城邑建设思想是以维护礼制秩序为目的的，不但规定了与宗法政体相适应的筑城等级规范，以及体现着"与天同构"、"以礼体政"的都城营建格局，而且，还促成了中国早期城邑体系的形成，对后世的城市发展有着极其深远的影响。

周初的城邑等级制度是"建国制度"中最为重要的内容，城邑的建制，理论上分为"王城"与诸侯"国都"两级。王城的地位最高，但其占地规模却不如殷商的都邑，如丰镐、成周的占地，都仅在10平方公里左右[①]，而诸侯国都之间的差异

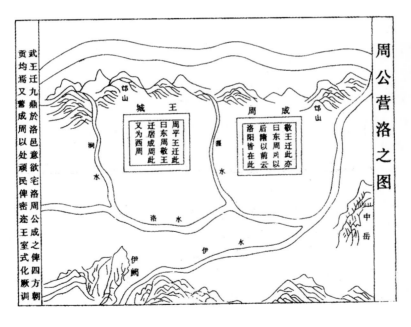

图2-15 《周公营洛图》

《周公营洛图》出自洛阳府志，图中标明王城与成周为两座城。后世学者认为，武王最初营建的是安置殷商顽民的成周，而后为了避免改造旧城的诸多不便，即在成周之旁另建王城以为国都。

---

① 从目前掌握的资料来看，丰镐二京隔沣河相望，丰京占地约6平方公里，镐京约4平方公里，两京实为一个双城并置的都城，总占地规模超过10平方公里。另据《逸周书·作洛》记载的"作大邑成周于土中，立城方千六百二十丈"，换算成公制，则成周的规模也当在10平方公里左右。

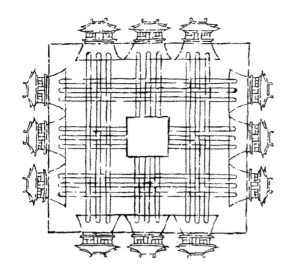

图2-16　聂崇义所绘《周礼·考工记》中王城的想象图

此图为宋人聂崇义编著的《三礼图》一书中的王城图，是聂崇义根据《周礼·考工记》中记载之"王城制度"绘制的，是后人对理想的帝王之都的一种形象表达。

却在进一步增大。爵位较高的大国如姜太公所建之齐都、周公所筑之鲁都以及微子启受封之宋都的规模，都接近10平方公里，并不亚于王城；而稍弱一些的诸侯国，像山东滕州的薛都、山西襄汾的晋都与河北琉璃河的燕都，占地均在6平方公里左右；规模更小的诸侯国都，如腾国的都城只有0.5平方公里[①]。可见，国都与国都之间的实力及其占地规模都相去甚远。按照《大戴礼记》之说是："公之城方九里，侯伯之城方七里，子男之城方五里"[②]。从目前掌握的考古资料看，虽然"爵位"等级很可能是后人所贴的标签，但是，当时确实存在着类似文献记载中的那种等级差别，只是诸侯国都城的大小因国力的强弱所导致的差异，不太可能那样严整有序，与文献记载的完全一致。此外，卿大夫的采邑，在西周时一般都很小，与普通的族邑等人群聚居之地相差无几，既不具备完整的城市功能，也不一定修筑城墙，所以，在当时，还不能构成城邑系统之中的一个层次。

至于《周礼·考工记》中所记述的营国制度："匠人营国，方九里，旁三门，国中九经九纬，经涂九轨，左祖右社，面朝后市，市朝一夫"[③]，过去一直被认为是由周人创制的都城规划设计原则，但是，因为始终没有得到考古方面的证实，史学界也

---

① 许宏. 先秦城市考古学研究［M］. 北京：北京燕山出版社，2000.
② （清）王聘珍. 大戴礼记解诂［M］. 王文锦，点校. 北京：中华书局，1983.
③ （清）阮元校勘. 十三经注疏·周礼注疏［M］. 北京：中华书局，1980.

一再质疑《考工记》的成书年代[1]，甚至，连西周时是否通行具有绝对权威的政令制度都很可疑。而我们现在所能够看到的周代都城，如疑为丰镐与岐周的城址均没有发现城墙，较难判定城市的形态。成周与王城是东西并置的双城，也有人认为，成周是东都的总称，王城是"小城"，成周是"大郭"。然而，无论如何，西周时期的城市空间格局似乎都尚未定型。从近年考古发掘成果来看，当时的居民一般都是散处于城池的内外，东周以后，才开始出现向城内集中的现象，而且城市的形态格局也并不那么规整、清晰。20世纪50年代发现的疑为东周王城城墙遗址的走向就较为复杂[2]，将其解释为"九里方城"有些牵强。也有人认为，东周王城的形态可能是西南部向外凸出的不规则的方城。然则，考古勘察已经确定，西南部的高地是宫室区，可见王城的核心建筑并不居中，而是选择城内较高的位置，其整体空间格局也与商代的城市非常相近，是一种空间比较松散、不太规整的状态。尤其是自春秋战国至秦汉时期的城市，形制上都非常自由，与《周礼·考工记》中的记述有很大的出入。所以，现在多数学者都认为，"营国制度"只是一个经过后人总结、设计的理想化的蓝图，现实中并未真正实施。

第二节　经自由发展转向天下一统

一、春秋战国

春秋战国时期，随着生产力的发展和诸侯势力的崛起，城市的形制和规模已经完全不受《周礼》所载城邑建设制度的约束。政治形势、经济状况以及军事实力上的变化，导致诸侯之间加快了相互兼并的速度，并致力于扩充辖域内的军事据点（城池）。许多原先未筑城垣的卿大夫采邑，也因之转化为城，城邑的规模和数量激增，形成了"国"少"城"多、公共权力更加集中的局面。

---

① 史学界对《考工记》的成书年代一直争论不休，郭沫若认为是春秋末年，也有很多学者认为是战国时期齐国的官书，还有不少学者认为成书于汉代，是汉儒的伪托之作。日本学者平势隆郎甚至认为，战国之前的王朝体制不存在行政律令。不过《考工记》绝非一时、一地、一人所为，已经是学界的共识。

② 中国社会科学院考古研究所洛阳发掘队.洛阳涧滨东周城址发掘报告［J］.考古学报，1959（2）；叶万松，赵振华.洛阳市东周王城城墙遗迹［A］//中国考古学年鉴（1987）［C］.北京：文物出版社，1988.

伴随着社会经济的发展，城邑的性质发生了一定程度上的变化，城邑的功能有所拓展，商市的地位也明显提高，"市"不再是"宫"的附属设施，而是与"城"同等重要，"城"与"市"的相互结合构成了"城市"。"城市"一词的出现，就说明此时的城市已经由"城堡式"的早期城邑，开始向着掌握商品交易、拥有一定经济资源的"城市"方向转变。值此之故，其时，不仅各大诸侯国国都的商贸活动都得到了增强，而且相继出现了一些区域性的商贸、手工业中心城市，例如临淄、邯郸、彭城、洛阳、姑苏、成都等。根据当代学者的统计，春秋战国时期，计有大、小城邑1000余个①。其中，占地最大的城市是燕国的下都，城垣周长达到了24公里②。居民最多的城市是齐国的临淄，户籍住民有7万户，人口超过了30万③。按照美国城市史学家钱德勒（T.Chandler）的研究，临淄应该是当时仅次于亚述帝国首都尼尼微（Nineveh）的世界第二大城市④。

此时，"都"与"邑"的情况都发生了很大的变化，城市的等级已经转变为：王城（大国都城）——诸侯国国都——卿大夫采邑三个级别。虽然王城在整个城邑系统之中仍属最高等级的城市，但是，春秋战国时期，各大诸侯国的都城，规模实际上都超过了周天子的王城，如：燕下都的占地面积是32平方公里，齐临淄、楚郢都、郑韩故城等的占地面积均为16平方公里，中山国国都灵寿的占地面积将近18平方公里，

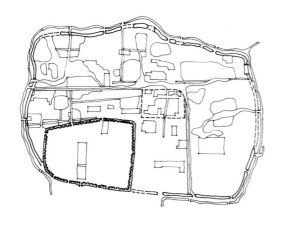

图2-17　曲阜鲁国故城遗址平面示意图
曲阜是周公旦之子的封邑，作为鲁国的国都沿用了700余年，现在考古发现的大城城墙修建于东周初年。城池的形态呈圆角横向长方形，有11座城门，占地面积约为10平方公里，城中央有东西2平方公里、南北1平方公里的宫室区，但是，至今没有发现宫室区的城墙。居住区散布于城的东、北、西各处，城内西北部有大型墓地。

① 张鸿雁. 春秋战国城市经济发展史论［M］. 沈阳：辽宁大学出版社，1988.
② 河北省文物研究所. 燕下都［M］. 北京：文物出版社，1996.
③ 按照《战国策·齐策》中"临淄之中七万户"的记载，以每户4～5人计，则临淄的人口超过了30万。但是，根据不同时期文献的记载，则又有20万到50万的不同推测。参见：曲英杰. 先秦都城复原研究［M］. 哈尔滨：黑龙江人民出版社，1991.
④ T·Chandler. Four Thousand Years of Urban Growth: An Historical Census. St. Dowid 's University Press, 1987.

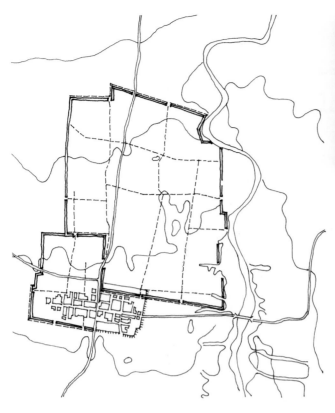

图2-19 玉兽面纹饰

春秋晚期的饰物，玉料呈乳白色。正面下方中部隐起一兽面纹，四周以同样手法装饰若干组对称的变形蟠螭纹。纹饰细密，繁而不俗，从一个侧面反映了春秋战国时期人们的物质生活水平。

图2-18 齐临淄故城遗址平面示意图

齐国的临淄兴建于春秋战国时代，作为齐国的都城有600余年的历史。临淄有大小城池两重，小城为宫城，位于大城的西南角，占地3平方公里，宫室区位于北部。大城占地面积约为20平方公里，平面呈不规则长方形，周围有护城河。临淄是战国时代人口最多的城市，学者估计有7万户，约35万人，同时临淄也是当时最大的工商业城市。

赵邯郸城的占地面积是20平方公里。在各大国的都城之中，秦的雍城占地规模较小，大约是10平方公里[1]。而洛阳周王城的占地面积不到10平方公里，比雍城还要略小一些。可见，其时周室已经衰败。根据考古资料整理，春秋战国时期的城市占地规模大致上可以分为三类：第一类为大国都城和洛阳周天子的王城，面积在10平方公里以上；第二类为中等诸侯国都城，面积为5～8平方公里；第三类为小国都城和采邑，面积在2平方公里以下。

从目前已经发现的400余处考古遗迹来看，春秋战国时期，城市的形制极不规整，不论是城池的朝向、形状，还是城邑内部的空间格局，都没有统一的设计原则，核心建筑的组织方式也不尽相同，呈现为自由发展的趋势。这充分地反映出了当时以管子为代表的筑城论点："城市不必中规矩，道路不必中准绳"[2]的普世性。

---

① 刘庆柱. 中国古代都城考古发现与研究［M］. 北京：社会科学文献出版社，2016.
② （战国）管仲. 管子·乘马［M］. 扬州：广陵书社，2009.

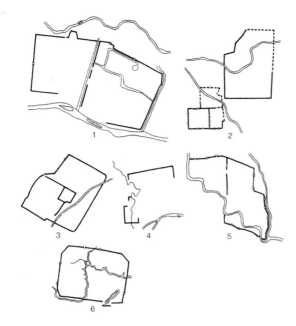

图2-20　东周列国都城遗址平面关系比较
1-燕下都；2-赵邯郸；3-魏安邑；4-周王城；5-郑韩故城；6-楚纪南城
春秋战国时期，各国的都城多采用宫城+郭城的方式，宫城为国君和贵族的住地，郭城是百姓的居住区及手工业作坊区。也就是所谓的"筑城以卫君，造郭以守民"。但是，城与郭的相对关系并没有统一的做法，既有大郭套小城的情况，也有城、郭并置，甚至城、郭分离的情况。

　　但是，春秋战国时期的城市也有两个共同的特征：一是统治政权的所在地普遍修筑有城墙，而且，夏商时期那种平民散居于城墙内外的情况也有了变化，开始向郭城之内集中聚居，城市内部的建筑密度有所提高，城市空间更加紧凑。二是形成了既有"城"——统治者所在的政治权力中心，又有"郭"——平民百姓的生活聚居之地的局面，开启了功能分区明确的所谓"筑城以卫君，造郭以守民"[①]的时代，"城"为权力中心，"郭"是平民百姓的生活区域。同时，在由城墙所包围的"城"与"郭"之间的组合关系上，春秋战国时期的城市也超越了传统的城郭相套的回字形模式，创造出了多种前所未见的新形制，例如内城位于大城一隅，双城并置，城郭分离，多城组合，等等。事实上，春秋战国时期，不论是政治体制，还是城郭的形制，都处于一个发展过渡时期，在酝酿着新的变化。

二、秦

　　公元前221年，秦完成了统一大业，建立了专制集权的封建王朝。在统一兼并的

---

① （汉）赵晔. 吴越春秋［M］.张觉，译注.上海：上海三联书店，2013.

过程之中，许多春秋战国时期发展起来的诸侯国的都城都毁于战火，秦还下令迁移六国贵族、商贾12万户到咸阳，使六国的都城遭到了巨大的破坏。汉人在《过秦论》中谓之曰："堕名城，杀豪杰。"为了防止有人利用城防设施造反，秦始皇还进一步命令各地陆续"毁（六国）郡县城""坏城市"①，在一定程度上导致了各地城市建设的衰退。然而，秦的国祚很短，公元前206年，项羽推翻了秦帝国，火烧咸阳，大火三月不绝，将秦始皇倾力营建的都城咸阳彻底毁坏，开尽毁前朝都城之先例。此后，又是连年的混战，直至刘邦统一全国，各地的城池多已被荒废。

不过，秦灭六国之后推行的"郡县制"以及郡城、县城的分布格局，对汉代以后中国城市的发展却有着极其重大的影响，拉开了城市建设体制变革的序幕。秦设置了48个郡②，统辖900个左右的县③，以"郡县制"替代"分封制"。为了强化中央集权，建立中央与地方的统属关系，秦改变了以往"封土建邑"的筑城原则，开始从王朝大一统的行政管理需要出发，由中央政府来统筹考虑各地的城市建设，城市的功用也被赋予了全新的内涵，并确立了此后沿用了两千多年的中国古代城市建制的基本原则。

就全国的情况来看，秦灭六国之后，真正大事经营的城市只有都城咸阳。咸阳城的占地约为45平方公里，秦始皇在咸阳故城的基础之上，以广阔的京畿为背景，对这个"天下第一帝都"进行了扩建。在咸阳北阪，迁建了"六国宫室"；在咸阳东邻，修建了兰池宫；又视渭河为"天汉"（银河），在渭南大规模地建设信宫、兴乐宫、章台宫等多处大型宫室。总之，咸阳城继承了战国以来，都城建设以众多宫室为核心的做法，同时，还利用宫室的分布，极力拓展帝都的空间格局，终使宫庙分离、宫室

图2-21 秦咸阳宫殿复原想象图
考古发掘表明秦咸阳宫中的大型主体建筑均为高台式，建筑依夯土台层叠而筑。此图为咸阳宫1号宫殿的复原想象图。勘探实测，1号宫殿的平面为"凹"字形，东西长130米，南北宽45米。

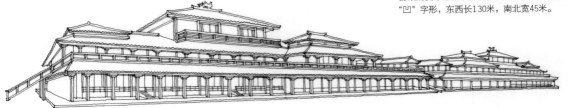

---

① （汉）司马迁.史记·叔孙通传［M］.北京：中华书局，1975.

② 关于秦代设置的郡治数目问题，学者有不同看法。王国维在《秦郡考》一文中考证秦有48个郡，而谭其骧的《秦郡新考》中推定，秦时设置了46个郡。

③ （清）杨守敬的秦郡县图序，见：徐复.秦会要订补·附录引［M］.北京：中华书局，1959.

图2-22　秦始皇陵出土兵马俑

1974年，在秦始皇陵附近发现了为秦始皇陪葬的
兵马俑，先后发掘了3个兵马俑坑，出土了8000个
左右大型陶塑武士和战马。武士和战马的布列，
生动地表现出了秦军当年的战斗队形，同时也展
示了当时制陶技艺的发达。

图2-23　秦兵马俑武士俑头像

武士俑与真人大小接近，身穿短褐，勒带、束
发，腿扎行藤，面部表情生动，人物性格鲜明。

区巨大化成为咸阳城最为显著的特征。其宫室的总体规模可谓是空前绝后，而普通平民的生活区——闾里和商市，则相对较为散乱，处于从属的地位[①]。从整个京畿地区来看，当年秦始皇征用了70万刑徒，在咸阳城内与近郊大事修筑宫室以及骊山的陵墓，其中，最为著名的是阿房宫，唐人杜牧写有《阿房宫赋》，盛赞其宫室之壮丽。根据文献的记载，当时，不但咸阳城中宫室林立，就是方圆百里的范围之内，也是离宫别苑星罗棋布，多达270余处[②]，《史记》中亦有"关中计有宫三百，关外四百余"之说[③]。这些遍布关中地区的宫室建筑形成了一个巨大的行宫网络，以前所未有的皇权凌驾于一切的姿态，展现出"帝都"主宰着整个天下的气度。事实上，直至秦末，咸阳城一直都处在建设之中，而且范围不断地扩大。

三、汉

汉因秦制，为了巩固行政区划建制，汉高祖刘邦在建立汉政权之后不久，便"诏令天下县、邑城"[④]，以构成有利于皇权控制的遍布全国的统治基地。从此之后，这种带有防御设施的聚居形态，便成为中国古代城市的基本特征，而带有城墙的城市形象，也深深地根植于中国人的生活与记忆之中了。

到西汉末年，经过200多年的建设，各地的城市已经恢复了繁荣景象，并在原来六国都城和某些郡治的基础之上形成了一些区域性的商业都会，例如蓟、定陶、睢阳、江陵、寿春、陈等。南方沿海地区的一些城市也因为贸易活动而得到了发展，番禺、徐闻、合浦即是当时的著名港口。至汉平帝元始二年（公元2年），全国共设有郡103个，县1587个，人口达到了5959.5万[⑤]，构成了由首都——郡城——县城组成的三级城市体系，完成了等级分明、覆盖全国的城市网络的建设。这一以行政管理体制为主导的新型城市体系，是由巨大的都城、100多座郡城和1500多座县城为框架编织而形成的，城市（县级以上）的总体数量，也达到了前所未有的巅峰——1589个[⑥]。

---

① 陕西省考古研究所.秦都咸阳考古报告[M].北京：科学出版社，2004.
② （唐）李吉甫.元和郡县图志[M].北京：中华书局，1983.
③ （汉）司马迁.史记·秦始皇本纪[M].北京：中华书局，1975.
④ （汉）班固.汉书·高帝纪[M].北京：中华书局，1962.
⑤ 周长山.汉代城市研究[M].北京：人民出版社，2001.
⑥ 根据班固《汉书·地理志》中的记载统计。

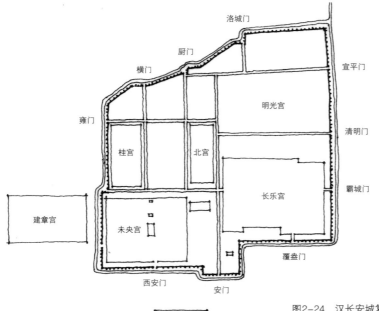

洛城门
厨门
横门
宣平门
雍门
明光宫
桂宫　北宫
清明门
长乐宫
霸城门
建章宫
未央宫
覆盎门
西安门　安门

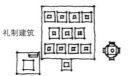
礼制建筑

图2-24　汉长安城复原平面示意图

汉长安城占地36平方公里，八街九市十二门。张衡的《西京赋》中称："街衢相径，廛里端直，甍宇齐平。"实际上汉长安城的平面形制很不规整，南北城墙曲折多变，古人说是仿星斗之作，南为南斗，北作北斗，故被称为"斗城"。

　　汉代有两座都城，西汉时都长安，东汉时都洛阳。汉长安城是汉高祖刘邦于公元前202年对秦兴乐宫、章台宫进行改扩建的基础上，经过几代帝王的努力，逐步建设起来的。10年之后，长安城的城墙才修筑完成，城圈占地范围达到了36平方公里，平面形态极不规则，被后人誉为"斗城"（比赋星斗）。宫殿区位于南部高地，至汉武帝时完成了各宫室的建设，在城内形成了五大宫室，占据了全城三分之二以上的面积。道路受地形和原有建筑的制约，8条主干道错位取直，丁字相交，互不贯通[①]。按照文献的记载，汉长安城有9个市，160个闾里，普通居民大部分居住在城外的北部及东北部地区[②]，最盛时人口接近50万，应该是当时中国最大的城市，而整个京畿地

① 王仲殊. 汉长安城考古工作初步收获［J］.考古通讯，1957（5）；中国社会科学院考古研究所.汉长安城未央宫（1980～1989年）考古发掘报告［M］.北京：中国大百科全书出版社，1996；刘庆柱.中国古代都城考古发现与研究［M］.北京：社会科学文献出版社，2016.
② 最先提出汉长安城的普通居民多居住在长安城之外的是杨宽，而后，赞同这一观点的有刘运勇、马正林、王社教等人，持反对意见的有刘庆柱、孟凡人、徐卫民等人。近年来，更多的学者同意许宏在杨宽观点的基础上提出的"汉长安城是宫城十郭区"的说法。

区（包括陵邑）的人口更是多达120万，占全国总人口的五十分之一[①]。东汉洛阳城的情况，与长安城相差无几，只是规模上小了很多，占地面积仅为9.5平方公里。洛阳城有南、北两大宫室区及永安宫，有3座市：金市在城西，南市与马市均位于城外的郭区，上西门与津城门外的郭区是普通百姓较为集中的聚居地。其总体空间格局与道路结构，一如长安城，宫殿区也占据了城内大部分的用地[②]。

汉代两座都城之所以与后世的宫城形制相近，平民百姓居住在城外，主要是由于秦汉时期形成了大一统的中央集权，诸侯拥有军队的威胁被消除。汉代城市面对的社会状况及其所处的环境，已与春秋战国以前有了很大的不同，抵御外敌的任务，也由长城一线的军事据点来完成，故此，为了节省人力物力，汉时修建的城池多为一重城垣。城墙的范围也相对较小，仅将官署、武库、仓储等重要设施以及部分贵族、官吏聚居区围合在城内，平民百姓常常居住在城墙之外的所谓"郭区"。按照当代学者周长山依据考古资料的统计，除了少数沿用下来的战国旧城之外，大部分汉代城市都只修筑一重城墙。不仅长安、洛阳两座都城，地方上的郡城、县城也是一样。只有西北边地军事防卫性较强的一些边城才取用"回"字形城池，或是在大城之中的一隅筑有

图2-25　七层连阁彩绘陶楼
汉人尚楼居，墓葬中出土的大量陶楼可为佐证。河南焦作出土的东汉彩绘陶楼，主楼高七层，带有四层辅楼和连阁，由院落、主楼、辅楼、阁道四部分组成。楼体挺拔秀丽，是汉代"复阁行空""跨城池作飞阁"的真实写照。

①　杨子慧.中国历代人口统计资料研究［M］.北京：改革出版社，1996.
②　中国社会科学院考古研究所洛阳工作队.汉魏洛阳城初步勘查［J］.考古，1973（4）；杜金鹏，钱国祥.汉魏洛阳城遗址研究［M］.北京：科学出版社，2007.

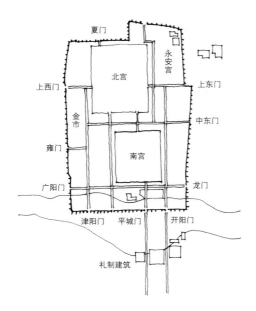

图2-26 东汉洛阳城复原平面示意图

东汉洛阳城南北九里，东西六里，故按《易经》中的"九六至尊"之说，被后世称作"九六城"。城池形态为不规则长方形，占地面积为9.5平方公里，有12座城门。洛阳城内有南北两处带有墙垣的宫室区，有3个市，金市位于城西，另外两市位于城外，整体的空间结构亦不甚规整。

小城，采用重城相套的城郭模式[①]。不过，据考证，汉代百姓居住的"里"也都带有墙垣，只是里墙不一定是夯土墙垣，很多时候会采用栅篱，而且这些由一个个带有墙垣的"里"所组成的外郭远不如城墙高大、坚固，故此，后世难觅踪迹[②]。然而，外郭平民的聚居空间仍然是封闭型的，出入还是需要经过郭门。所以《三辅黄图》及《汉书》中才会明确地记载汉长安城有郭门。

到了东汉时期，城市的空间格局还出现了一个关系到后世城市发展的重大变化，那就是确立了城市的朝向为"坐北朝南"。在此之前，城市的朝向并不确定，特别是春秋战国至西汉时期，从考古发掘的情况来看，城池的朝向与城内建筑的朝向缺少对应关系。城市居民生活的区域与统治者的宫殿区之间，似乎也没有固定的位置关系，既有宫城居中、城郭相套的情况，也有东西并置、西城东郭，抑或东城西南郭、西北郭的情况。大部分城市都是历经数百年的不断建设才逐渐形成的，或者是在前代城市的基础之上改造扩建而成的。所以，在城市整体的空间格局，即主体建筑轴线与城市路网结构的关系上，也就看不出有缜密、统一的总体设计意图与刻意安排的朝向布局，西汉的长安城也应该是这种类型的城市。

① 周长山.汉代城市研究［M］.北京：人民出版社，2001.
② 张继海.汉代城市社会［M］.北京：社会科学文献出版社，2006.

按照当代史学家杨宽的分析，汉长安城与秦咸阳城一样，以东向的城门为正门。因为从考古发掘的情况来看，东侧的城门是宏伟的阙门，地位明显高于其他城门，而且各个宫室区也是以东门和北门为尊，建有宫阙。所以，虽然宫殿区内部的主要建筑朝南，然而，整座城市的态势却为东、北向①，市场在北部，居民生活活动的重心也在东、北部。其后，又有学者在此基础上提出了汉长安城的整体朝向应为坐西朝东，而且从更大范围的考古发掘成果来看，西汉长安城附近的帝陵，除了两座以外，其余九座均是坐西朝东②。但是，不论汉长安城及其之前的历代都城是否已经有了明确的朝向，自从"罢黜百家，独尊儒术"以来，崇尚周礼、通过疏理祭祀仪典调整城市空间结构的观念，很快便居于统领地位，至王莽时，更是一味地"尊古"，开始迁移宗庙、社稷于长安城的南郊，以提高南向的地位，改变尚东的风俗③。但是，此时距离

图2-27　楼兰古城遗址
楼兰古城是汉晋时期西域的一座著名城市。楼兰之名始见于《史记》，当初属匈奴，公元前60年归附汉西域都护府所辖。后来因河流改道而被废弃，现仅存部分城墙遗迹。

图2-28　汉代彩绘陶院
彩绘陶院为三进四合院，分前院、中庭和后院。前院正面居中开门，上有悬山屋顶，院内两侧为养马厩。由二门进入中庭，门楼为四阿庑殿顶，两侧是四层高的角楼，在二层处与门楼及厢房连通。主体建筑是建于高台之上的二层重檐四阿顶楼阁，二层设有平座，可以供人凭栏眺望。建筑内部还塑有伎乐俑、仆诗俑以及一座生活器具，形象地反映出了汉代城市楼居生活的场景。

① 杨宽.中国古代都城制度史研究［M］.上海：上海古籍出版社，1993.
② 叶文宪.西汉帝陵的朝向分布及其相关问题［J］.文博，1988（4）.
③ 关于汉长安城的朝向，自杨宽指为东、北向以来，经历过反复争论，近年来，多数学者开始认同汉长安城是由最初的东、北向，至西汉末年，有一个向坐北朝南转变的变化过程。

图2-29　长信宫灯

长信宫灯通体镏金，光彩熠灼，出土于中山靖王夫人窦绾墓，作宫女双手持灯状，灯形秀美，设计精妙，有极高的艺术价值，代表着西汉的王公贵族们的生活水准。

图2-30　镏金铜铺首

河北满城汉墓出土镏金铜铺首。铺首是门扇上衔扣环且带有一定装饰性的建筑构件，其造型也是一种权势地位的象征。此件铺首造型精美，规格极高。

刘邦初建长安城已经过去了将近200年，这就说明，西汉时都城的建设理念一直处在不断的探索之中，至西汉末年开始出现转变，到东汉改筑洛阳城时，才把作为国家礼仪象征的郊祭（南郊祭天）制度明确化，有意识地使整座城市坐北朝南，并借助天地应合的时空观念强化宫城大内与城外南面礼制建筑群的对位关系。洛阳之后，中国历代的城市，特别是都城，便都礼遵南城门为正门，以整座城市坐北朝南为正统。这充分地反映出东汉时期城市的建设理念出现了前所未有的重大转变，表明王朝的统治者们，已经由关注城市等级规模方面的各种关系，转向更加看重城市空间格局在精神层面上的作用了。

第三节　封闭方正的宏伟城池

一、三国曹魏

东汉之后的都城建设，越来越追求意识形态在城市空间格局方面的展现。三国时期，曹操所建之"曹魏邺城"，是第一座将统领全城的南北轴线和方正规整的空间格局付诸现实的都城。曹魏邺城，是在东汉冀州治旧城的基础之上改造扩建而成的，平面为横向长方形，规模不大，占地面积只有4.2平方公里，不及东汉洛阳城的一半。

曹魏邺城有两圈城墙，分为宫城（内城）和外郭，城墙"饰表以砖"[1]，是中国见于史料的第一座砖城。城中有一条沿着河流两侧建筑，间距被有意拓宽的东西向大道，把全城划分成南北两大部分。北半部是宫室区、禁苑与太子的东宫和贵族聚居地。宫室区的中央是两列东西并置的朝会与内廷和后宫，宫室区的东侧为戚里——贵族居住区，西侧是著名的铜雀苑。曹魏邺城的南半部为形态方正、整齐划一的平民居住区——里坊，平民居住区之中设有3个由官方管理的市。[2]

曹魏邺城的宫室区，在整个城市的中部最北端，地势居高，坐北朝南。西侧的禁苑之中，借助地形，依城墙修筑有3座受到西域影响的、带有一定军事目的的高台建筑，即铜雀台、冰井台和金虎台。左思在《魏都赋》中称此三台是"飞陛方辇而径西，三台列峙以峥嵘"[3]。城市的南半部有两条经过精心规划，贯穿整个居住区，由外城的雍阳门、广阳门通向宫城的端门、司马门，并以宫城大朝正殿为尽端的南北轴线。这是展现尊威秩序的城市中轴线在中国城市中的首次应用，尽管此时的宫城格局还是并列式，有东西并置的内外朝两个空间序列，尚未完成单一的宫廷建筑轴线与城市中轴线的整合，但是，这种做法已经为此后的历代都城建设树立了榜样。

曹魏邺城的道路系统经过了人为的统一规划，均为垂直相交，呈方格网状。相互贯通的道路将全城划分成数十个大小接近、形态方整的居住单位——里坊。在这一精

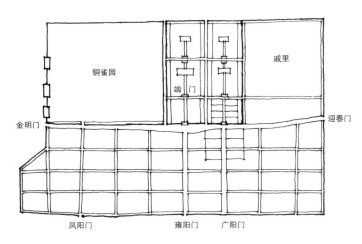

图2-31 曹魏邺城复原平面示意图

邺城位于邯郸以南40公里，汉时为郡治，204年曹操在此建都。邺城的平面为横向长方形，考古实测，东西最宽处2620米，南北1700米，规模小于当时的帝都洛阳。邺城的空间规划具有划时代意义，全城首次采用了便于规划建设的方格网系统以及规模大小一致的居住用地（里坊），功能分区严格明确，确立了单宫制，且在并行布局的宫城前设置了两条并行的南北轴线，这些做法均对后世的城市空间格局产生了重大影响。《魏都赋》赞邺城是："廓九达，班列肆以兼罗，设阛阓以襟带。"

① （北魏）郦道元. 水经注 [M]. 陈桥驿，点校. 上海：上海古籍出版社，1990.
② 中国社会科学院考古研究所，河北省文物研究所邺城考古工作队. 河北临漳邺北城遗址勘探发掘简报 [J]. 考古，1990
（7）；徐克翼. 曹魏邺城的平面复原研究 [A] //中国考古学论丛 [C]. 北京：科学出版社，1993；牛润珍. 古都邺城
研究——中世纪东亚都城制度探源 [M]. 北京：中华书局，2015.
③ （晋）左思. 魏都赋 //全上古三代秦汉三国六朝文 [M]. 上海：上海古籍出版社，2015.

心安排的规划格局之中，我们可以看到，此时的城市空间结构发生了重大改变，已经与以往的城市有了很大的不同。宫室的规模明显缩小，并由多个分散变为集中，形成了单一的"宫城"，而且位于城市北部的正中，紧靠着北面城墙。宫城的南面，正对着有城市中轴线作用的、纵贯里坊的南北大街——"御街"（考古实测御街宽17米，其余大街宽10~13米），直通的方格网状的道路系统使城市展现出方正严谨的棋盘格式的空间形态。总之，曹魏邺城是首次强化人为意象表达方式的城市建设案例，对此后中国城市的空间格局有着极其重大的影响。

曹魏邺城的空间格局，功能分区明确，整体性极强，与汉代及其以前的城市很不一样，其建设思想或曰出自于曹操。《魏书》宣称："操兴建邺，皆尽其意"[1]。而正是由于邺城的形制别出心裁，与东汉以来推崇的"营国模式"有着较大的出入，所以有学者认为，是在一定程度上受到了外来文化的影响。考古学家孟凡人就曾经指出，邺城的这种空间特征受到了西域诸国的影响："它与塔克西拉的锡尔卡普（Sirkap）城，山上部分控制制高点，山下部分宫殿、贵族区与居民街区分开的布局很相似，两者在设计上异曲同工"[2]。其实，这种军事堡垒性质的宫殿区居于高地，平民聚居区以类似方格网式的做法形成城市的空间概念，早在公元前2500年左右印度河谷的"哈拉帕城市文明"时期就已经出现过[3]。当时的哈拉帕（Harappa）和摩亨佐达罗（Mohenjo Daro）等城市中，王室的城堡与平民居住区之间也都用河渠隔开，平民居住区被南北和东西垂直相交的道路划分成方格网状，只是其整体的城市轮廓并不规整[4]。而重视宫廷前东西向大道（王道）的观念，在印度孔雀王朝时期的城市建设中也是一项重要的设计原则[5]。

二、魏晋南北朝

北魏是鲜卑族建立的政权，但是，北魏的洛阳城，在汉人李冲的规划设计之下，也大体因循着东汉之后所形成的空间思维模式进行建造，即在东汉、魏晋洛阳

① （西晋）陈寿.三国志·武帝纪［M］.裴松之，注.北京：中华书局，1982.
② 孟凡人.试论北魏洛阳城的形制与中亚古城形制的关系［A］//20世纪内陆欧亚历史文化研究论文选粹（第四辑）［C］.兰州：兰州大学出版社，2014.
③ （英）A·E·J·莫里斯.城市形态史［M］.成一农，等译.北京：商务印书馆，2011.
④ 刘建，朱明志，葛维钧.印度文明［M］.北京：中国大百科全书出版社，2017.
⑤ 成一农.欧亚大陆上的城市［M］.北京：商务印书馆，2015.

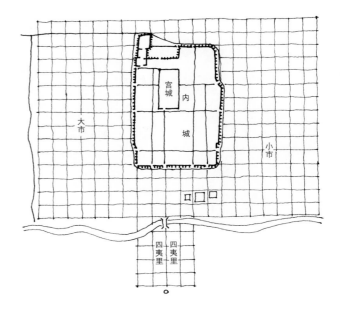

图2-32　北魏洛阳城复原平面示意图

北魏洛阳城是在汉洛阳城的基础上改扩建而成的，分为外郭、内城和宫城三重空间结构。外廓东西20里，南北15里，有323个里坊。内城即原来的汉洛阳城，西与南各4门，东3门，北2门。宫城废除了东汉时期的南北两宫，在内城的北部修筑了单一的宫城，平面呈规整的长方形，南北1400米，东西660米，占地面积约1平方公里，宫城正门外的铜驼大街是洛阳城的南北中轴线。外郭周回70里，规模空前。有诗赞其曰："洛阳佳丽所，大道荡春光。"

城的基础之上，将原来的南北两宫合并为一个宫城，设置于内城北部略为偏西的位置，内城沿用原先的城址，又在外围修筑了规模庞大的外郭城，采用方方正正的棋盘格式的方格网设计方法，将外郭划分为323个里坊[1]，以便统一安置迁来洛阳的居民。宫城以从内城的阊阖门横穿宫城至建春门的宽达51米（考古实测）的东西向大街（北魏洛阳城中最宽的大街）为横轴，南为朝会之所，北为寝宫，跨街形成南北向单一轴线的纵向宫城布局。在宫城以南的西侧，设置了唯一的城市南北中轴线——"铜驼大街"，铜驼大街的两侧分别布列官署和宗庙、社坛。全城共有4个市，3个在外郭，1个在内城[2]。目前，考古勘探已经发现了北魏洛阳城外郭东、西、北三面残存的城墙遗迹[3]。根据文献记载，再结合勘探资料推算，洛阳城的总体占地面积或许已经达到了75平方公里[4]，可谓规模空前，估计居住人口约为55万[5]，是中国最早的三

① 关于北魏城郭里坊的数目，有不同的说法，《魏书·世宗纪》中有"筑京师三百二十三坊"的记载，而《洛阳伽蓝记》中的记载却是"城中有二百二十里"。可见坊与里不是一回事，参见本书第五章第二节"里坊聚居"。

② 段宇京. 泱泱帝都·北魏洛阳［M］. 郑州：河南人民出版社，2014.

③ 中国社会课程考古研究所洛阳汉魏城工作队. 北魏洛阳外郭城和水道的勘察［J］. 考古，1993（7）.

④ 关于北魏洛阳城的占地规模，不同时期不同学者有不同的推测。目前大多数学者认为，北魏洛阳城的平面应是倒凸字形，占地规模在75平方公里左右，但是，北魏洛阳的实际建成区远远小于规划预想的规模。段鹏琦根据考古勘查资料估计，北魏洛阳城城址应该在南北东西各10公里的范围之内。这样，洛阳城的占地规模，最大可以达到100平方公里。参见：段鹏琦. 再现古都历史的辉煌［J］. 文史知识，1994，3.

⑤ 北魏洛阳的人口有多种推测，按《通典·食货·历代盛衰户口》中载"户十万九千余"计，总人口超过了50万。若以《资治通鉴》中北魏洛阳有40万户计，则总人口将多达120万以上。目前多数学者都认为40万户的统计有误，周一良更将40万户断定为40万人，本书采纳比较折中的说法，约55万人。

图2-33　云冈石窟

云冈石窟开凿于北魏和平年间，据记载是由僧人昙曜在当时的北魏京城平城（大同）西郊修建了最早的5所石窟，其余洞窟大多完成于孝文帝迁都洛阳之前。距今已有1500多年的历史，是保存至今的古代雕塑、建筑、宗教等方面的重要史料，也是大同城所属的十分珍贵的古代遗迹。

重空间相套、功能分区清晰明确的一次性规划建设的都城。宫城、内城和外郭这一"三重空间"结构确立了宫城服务于皇室，内城服务于政府、官吏，外郭为百姓生活区的空间区划原则，开创了后世宫城、皇城、大城三城相套的都城空间格局之先河。

　　魏晋南北朝时期，中国的政治中心第一次南移，以江南地区为代表的新增郡、县城市开始兴起，南方地区首次出现了可以与长安、洛阳相媲美的大城市——"建康"。东晋至南朝的建康，基本上保持了三国孙吴建业时期的格局，虽然因地形条件所限，城池并不朝向正南（偏向西南），但其内城的整体空间格局仍然是宫城居北，形态方正。宫城内西侧是太极殿，东侧是尚书台，从太极殿的正门——大司马门经内城的宣阳门至外城朱雀门布置有一条长达7公里的南北中轴线——"御道"，内城御道的两侧分置官署府寺，在中轴线的最南端设立了双阙（朱阙）[①]。

　　南朝的建康城与北魏的洛阳城一样，也是一座三重空间结构的都城。建康城的外郭形态复杂，设有12座城门。自东晋起，又在郭郊修筑了多处军事堡垒，在郭城之外，构筑起了第四道防御设施。与曹魏邺城和北魏洛阳城不同的地方，是建康城的外郭采用栅篱作为墙垣，而且居住里坊的组织关系也很不规整，与汉代之前一样，随着

---

① 罗宗真.江苏六朝城市考古探索［A］//中国考古学会第五次年会论文集［C］.北京：文物出版社，1988；庄林德，张京详.中国城市发展与建设史［M］.南京：东南大学出版社，2002.

河流地形的变化散布于整个郭城。建康城经过了差不多300年断断续续的建设，到梁朝时发展至鼎盛，成为当时全国最大的城市，居住人口达到了60万[①]。

　　魏晋南北朝时期的社会动乱导致了异域文化的相互交流与融合。其时，不仅在城市空间上受到了西域地区的一些影响，而且，来自印度的佛教也促使中国的城市建筑出现了一系列的改变。最为明显的变化就是从这时开始，城市中开始大量兴建佛教寺院，并且这些寺院业已成为城市居民日常生活之中非常重要的公共活动场所，为城市空间增添了新的构成要素。当时，很多寺院位居冲要之地，建设规模十分庞大，其中具有地标性质的寺塔建筑也非常壮观，其高度甚至超过了皇家的宫殿，左右着整座城市的天际线。根据《洛阳伽蓝记》记载，当时的洛阳建有佛

图2-34　武士造像
徐州出土的北朝武士造像，泥质灰陶，仰首直立，头戴小冠，两目平视，体形修长，双手拱于胸前，按环首仪刀，造型洗练，朴实生动。表现了南北朝时期武人的风貌。

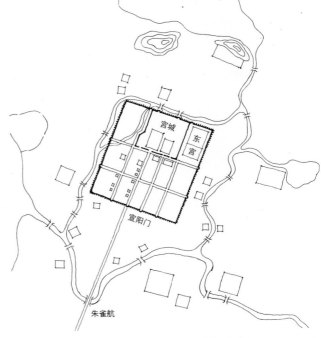

图2-35　六朝建康城复原平面示意图
建康作为都城始自东吴孙权，其后东晋和南朝的宋、齐、梁、陈四朝相继在此建都，故称"六朝"古都。孙吴所建之城位于玄武湖之南，北依覆舟山、鸡笼山，南近秦淮河，东凭钟山西麓，西与石头山相望。平面呈正方形，每边五里。宫城位于大城中心偏北，占地约为全城的1/4。东晋时期，基本保持东吴建业的格局，至南朝齐建元二年（480年），将原来的夯土城垣改建为砖城。东晋到南朝时最大的变化，是将原来的昭明宫、吴苑城改建为一座规模庞大的"建康宫"，宫室建筑群的轴线与城南的御道重合，御道的两侧分置官署，形成贯通南城的中轴线，并在轴线的南端修建了一对"朱阙"。

---

① 按照《金陵记》中梁朝时建康"城中二十八万余户"的记载，则当时的人口已经超过了100万。但是，梁朝偏居江南，总人口不过六七百万，而且建康城的规模也不大，城周只有20里19步，因此，很多学者认为建康城的实际人口约为60余万。

图2-36 金铜释迦牟尼立像（北魏）美国纽约大都会美术馆藏，该尊释迦立于四足方形莲花座之上，作施无畏印和与愿印。背负透雕火焰纹舟形背光，上绕飞天川尊，主尊两侧置有菩萨8尊。

寺1367座，僧众几万人。著名的永宁寺内，有九层浮屠，举高90丈（学者考证为137.45米），从百里之外，就能够看到这座空前绝后的高塔①。南朝的建康城内也是梵刹林立，按照文献记载，建康城中有"佛寺五百余所，穷极宏丽，僧尼十余万，资产丰沃"②。由此，唐人杜牧才会对建康的城市形象发出"南朝四百八十寺，多少楼台烟雨中"（《江南春》）的感慨。可见，魏晋时期的城市空间面貌比之秦汉，已经发生了巨大的改变。

三、隋唐

隋唐时期的城市建设，是中国古代城市发展史上的一个高峰，大乱之后的大治，使经济得到了恢复，经过长达130余年的建设，至唐玄宗李隆基时，唐代各地城市之间的差异增大，在都城与县城之间出现了一些新的变化。唐初，承袭隋制，地方城市实行州、县二级管理。中唐以后，增设"道"作为监察机构，此后便形成了，由都城—道驻所城—府、州治所城—县城组成的四级城市网络体系。虽然唐代的道并不是一级行政单位，但是道驻所通常都是区域性的中心城市，如长安、洛阳、汴州、魏州、幽州、扬州、苏州、益州、襄州、越州，等等。而伴随着经济商贸活动的发展，又促成了运河、淮河、长江沿岸以及沿海地区港口城市的繁荣，唐代著名的漕运、海港城市有：楚州（淮安）、广陵（扬州）、京口（镇江）、会稽（绍兴）、登州（蓬莱）、明州（宁波）、福州、泉州、广州等。

由此可以看出，至唐代，依据行政体制考虑城市建制的情况，已经开始与经济因素有机地结合在一起了，对外交流亦日趋繁密，城市的经济职能有了进一步的发展，城市的面貌也更加宏伟、壮丽。特别是唐代的城市，与汉代相比，在城市结构上更为成熟、严谨，更有逻辑，空间形态也更加规整，更趋近于礼仪威严方面的意象表达方式。明代史学家顾炎武在评判唐代的城市时感慨道："予见天下州之为唐旧制者，其城郭必皆宽广，街道必皆正直"③。

唐代的都城长安，实际上是继承的隋代大兴城，大兴城始建于隋文帝开皇二年（582年）六月，次年三月便迁入新都，前后建设不到一年即已初就，可谓城市建设史

---

① （北魏）杨衒之.洛阳伽蓝记［M］.北京：中华书局，2012.
② （唐）李延寿.南史·循吏列传·二十五史·卷四［M］.上海：上海古籍出版社，1986.
③ （明）顾炎武.日知录［M］.上海：上海古籍出版社，2012.

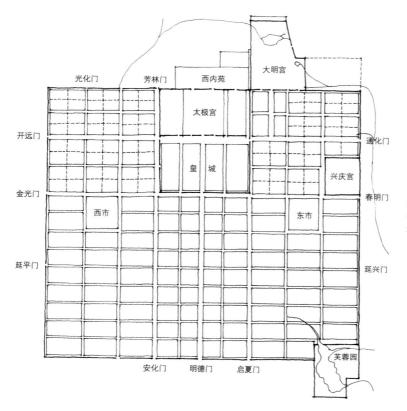

图2-37 隋唐长安城复原
平面示意图

长安城作为隋唐两代的都城长达322年,平面为长方形,采用棋盘格式的路网结构、封闭的"市坊制度"和中轴对称式布置的空间格局。城市中共有南北向大街11条,东西向大街14条,25条大街垂直相交,将全城划分成为108个坊和东、西2个市。宫城居中位于城北,南面皇城之内建太庙、社稷和官署。长安城是中国古代前期封闭形城市的巅峰之作,其空间格局与设计理念为中国古代城市特征的形成奠定了基础。

上的奇迹,负责规划建设的官员是宇文恺。隋唐长安城的平面形态大体上呈横向长方形,有3圈城墙,由宫城、皇城组成内城,居住区和商市构成外郭。宫城居于外郭城北端的正中,皇城位于宫城南面,与宫城等宽并共用一道城墙。外城总共设有13座城门,东、西、南三面,每面3座城门,北面4座城门,各城门均建有高大的城门楼。全城自宫城正门承天门开始,以连接皇城正门朱雀门和外郭正门明德门的"朱雀大街"为礼仪性的城市南北中轴线。朱雀大街宽150米,两侧左右对称地布置了分属长安、万年两县管辖的108个坊和2个市[①],这是中国古代城市在出现了城市中轴线之后,首次形成轴线两侧对称组织城市空间及重要设施的格局,是继邺城之后,城市空间格局上的又一次重大变化。不过,有学者指出:这种宫城居北面南,北部布置园囿、南面分两

① 中国科协院考古研究所西安唐城发掘队.唐代长安城考古计略 [J].考古,1963(11);马得志.唐长安城考古发掘新收获 [J].考古,1987(4);宿白.隋唐长安城与洛阳城 [J].考古,1978(6);刘庆柱.中国古代都城考古发现与研究 [M].北京:社会科学文献出版社,2016.

翼安置聚居的做法，与匈奴等游牧民族的"王庭"格局十分相像①。其分区管理方式亦很相近，王庭分左右两翼，长安城则以中轴线为界，划分为长安、万年两大片区。此外，长安城中的坊和市与前代一样，也都修建有围墙，夜晚宵禁，实行半军事化的管理，所以，整座长安城仍然呈现出一种层层封闭的、内向型的空间构成形态。

隋唐长安城的占地面积达到84平方公里，尺度巨大，居民都居住在城内，没有郊区。长安城庞大的规模超过了此前的历代都城，是后世北宋汴梁城面积的2倍，比明清时期的北京城还要大1/3。长安城的城市户籍人口接近100万②，是中国古代历史上占地规模最大的一座城市，也是当时世界上最大的城市。

唐长安城在唐太宗、唐高宗时，在北城墙外增筑了大明宫；唐玄宗时，又在东城的北部靠城墙修建了兴庆宫。唐代这种跨城墙建设宫室的做法，明显受到了外来影

图2-38　唐长安城丹凤门复原想象图
丹凤门始建于唐高宗龙朔二年（公元662年），是唐长安城大明宫的正南门，城门上建有巍峨高大的丹凤楼。丹凤门东西长200米，南北宽33米，开有5个门道，是出入宫城的主要通道，也是唐代高宗皇帝以下200多年间，举行登基、改元、宣布大赦以及宴会等外朝大典的重要场所，有"盛唐第一门"之称。

① 张学锋."中世纪都城"——以东晋南朝建康城为中心［J］.社会科学战线，2015（8）.
② 唐代长安城的人口数量一直都存在争议，《通典》中载："唐京兆府户口数为三十三万四千六百七十户，九十二万人。"韩愈在《论今年权停选举状》中称："今京师之人不啻百万。"《唐书·地理志》中则说："天宝元年京兆府人口数一百九十六万余。"各种说法相差很大，当代学者中，最保守的估计为50万～60万人（郑显文），最高的统计人口总数为170万～180万（严耕望）。

响，完全不同于汉儒所推崇的《周礼·考工记》中理想王城的做法。中轴线朱雀大街也不是城中最宽的主干道，长安城中最宽的大街是宫城与皇城之间的东西向横街，宽达220米，与横街两端相连的东西向城市主干道的宽度也接近朱雀大街，而皇城前，通向金光门与春明门的东西向大街亦宽达120米，在6条主干道中，仅次于中轴线朱雀大街，比城内的一般性道路宽3倍，这当然与长安城对外的交通以东西为主有关，但是，这种强化北半部宫廷前东西向主干道且宫城紧靠城墙的做法，与曹魏邺城、北魏洛阳城抑或是西域城市似乎也都有着一定的关联。而隋唐的东都洛阳城，在这方面比长安城更甚。洛阳城的宫城有两侧紧靠着外城城墙，城内最宽的大街也是宫城前东西走向的街道，若是再加上洛河的宽度，里坊与宫城的间距要比南北城市中轴线两侧里坊的间距宽数倍①，所以，有学者将隋唐长安城、洛阳城和曹魏邺城划归为《考工

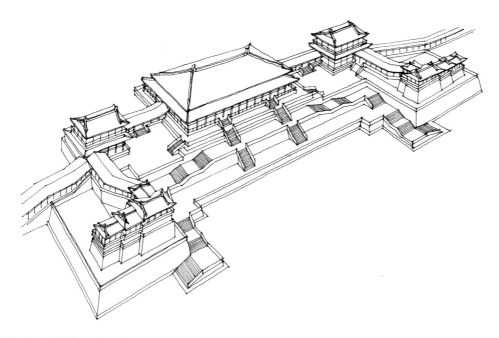

图2-39　唐长安城大明宫含元殿复原想象图

大明宫含元殿是唐长安城大明宫的前朝正殿，建成于龙朔三年（公元663年），主殿面阔十一间，进深四间，有副阶坐落于三层台基之上。殿前方左右分峙"翔鸾""栖凤"二阁，殿两侧为钟、鼓二楼，殿、阁、楼之间有飞廊相连，平面呈凹字形，翔鸾阁、栖凤阁两侧，有倚壁盘旋而上的"龙尾道"。整座建筑体量庞大，高低起伏，气势宏伟。

---

① 中国科学院考古研究所洛阳发掘队.隋唐东都城址的勘查和发掘［J］.考古，1961（3）；中国科学院考古研究所洛阳发掘队."隋唐东都城址的勘查和发掘"续记［J］.考古，1978（6）；王岩.隋唐洛阳城的近年考古新收获［A］//中国考古学论丛［C］.北京：科学出版社，1993.

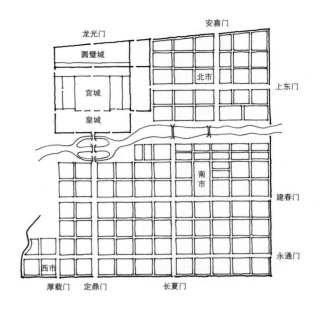

图2-40 隋唐洛阳城复原平面示意图

隋唐洛阳城在隋大业元年（公元605年）开工，第二年便建成。由外郭城、皇城、宫城、圆璧城等组成，平面方形，占地约为47平方公里。外郭城西面未设城门，南面、东面各开3门，北面开2门，共有8座城门。洛阳城的形制不如长安城规整，宫城、皇城及仓储区位于外郭的西北隅，道路结构与长安类似，也是棋盘式的方格网，但道路宽度小于长安，主轴线"定鼎门大街"宽121米，主干道宽40~60米，一般道路在30米以内。

记》模式之外的另一类，属于在一定程度上受到了外来文化影响的城市类型[1]。

总之，就全国而言，当时的长安城不仅是政治经济中心，同时，也是国际商贸中心和文化交流中心。长安城内，有佛教寺院106座，道教宫观36座，波斯拜火教堂（祆教）5座，大秦寺（基督教）4座。当年，城内不但有为数众多的突厥人和粟特人[2]，还聚集了来自西亚、南亚、印度、日本、朝鲜等各国的商侣、游学人员，约有10万之众。这些都说明，唐代非常开放，对外来文化有一定的包容性。尽管如此，唐长安城实行的"市坊制"还是显示出，它仍然是一座管理严格的"封闭型城市"。不过，无论如何，它在中国的城市发展史上都占据着非常重要的位置，对周边国家的都城建设也产生过一定的影响。在城市形态构成方面，隋唐长安城无疑是中国古代前期封闭型城市建设的集大成者，同时，长安城还确立了：形态方整，坐北朝南，棋盘式路网，宫城居中，以大朝正殿为基点形成贯通全城的城市中轴线以及沿中轴线左右对称布置重要建筑及百姓聚居区等中国古代城市空间格局的基本特征。

唐代地方城市的空间结构，虽然并不一定都像长安那样严谨有序，但是，许多府、州城与都城类似，都拥有两重空间结构，即官署治所的小城（子城）和居民生活区域的大城（罗城），两重相套。这种经过规划建设的"子城"加"罗城"的空间构成模式在

① 张学锋. "中世纪都城"——以东晋南朝建康城为中心 [J]. 社会科学战线，2015（8）.
② 荣新江. 中古中国与外来文明 [M]. 北京：生活・读书・新知三联书店，2014.

图2-41 西安小雁塔

小雁塔位于唐长安城安仁坊的荐福寺内，建于唐景龙年间，是唐长安城保留至今两座古塔之一。小雁塔是方形密檐式砖塔的经典杰作，原为15层，现存13层，高43.3米。2014年列入世界文化遗产名录。

图2-42 唐扬州城复原平面示意图

扬州地处江淮平原，近邻长江及东海，春秋时曾是吴国的都城，秦时为广陵县，汉时为封国，隋代开通大运河后，成为长江、运河和东海水运的交汇点以及漕米、海盐、茶叶、瓷、铁和丝绸等产品的集散地。唐中期，为扬州州治与盐铁转运使的所在地，是当时全国最大的工商业城市。唐代后期，扬州拆除了坊墙，商业繁荣，市井相连，形成了闻名遐迩的"十里长街"。

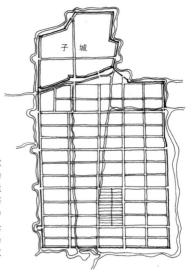

唐代有了很大的发展，道驻所城以及府、州治所城等重要地方城市的空间结构，普遍采用这种形制。当时，官署的小城又可以称之为"衙城"，或是"牙城"，多位于大城的西北部，抑或是高岗之上，便于居高临下地面南辖制全城，其典型案例一如扬州。

扬州既是州治的治所，也是唐代最大的工商业城市，有"一扬（扬州）二益（成都）"之誉。扬州城区的平面呈现为不规则的长方形，占地面积20平方公里，居住人口约10万。官署位于北部蜀岗之上的子城之内，南面蜀岗之下是商市和平民生活区——罗城[①]。正是由于扬州城的这种双重空间结构特征，唐代诗人杜牧在歌咏扬州的诗中才会说："街垂千步柳，霞映两重城。"（《扬州三首》）扬州城的经济实力和繁华程度，亦可以从其经济生活区罗城面积是子城的5倍这一超乎寻常的土地使用状况中得到佐证。

虽说唐代地方城市的城郭形态并不一定都取方形，但是，唐代推行的以行政等级来确定城市里坊数目的做法，还是使得唐代地方城市的形态趋向于整齐方正。从总体上看，唐代各地的城市都还是比较规整的，而且，城市的里坊划分方式以及街道框架也多与长安相类似，而唐代军镇的形态更是规整，大多呈现为方形。以唐代云州城（大同）为例，云州城的前身是北魏迁都洛阳之前的都城——平城，唐代以后，一直

---

① 南京博物院，扬州博物馆，扬州师范学院发掘工作组. 扬州唐城遗址1975年考古工作简报 [J]. 文物，1977（9）；南京博物院. 扬州古城1978年调查发掘简报 [J]. 文物，1979（9）；庄林德，张京祥. 中国城市发展与建设史 [M]. 南京：东南大学出版社，2002.

图2-43 三彩骆驼载乐俑

出土于陕西西安，三彩骆驼背上载有5位乐人，其中3个为胡人，舞者及乐人均头戴软巾，足穿短靴，是唐代中西文化交流的写照。

是中国北方的军事重镇。该城的平面形态为正方形，每边合唐里4里，东、南、西、北各开一门，用十字大街将全城分为四个区域。每个区域内，再以次一级的十字街道划分，将全城划分成16个坊①，坊内则进一步用巷道分割宅基地，以便于统一建设计划的实施与管理。这种规划建设的方法，看似与长安城如出一辙，实则承袭自北魏的平城，其影响不仅波及北魏的洛阳、隋唐的两京，更是遍及后世。

这一时期，一些邻近国家的都城也深受长安城的影响。例如渤海国的上京龙泉府，其空间格局与主要建筑均模仿长安城而建。上京龙泉府与长安一样，分为宫城、内城和外郭三重空间结构，平面呈长方形。宫城和内城居于北部，贯穿全城、效仿朱雀大街的"中央大街"，将全城分为东、西两大部分，只是路网与长安略有不同②，日本的平安京（京都）也学习了长安城棋盘格式的方正路网和城市中轴线，但是，京都并没有修筑城墙，也没有实行封闭管理的"里坊制"，采用的是日本传统的开放型空间格局，而且在实施建设时，也与当初理想的规划模式不同，只建设了一部分，之后很快又改变了初衷。

第四节　平民化的生活空间

一、北宋

北宋结束了唐末藩镇割据及五代十国的战乱局面，城市经济建设得到了恢复，出现了一些中国城市发展史上前所未有的新现象。就全国而言，随着经济重心的南移，南方城市的数量明显增多，北方则因为战争与辽、金分治之故，城市在逐渐减少，城市的发展和分布呈现出"南升北降"的态势。经过多年的持续建设，北宋时期，在全国范围内形成了4个区域性的城市群：以汴京为中心的黄河中下游城市群，以杭州、苏州为中心的东南地区城市群，以成都、梓州、利州为中心的西南地区城市群，以永

① 唐代的这种在城内以十字大街划分四个区域，各区域之内再用十字街划分坊巷的做法，是由宿白在20世纪80年代访问日本时提出的。参见：宿白.隋唐城址类型初探（提纲）[A]//纪念北京大学考古专业三十周年论文集（1952～1982）[C].北京：文物出版社，1990；张志忠.大同古城的历史变迁 [J].晋阳学刊，2008（2）.
② 王林晏.上京龙泉府 [M].哈尔滨：黑龙江人民出版社，2015.

兴军、太原、秦州为中心的西北地区城市群①，各个区域之中都出现了一批经济十分繁荣的中心城市。当时的商贸活动，在北方不时受阻，但是，南方航运发达，重视海外贸易，曾先后在广州、明州、杭州、泉州、温州、秀州等港口城市设置市舶司，其贸易税收已经成为国家财政的重要来源。此外，两宋时期，乡村人口开始向各大城市集中，城市的人口密度进一步增高。全国各地，居住人口在10万人以上的大城市有40多座（唐代只有10座），城市的规模已经远超前代以及中世纪的欧洲。

城市工商业与唐代相比，更加活跃和丰富多彩，商业、服务业的发展突破了过去的时空限制，导致延续了千年以上的"市坊制度"彻底崩溃，城市空间结构随之进行了整合，城市物质形态也发生了巨大的变化。事实上，整个宋代的城市建设都着力在经济发展上，而城池设施的框架基本上都承袭自隋唐、五代时期的旧制，但是，居民生活区却迅速扩张，呈现出自发生长的态势，甚至跃出了城墙，形成"关厢"。尤其是在南方地区以及运河沿岸的城市，更多的情况是从生活需要出发，按照经济规律，因地制宜地对城市进行建设。

北宋在废除了"市坊制度"之后，城市的空间面貌也随之发生了天翻地覆的变化，街道得以开放，沿街可以开设商铺、馆舍，还出现了专门为城市居民服务的公共浴室和娱乐设施——瓦舍、勾栏以及以酒楼、茶肆为核心的"商业街市"。与前代的城市不同，这些商业街市入夜之后仍然经营，一如《东京梦华录》所记载的"街心市

图2-44 《清明上河图》（局部）
北宋画家张择端所绘制的《清明上河图》，以写实的手法表现了北宋时汴梁城中的生活景象。从画中我们可以看到，邻近城门口处大街上的各种商店、酒楼鳞次栉比，招牌幌子琳琅满目，商业、运输活动十分兴旺，一派繁华热闹的街市盛景。宋代的市井生活场面，在张择端笔下被描绘得栩栩如生。

---

① 戴均良主编.中国城市发展史［M］.哈尔滨：黑龙江人民出版社，1992；程民生.宋代地域经济［M］.郑州：河南大学出版社，1992.

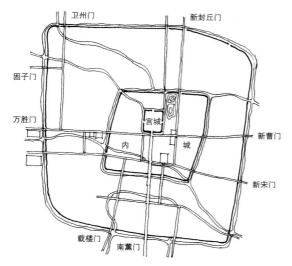

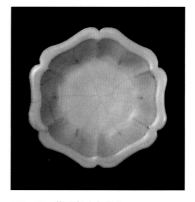

图2-46 葵瓣盘（宋代）
该盘为宋代官窑制品，器型仿金银器的造型，口沿作六瓣葵花，胎薄体轻，釉厚滋润，体现了宋代追求的生活情趣和工匠的高超技艺。

图2-45 北宋东京汴梁（开封）城复原平面示意图
北宋汴梁城为不规则方形，四水贯都，三重城池，三道城墙四周环绕有三条护城河。城市的中央为宫城，周围9里有余，东、南、西、北各开一座城门。第二重为内城，又称"阙城"，周围20里，开设有10座城门。外城又称罗城，周围50余里，有水、陆城门20座。汴梁城在当时既是全国的政治中心，又是"华夷辐辏，水路会通"的商业大都会。

井，至夜尤盛"①，在中国第一次形成了以大城市商业街为核心的大众消费市场以及开放型的城市公共空间。宋时的各大城市在呈现出一派空前繁荣景象的同时，在县城之下，还兴起了大量的脱开行政体制，以经济职能为主导的市镇，这些市镇在整体的经济建设网络之中起着非常重要的作用，促使古典的依托行政体制形成的"城市体系"开始朝着兼顾经济职能的"城镇体系"的方向转变。总之，宋代的城市在中国城市发展史上是极具革命性的，是中国古代"前期城市"与"后期城市"的分水岭。

　　两宋期间，北宋都汴梁（开封），南宋都临安（杭州）。汴梁亦称"东京"，是在唐代汴州城的基础上改造扩建而成的，由宫城、内城、外城三重空间构成，宫城居中，又称皇城、大内，原为唐宣武节度使的治所。宫城方形，四面各开1座城门；内城即唐代汴州旧城，有10座城门；外城为周世宗柴荣所建，设有16座城门，城垣设施比内城更加宏伟坚固②。故此，汴梁共有三道层层相套的城墙和环城护城河，军事防卫性作用突出。汴梁城墙范围内的总占地面积约为40多平方公里，规模仅及

① （北宋）孟元老.东京梦华录［M］.李士彪注.济南：山东友谊出版社，2001.
② 开封宋城考古队.北宋东京外城的初步勘察与试掘［J］.文物，1992（12）；开封宋城考古队.北宋东京内城的初步勘察与试掘［J］.文物，1996（5）；邱刚，董祥.北宋东京皇城的初步勘察与试掘［J］.开封考古发现与研究，1998（9）；刘春迎.北宋东京城研究［M］.北京：科学出版社，2004.

唐长安城的一半。但是，后来的居住区和商业区已经溢出城垣之外，在城关地带形成了九厢十四坊，所以，汴梁的实际规模要比城圈大得多。北宋汴梁的人口，最多时超过了26万户，专家估计有100多万人[1]。而当时，西方最大的城市，即东罗马帝国的首都——君士坦丁堡的人口只有30多万[2]，其时，日本的京都和朝鲜的开城也不过20万人。

由于汴梁是在唐代汴州旧城的基础之上改造、扩建而成的，所以，城市的空间格局便不似汉唐那样追求形态上的象征意义，城内的道路系统也不如唐长安那样规整，有许多丁字相交的道路。主轴线"御街"局部宽达300多米，与宣德门前东西走向的横街一起形成T字形广场，有着宫廷前广场的作用，是后世T字形广场和千步廊的雏形。城内的其他道路，宽15～20米，比之唐长安40～50米的宽阔大道，更适合人的生活尺度。汴梁的商业中心区位于宫城的南面，与《周礼·考工记》中"前朝后市"的制度正好相反。宋时的汴梁废除了"市坊制"，允许商人沿街开店，商业由集中变为分散，已经扩展至全城，居住区也与商业街混杂起来，导致城市的空间面貌与之前的封闭型城市有了很大的不同，街道开始成为重要的日常生活和公共活动的场所，城市空间也由此而变得更加具有活力，更有人情味。宋人张择端所绘制的《清明上河图》，即以写实的手法展现了北宋汴京城的繁华景象。

二、南宋

南宋的都城临安（杭州）又称"行在"，原为杭州治所，五代时的吴越曾经定都于此。城址位于钱塘江与西湖之间，受地形制约，城市形态呈现为南北长、东西窄的不规则月牙状。临安有两重城垣，内城即宫城，地处最南端的高地，北宫门是正门。外城中有官署及居住区和商业区，路网组织极不规则，以一条自宫城北门曲折通向外城北门的"天街"为主干，连接东西走向的街道，道路结构呈鱼骨状。整座城市"坐南朝北"，靠凤凰山而北向，北城门是城市的正门[3]。对于宫城的朝向有多种推测，若是依据南宋编

① 关于北宋东京汴梁的人口，当代学者通过考证分析，普遍认为超过了100万，鼎盛时期可能有120万左右。最保守的估计为80万（周建明），最高的测算是150万（木田知生）。
② T. Chandler. Four Thousand Years of Urban Growth: An Historical Census. St. Dowid's University Press，1987.
③ 浙江文物考古研究所.杭州市南宋临安城考察［A］//中国考古学年鉴（1985年）［C］.北京：文物出版社，1985；阙维民.杭州城池暨西湖历史图说［M］.杭州：浙江人民出版社，2000.

绘的《咸淳临安志》中的皇城图来分析，宫室建筑群的朝向或许是背靠凤凰山"坐西朝东"，宫城的北门与南门，形如宫室建筑群东西向主轴线东端的两翼。临安城的这种空间格局与《周礼·考工记》记述的理想都城有着非常大的距离，并未刻意营造意识形态方面的追求，是南方地区自然发展、因地制宜建设城池的代表。

与汴梁相比，临安城的占地规模更小，城圈范围只有10平方公里，仅及汴梁的1/4。不过，与汴梁一样的是，居住区与商业区都跃出了城墙，发展至西湖和沿着运河一带的郊外广大地区。所以，便有学者认为，临安是依托周边地区的市镇发展起来的，或许也正是因为如此，临安城才能够容纳得下70万~80万之多的城市人口[1]，才能够借此发展成为当时中国人口密度最高、最为繁华的一座城市。

美国的城市史学家钱德勒（T. Chandler）在《城市发展四千年》一书中，对4000年来世界各地的城市人口进行了估算统计，将中国的汉长安城（公元前195年）、唐长安城（637年）、北宋开封城（1013年）和南宋的杭州城（1180年）这4座城市列为同期世界上最大的城市[2]。据此看来，两宋300年间，能够有两座城市的人口规模位列世界之巅，已足见宋代的城市文明在世界城市建设史上的地位是不容小觑的。

除了都城之外，南宋各地的商业都会也非常繁荣。从总体上看，北宋时期南北方城市平衡的格局

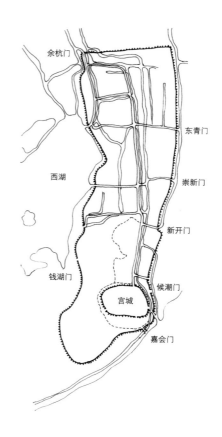

图2-47　南宋临安（杭州）城复原平面示意图

临安，秦汉时为钱塘县，隋代开始筑城，为杭州州治。十国时期是吴国的都城，至北宋，已发展成为南中国最为重要的商业都会。自1129年起，改为南宋的国都，称"临安"（临时安居之所）。临安城的空间格局与中国的历代都城都很不一样，是一座沿着南北主干道两侧发展的带形城市，坐南朝北，宫城居南，主要城市生活空间位于宫城之北。临安城的工商业十分发达，娱乐业遍布全城，大小商铺更是"自大街及诸坊巷，连门俱是，即无虚实之屋"。临安的城区实际上已经溢出城墙外，城外的繁华程度亦不亚于城内。

① 南宋临安的人口问题争论最多，各种估算相差数百万。林正秋的估计为：咸淳年间，城区有62万人，城郊13万人，共计75万人。加藤繁的估计为150万人。赵冈的测算为城区100万人，城郊周边地区150万人。此外，还有更夸张的500万~700万，甚至上千万人的说法。参见：赵冈. 中国城市发展史论集 [M] . 北京：新星出版社，2006.

② T. Chandler. Four Thousand Years of Urban Growth: An Historical Census. St. Dowid's University Press，1987.

圖江平

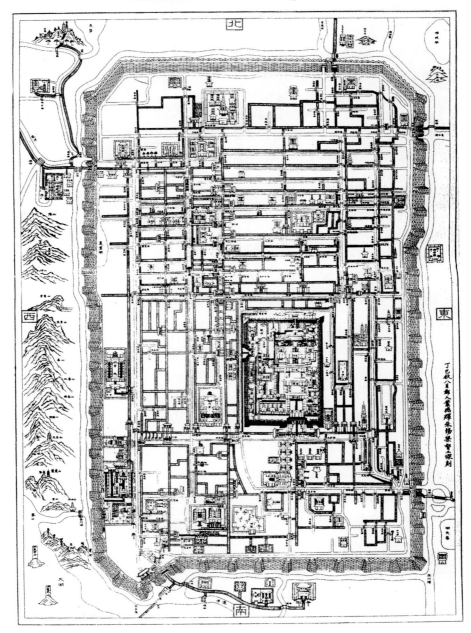

图2-48 《平江府城图》

《平江府城图》是南宋时期刻在石碑上的一幅地图，把当时的苏州（南宋时称平江）城范围内的城池、道路、河道、桥梁以及重要建筑物等都准确地刻画了出来。图中的平江府是一座东西宽3公里左右、南北长5公里左右的长方形城市，城墙随地形略有屈曲，共开有5座城门，城内水巷密布，因此而有"东方威尼斯"之称。

图2-49　苏州平江路水巷

中国南方的许多城镇中都是水网密布，居民们以舟船为主要交通工具，河流与道路交错并行，河道亦为水乡城镇景观的重要组成部分。现在平江路一带的水巷仍然保持着《平江府城图》中所描绘的空间格局。

图2-50　江苏同里水巷

同里古镇属于苏州府，宋代时正式建镇，由15条河道将全镇分隔成7块被水网环绕的陆地，这些陆地又用49座古桥相连，是典型的江南水乡城镇。沿河建筑轻巧淡雅，犹如画卷，极具水乡特色。

已经被打破，南方地区的城市发展开始超过北方。尤其是地处江南的一些经济中心城市，其繁华程度并不亚于都城，例如在南宋经济中心南移之后，很快就促成了平江（苏州）与临安（杭州）齐名，共为当时天下两大商业都会的局面。

平江府城即是现在的苏州。苏州筑城的历史十分悠久，春秋时期是吴国的都城，隋唐之后，借助余杭大运河，发展成为区域性的航运中心，可以说是"舟楫鳞集，农商影从"（《苏州新开常熟塘碑铭》）。南宋时，平江的工商业和航运业更趋繁荣，可以与都城临安比肩，有"人间天堂"之美誉，"上有天堂，下有苏杭"的谚语一直流传至今。南宋绍定二年（1229年）刻制的《平江府城图》，将当时的城市形态保留了下来。从该图中我们可以看到，平江府城的平面为南北长、东西略短的长方形，占地面积约为10平方公里。平江府的治所称"子城"，位于城中偏东南的位置，大城（罗城）南部为官署，北部为居住区。城内的道路呈现为南北、东西垂直相交，但是多有错位，不甚规整①。平江府是著名的水乡，设有水门，以使城内外的河流相互贯通。城内河流的走向与道路平行，许多建筑都是前街后河，景色十分宜人，今天的苏州旧城区仍然保持着这种空间格局。正如一首古诗所言："君到姑苏见，人家尽枕河，古宫闲地少，水港小桥多"。（《送人游吴》）

---

① 同济大学城市规划教研室. 中国城市建设史［M］. 北京：中国建筑工业出版社，1982.

第五节 传统经典的确立

一、辽、夏、金

与两宋同时，割据北方的辽、夏、金三国，虽为游牧民族建立的王朝，"居无定所"，但是，受到农耕文明"筑城定居"方式的影响，也兴建过一些城市。这些城市多为军事据点与统治政权的所在地，其中最重要的城市自然是都城与陪都。辽、夏、金三国的都城，规模均不及两宋都城庞大，也缺少宋都繁荣的工商业和娱乐业，主要是政治与军事相结合的重镇，甚至一些城市在"民族分治"的体制之下，还实行分区隔离的"两城制"。例如：辽上京和金上京的城市空间结构，就都被分割成"皇城"和"汉城"两个部分，按照民族划分地域，组织聚居①。但是，受汉文化的影响，其城市形态多吸收中原地区筑城的方式和理念，有些城市甚至比宋都更为规整、方正。

例如：辽中京大定府城平面为正方形，由外城、内城和皇城组成，城中有一条南北中轴线。金中都大兴府城也是近似正方形的平面，有大城、皇城和宫城三重城墙，宫城居中。城市的空间格局、城门的数量甚至主要城门的名称，都仿照北宋的汴梁。不同的地方是：南北中轴线首次纵贯全城，为元大都和明清北京城贯穿全城的南北中轴线之滥

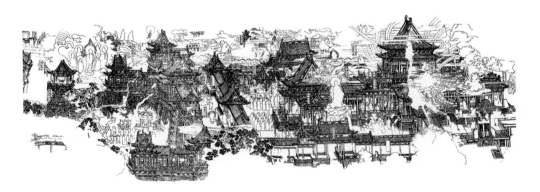

图2-51 山西繁峙岩山寺金代壁画
繁峙岩山寺南殿的金代壁画中绘有一组仙境楼阁。有学者认为，绘画者参照了金中都的宫苑建筑，画面表现的是金代建筑的风貌。

---

① 内蒙古文物考古研究所.辽上京城城址勘查报告［A］//内蒙古文物考古文集［C］.北京：中国大百科全书出版社，1994；董新林.辽上京城址勘察报告［J］.北方文物，2006（3）；朱国忱.金源故都［M］.哈尔滨：北方文物杂志社，1991.

筋①。这两座城市都是以宫城为核心，道路垂直相交，城市空间整齐划一，在保留传统里坊的同时，融入了街巷制的新型居住空间组织方式。但是，辽、金都城中的宫城并不一定居中，也没有九宫格式的儒家空间概念，所以，与北宋都城汴梁相比，与其说带有更多《周礼·考工记》中理想王城的烙印，还不如说，是在向中原学习的同时，融汇了更多的集权统治和军事化管理的色彩，建设理念比宋都更为守旧。

西夏的都城兴庆府（银川）亦大抵如此，不过，其属地夏州治所的城池承袭自曾经作为大夏国都和北魏军镇的统万城。该城的形制很有特色，为东西并置的内外城加外围郭区的空间格局，西城为内城，南部建有高大的夯土台基，东城为外城，两城相连共用一道城墙。统万城具有西域城市的特征，军事防卫性能极强，城墙带有高大密集的马面，墙外筑有"虎落"（藩篱）②，城墙转角处还修建有高于城墙的巨大墩台，这些均与中原地区的城市明显不同③。

图2-52　大同华严寺薄伽教藏殿辽代塑像
此塑像为大同华严寺薄伽教藏殿中的胁侍菩萨。该塑像身材修长，姿态窈窕，双手合十，神情动人，是辽代塑像的精品。

二、元

1279年，忽必烈灭南宋，建立了元朝。元统一中国后，在全国实行以"行省"为中心的行政体制，全国设有10个中书省，省之下设路、府、州、县。按照《元史·地理志》中的记载，元代共置有路185个，府33个，州359个，县1127个④。由于蒙元的征战扩张带有极大的破坏性，所到之处，除了劫掠就是夷平城池。因此，元代的城市

① 阎文儒.金中都［J］.文物，1959（9）；于杰，于光度.金中都［M］.北京：北京出版社，1989.
② 虎落也叫藩篱、篱落。颜师古谓："虎落者，以竹篾相连遮落之也。"也就是在城墙外围设置的一种具有阻挡、掩护作用的竹篱。
③ 陕西师范大学西北环发中心.统万城遗址综合研究［M］.西安：三秦出版社，2004.
④ （明）宋濂等.元史［M］.北京：中华书局，1976.

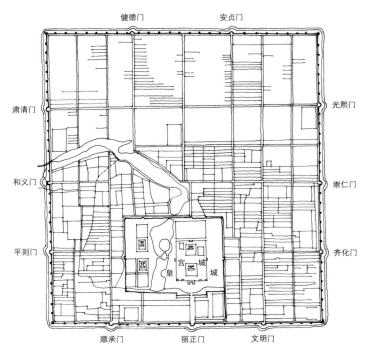

图2-53　元大都城复原平面示意图
元大都是中国历史上最后一个平地而起的
一次性全面建设的都城。其空间格局分为
宫城、皇城、大城三部分，城池方正，
东、西、南三面各开设了3座城门，北面
开设2座城门，以阻挡北方的煞气。与唐
宋都城不同的地方是，宫城位于大城的南
部偏西，文、武官署较为分散，南北中轴
线错位、首次贯穿全城。将钟鼓楼独立设
置在城市几何中心区域的中轴线之上，是
元大都的首创，对此后中国城市的空间格
局有着极大影响。

建设一直处于低谷，城市之间的层级与隶属关系也较为混乱，特别是中国北方的城市，遭受战争的毁坏都比较严重，人口大量南逃。所以，元代遗留下来的具有代表性的城市多为蒙元在北方建设的都城和军事重镇。这些城市有3个共同特征：一是城池的形态多取方形或长方形；二是核心建筑，如宫城、治所均不居中，而是一侧或两侧紧靠大城城墙布置；三是城内的道路不直通，城门之间相互错开，通过城门的道路呈丁字形相交。这显然是受到了西域军事城堡的影响，城市的建设以军事需要为前提。元上都开平府以及净州路治所、集宁路治所等蒙元早期建设的城市均是如此。

　　入主中原之后，元代统治者决定迁都燕京，要兴建一座比辽、金两朝都城更加宏伟的新首都，这便是元大都。元大都由汉人刘秉忠（僧子聪）和阿拉伯人也黑迭儿负责规划与建设，是中国最后一座平地而起、全面新建的都城，元大都的建设前后历时24年。

　　大都城的占地面积约为51平方公里，比北宋汴梁城大10平方公里，是南宋临安城圈的5倍，人口高峰时或有70余万[1]。虽然人口比汴京少了许多，但是，元大都仍然不

---

① 元代诗人王晖的诗中称元大都是"都城十万家"，《太元仓库记》中的记载也是十万户，计算下来，元大都初期应有50万人。如果按照《元史·地理志》所载，元大都共有十四万七千五百九十户，四十万一千三百五十人，其折算后的户均人口明显偏低，每户只有2.72人。但若是按每户平均5人计，总人口便达到了75万。而周继中在《元大都人口考》一文中的推算更多，他认为元大都后期的人口超过了110万。

失为13世纪世界上最为宏伟壮丽的城市之一，这可以从意大利人马可·波罗（Marco Polo）所写的《马可·波罗游记》中得到佐证。他认为：元大都是"世界诸城无与伦比的"[①]。大都城的平面形制方正，由宫城、皇城、大城组成三重环套的空间格局，有错位布置的南北城市中轴线。其规划在一定程度上以金中都为媒介，仿效中原都城的格局和传统的礼制思维方式。与前代都城的不同之处，是元大都的居民生活区主要集中在北城，这与魏晋以来所形成的"坐北朝南、面南而制"的正统观念有着较大的出入。宫城为了能够利用金代的大宁宫而被设置于城南中部偏西，既不似中原传统的居中布置，也没有完全按照军事需要紧靠大城外墙。宫城的前部空间非常局促，轴线过短，无法安排官署作为陪衬，因而，整体效果大打折扣。城内的道路系统，除了北城一条横贯东西的大道之外，其余街道也是依循蒙元早期城市的做法，主干道路错位布置，城门之间互不贯通，与曹魏、隋唐均衡直通的方格网道路组织方式有一定的差异。居住区的空间组织，也与前朝的里坊以十字巷道划分地块的方法不同，全城在通往城门的几条东西向主干道路之间，等距离地布置22条胡同，胡同之间安排占地相同的宅基地，形成了完全不同于以往的"街巷体系"。可见，元大都的规划建设吸取了多方经验，进行了许多新的尝试。

由于皇城的位置不在大城的正中央，为了使城市的南北中心线能够与宫城轴线发生关系，大都城的设计者在全城的几何中心位置设置了鼓楼，在鼓楼的东侧宫城轴线与城市东西中心线的交汇点上修建了"中心台"，以之作为宫城轴线的终点，并立题名曰"中心之台"的石碑以为记。同时，在中心台之东，再修建"中心阁"，中心台

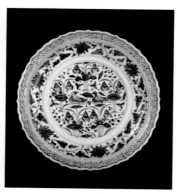

图2-54　如意纹金盘（元代）
金盘由4个如意云头相叠而成，中间有凸起的4个云头相a对组成的盘心，盘内阴刻繁密的变形缠枝花卉，錾刻精湛、线条流畅。

图2-55　青花大盘（元代）
青花出现于唐，发展于宋，成熟于元。元青花一改传统含蓄内敛的风格，用来自西域的彩料，以鲜明的视觉效果，给人简明、大气、豪迈的快感。此盘为景德镇制作的元代青花的代表作，是多种文化交融的结晶。

之西，建造钟、鼓二楼①，开启了以礼仪性建筑占据城市几何中心位置的做法，对此后明清时期城市空间结构的组织方式产生了重大影响。元大都的钟鼓楼，是中国在城市核心区域首次独立设置重要礼仪建筑的建设案例，当时，钟楼在北，鼓楼在南，钟鼓二楼之内陈设有当时最先进的计时器——"七宝灯漏"（郭守敬制作），为全城报时。此外，元大都在宫城之内还修建有西御苑、太液池等皇家御苑，将宏伟的宫殿建筑群与风景优美的自然景观结合在一起，并使其成为城市中的一个重要组成部分，从而为整座城市增添了无穷的魅力。

元大都的建设始于至元四年（1267年），在蒙古西拓、欧亚文化交流空前的大背景之下，以汉文化为主导，在城市建设中也融入了一些异域风情。蒙古人也速不花、阿拉伯人也黑迭儿、尼泊尔人阿尼哥等人均参与了元大都的设计建造，兴建了一些具有异域风情的温室、浴室、棕毛殿、水晶殿、维吾尔殿、喇嘛塔等建筑，宫城的城墙还在外侧贴白色瓷砖，大城的城墙也被刷成了白色②。随着当今研究工作的深入，又发现了元大都是采用以精准的测量③，确立中心点（鼓楼）与基线（城市中心线）等受西方影响的几何学方法来进行规划设计的。这说明元大都的建设不仅承袭了中国历代都城的建设经验，还在一定程度上融合了外来文化，吸收了新技术。

元代，城市之间的陆路通道受战争的影响，时常会对城市经济的发展造成一定程度上的阻碍，但是，跨地域的军事行动也带来了欧亚之间国际交流的活跃，并使得元代海上贸易愈加兴旺。当时，泉州是全国最大的港口，官府在此设有管理对外贸易的市舶司。泉州城的别名为"刺桐城"，公元206年始置县治，唐代即为著名港口，宋时已经发展成为与广州并驾齐驱的海港城市，元代盛极，海外贸易空前繁荣，地位超越了广州，被摩洛哥旅行家伊本·巴图塔（Ibn Battuta）称为"世界第一大港"④。泉州城由子城、衙城和罗城组成。子城为唐代节度使王审知所筑，子城北偏西的衙城为府治所在。宋时城区向外扩展，元代是泉州城面积最大的时期。罗城的南部泉南地区是城内最为繁华的地域，也是外国人集中侨居的地段，被称为"泉南藩坊"。在此居

---

① 中国科学院考古研究所，北京市文物管理处元大都考古队.元大都的勘察和发掘［J］.考古，1972（1）；北京市文物研究所.北京考古四十年［M］.北京：北京燕山出版社，1990；赵正之.元大都平面规划复原的研究［A］//科技史文集（第二辑）［C］.上海：上海科学技术出版社，1979.
② （法）沙海昂注.马可·波罗行纪［M］.冯承钧译.北京：中华书局，2004.
③ 考古勘察发现中国历代都城虽追求坐北朝南，但是实际上多少都会偏转一定的角度，只有元大都和元上都是正南北朝向。这说明，元代在工程测量和施工方面引进了先进技术。
④ 宁越敏，张务栋，钱今昔.中国城市发展史［M］.合肥：安徽科学技术出版社，1994.

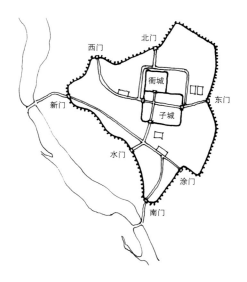

图2-57 元代泉州城复原平面示意图

泉州历史上一直是著名的海港城市，宋时与广州、明州（宁波）并称，是当时中国的三大对外贸易中心，元时发展最盛，成为全国的第一大港。泉州城为子城、衙城加罗城的三重空间结构，子城为唐天祐三年（906年）修筑，衙城与子城北部相连，是南唐节度使专为官署等政府机构所建，罗城初建于同一时期，宋元时又多次拓展，城周达到了20余里，共开设有7座城门。

图2-56 泉州开元寺镇国塔

开元寺是泉州城内历史最久、规模最大的佛寺。寺中有宋代遗构双塔，两者形制基本相同，均为八角五层仿木楼阁式石塔。东塔名镇国塔，高48.24米，比西塔略高，双塔历经1000余年，至今仍屹立，是泉州古城的标志和象征。

住最多的是阿拉伯人，其次为波斯人，另有印度人、犹太人、意大利人、摩洛哥人、越南人等。古人曾经赋诗感叹过这种"市井十州人"，"执玉来朝远，还珠入贡频"（张循之《送泉州李使君之任》）的海外贸易的繁荣景象。现在的泉州仍然保存有多处元代中外文化交流的遗迹，著名的有涂门街伊斯兰教清净寺、番佛寺（婆罗门教寺）、伊斯兰圣墓等。

三、明清

明代，是中国古代城市建设史上的又一个修筑城池的高潮期，洪武、景泰、万历年间，均有大规模兴筑、改筑各地城池的记录，现今遗存下来的古城，大多数修建于明代。出于宣示王朝权威和军事防御两个方面的考虑，明代从中央到地方，对京城乃至各地的府、州、县城都进行了大规模的重新建设，并普遍采用城砖包砌城墙，《明会典》中为此专门载有"城垣定制"。此外，明代还重修了长城，加筑西北关塞，在西南及东南沿海地区又建造了大量的卫城、所城，重新建立起了全国性的城市防御体系。清代，基本沿用了这些城市遗产，在筑城方面并无显著建树，但是，其城市经济建设则在明代的基础之上有了进一步的发展。总体上来说，明清时期，经过了大约500多年的发展建设，城市的数量和城市居住人口均达到了前所未有的规模。清后期最盛时全国计有：县以上的城市2000余个，南京、北京和苏州的城市人口都超过了100万，另外，全国还有9个居住人口在50万到100万之间的特大城市，30万到50万人口的大城市更是比比皆是[1]。

从明代开始，中国古代后期城市已经逐渐完成了从行政型的"城市体系"向兼具经济职能的"城镇体系"的过渡。到清代，城镇体系更是得到了进一步的发展与完善，并最终确立了"都城—省城—府、州治所—县城—市镇"这5个与王朝行政体制紧密结合的城市层级，各地城市的经济作用也日益突出，商贸活动与前代相比更加繁荣。随着政治中心迁移至华北，南北水陆交通干线周边城市的经济发展也开始加快，并形成了北京（"五方辐辏、万国灌输"的都城）、苏州（贸易和轻工业）、汉口（长江航运中心）、佛山（制铁和陶瓷）、南京（纺织商贸中心）、杭州、扬州（运河商贸中心）、广州（外贸港口）等8个全国性的工商业大城市，其中北京、苏州、汉口、佛山更是时称"天下四聚"。区域性的地方型商贸都会城市就更多了，不下五六十个，遍布全国，尤以东南地区分布得最为密集。此外，城（行政治所）乡之间的数量众多的市镇，对整体城市经济的发展也起到了补充和生产基地的作用，自明代后期以来，逐渐走向了全面繁荣。一些市镇的实力更是得到了空前的发展，其经济地位已经不在府、州城甚至省城之下，例如清代初期就开始形成的"四大名镇"——河南的朱仙镇、湖北的汉口镇、江西的景德镇、广东的佛山镇，都是名满天下的著名商埠。

当然，最重要的城市还是都城，明清两代共同的首都是北京城。北京城的建设，

图2-58 南京城图（明代）

明代南京城在洪武元年（1368年）至永乐十八年（1420年）间为明代的都城，历时53年。南京城是在六朝建康城和南唐江宁府城的基础上改造修建的，由应天府城、皇城、宫城和外郭城四重城池组成。外郭城约90平方公里，依山带江，利用自然地形垒土成垣。应天府城即现存的南京城，占地约为43平方公里。皇城和宫城比较方正，宫城居于皇城中央偏东，在局部形成一条南北中轴线。明清时期南京城的工商业十分发达，有织造、印刷、造船、建筑四大督办部门，人口最多时超过了100万。

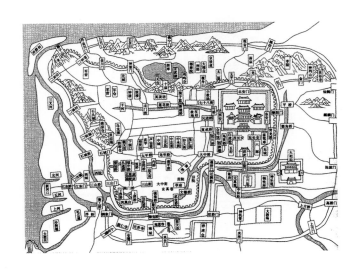

① 顾朝林，柴彦威，蔡建明，等.中国城市地理［M］.北京：商务印书馆，1999.

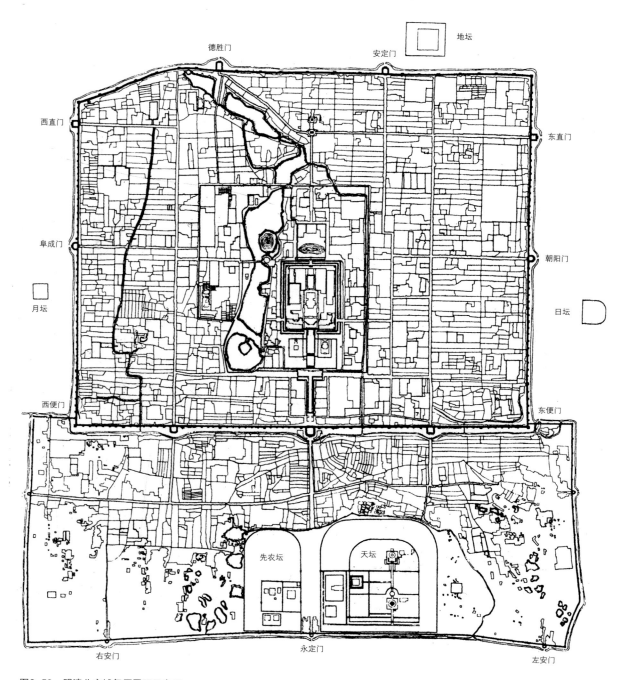

图2-59　明清北京城复原平面示意图

明清北京城是以徐达改建的元大都为基础修建而成的，后来由于人口的增加，嘉靖年间，在南城外又加筑了外城，清代沿用了明代的空间格局。整个北京城以宫城为中心，采用中轴对称式布局，宫城前，左建太庙、右立社稷，城池四周设有天、地、日、月四坛，是中国古代城市建设的集大成者。

图2-60　北京城鸟瞰
北京城以紫禁城为空间的重心，设南北中轴线纵贯全城。从空中俯瞰，红墙黄瓦的紫禁城，在四周黛瓦灰墙的民居的衬托
之下，十分突出。照片反映的虽然是20世纪80年代以后的北京，但是，我们从中仍然能够感受到昔日北京城的空间格局。

从明永乐四年（1406年）至永乐十八年（1420年），历时15年，动用民工30万人，修筑了宫城、皇城和内城。又于嘉靖三十二年（1553年），在内城的南墙之外加筑了外城，使北京城的平面呈现为凸字形，占地总面积扩展到了62平方公里。

北京城是在元大都的基础上改造扩建而成的。为了实现传统帝都的理想模式，再现"宫城居中"的空间格局，将大都城的北城墙南移了五里，南城墙南移了一里。在宫城之前，开辟了天安门前的千步廊（T字形宫廷广场）以及两侧的官署区。将元大都散布于外城东西两翼的太庙和社稷坛迁移至皇城之内，按照"左祖右社"，对称地布置于宫城的前面，借以辅衬宫前南部的轴线，展现紫禁城宏大的气势。又在城北原来大都城中心阁的位置之上重新建造了鼓楼和钟楼，在宫城的北面堆筑景山，从而形成了一条以大朝正殿——太和殿为基点的，自南面永定门起，经正阳门、天安门、午门穿过宫殿区三大殿，再出神武门，越过景山，最后以钟、鼓楼为终点的纵贯全城的南北中轴线[1]。很明显，北京城是在总结前代都城建设经验的基础之上，综合历代强化礼制精神的不同做法来进行规划建设的，主轴线对整个城市有着把控全局的作用。整座城市的空间组织方式，特别是宫城大内的格局，均按照传统的宇宙逻辑表达方式，法象天子至高无上的地位。可以说，这种参照《周礼·考工记》所载的营国思维

---

①　徐苹芳.中国社会科学院考古研究所.明清北京城图［M］.上海：上海古籍出版社，2012.

图2-61　北京城四合院
合院式居住方式，是中国城市最为普遍的居住建筑空间组织方式，北京四合院为北方地区合院式建筑的代表。典型的北京四合院有前院、内院和后院三进院落，入口多开在东南角，二进门为垂花门，由正房、厢房、倒座等建筑围合而成。四合院是最基本的居住单元，在中国，合院聚集形成街坊，街坊相连即构成城市。

图2-62　北京前门
北京的正阳门，俗称前门，是内城的南门，位于南北中轴线天安门广场（明清千步廊）的最南端，建于明永乐十七年（1419年），为北京城重要的标志性建筑。

图2-63　西安城平面示意图
明清的西安城是在唐长安皇城的基础上扩建而成的。唐长安城遭到毁坏之后，匡国节度使韩建在原皇城的基础上修建新城，明初，朱元璋次子被封为秦王，驻守西安，再次扩建城池，今天保留下来的西安城墙就是这一时期修筑的。西安城在明代是边防重镇，也是明清两代西安府治的所在地，城内人口近30万。

模式，融汇了面南而制、宫城居中、强化轴线对位等意象表达的做法，自三国曹魏的邺城始，历经北魏洛阳、隋唐长安、北宋汴梁和金中都、元大都，直至明清的北京城，才算是最终定型，完成了中国古代"都城空间模式"的整合与演变，使传统礼制精神的展现达到了更高的境界。

其实，这种在城市空间格局中体现精神意象的做法，除了都城之外，地方城市也是一样。例如：明清时期的西安城是行省布政司的所在地，该城于明洪武十一年（1378年）重新修筑而成，城墙至今保存完好。城池的占地面积为11.1平方公里，坐北朝南，形态方正，四面辟有4座城门。以十字大街将全城划分为四个区域，官署与藩王府居中，位于北大街的两侧，是西安城内的核心建筑。十字大街的交汇点处建有高大的钟楼，钟楼与稍为偏西的鼓楼一起，构成了西安城的空间礼仪中心。清代，对原来的城市格局有所破坏，在城内的东北部修筑了满城，改藩王府为八旗校场。故此，原来居住在东城的居民多被迁

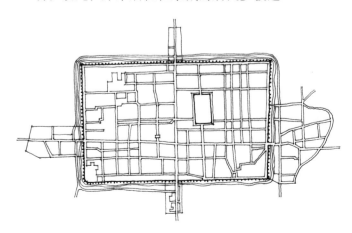

图2-64 山西平遥县城街景
平遥旧城较好地保留了明清时期地
方县城的城市景色，市楼位于城
中，街道从楼下穿过，街道两侧的
商铺鳞次栉比，是非常有代表性的
北方城镇。

图2-65 北京后海银锭桥
后海银锭桥区域保留了明清北京城
的风貌，隔海遥望银锭桥和地安门
大街，高高的钟鼓楼亦可映入眼帘。

图2-66 安徽徽州
府城巷道
徽州府城古称新安
郡，明清时期为府治
所在地，府县同城。
是徽派建筑的发源
地，较好地保留着当
年的传统建筑风貌。

图2-67　河南商丘古城俯瞰

现存的商丘古城旧称归德府，修建于明弘治十六年（1503年），8年后竣工，距今已有500多年的历史。城墙周长3.6公里，城圈内面积为1.13平方公里，有东西南北4座带有瓮城的城门。城外方圆500米为湖泊环绕，是一座水中之城。嘉靖十九年（1540年）时又起筑外郭，构成内城、城湖、城郭三位一体的"外圆内方"形似古钱的独特格局。

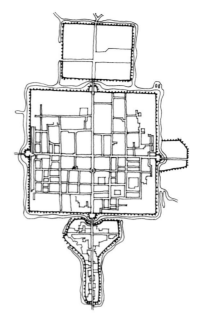

图2-68　山西大同平面示意图

大同历来都是军事设防的重镇，现城墙为明洪武五年（1372年）徐达修筑。城池沿用唐代云州城的结构，初为正方形，周回12.6里，东、西、南、北各开有一座城门，通过城门的道路形成十字大街，中心设有钟楼和鼓楼。1450～1457年间，加筑了北城，1457～1460年间，又在东、南城厢增筑了小东城和小南城。

移到了东门以外，致使东门关厢地带的人口较多，也较为繁华，至清代末年，西安城四面城门之外的地区，均形成了有平民聚居的关厢新区[①]。

就全国的情况来看，明清时期，地方城市的空间格局在经历了宋元两朝的自然发展之后，又开始向礼制意念表达回归，各地的府、州、县城，特别是在北方地区，只要条件允许，城池一般都会追求形态方正、坐北朝南。道路也多以十字大街、井字大街为骨架，在中央交叉口处设置高大的礼仪性建筑——鼓楼或是钟楼，用以形成城市空间结构上的重心。时至今日，城墙、十字大街、钟鼓楼，在中国人的心目中已经成为传统城市的形象表征！当然，也有一些遵从古制，官署居中作为城市中心的情况，例如江苏的南通与山西的太谷，就是以衙署居中，主干道呈丁字形，全城以衙署为重心。但是在南方，由于地形条件复杂以及各种历史原因的影响，城市形态更多的是因

①　史红帅.明清时期西安城市地理研究［M］.北京：中国社会科学出版社，2008.

图2-69　云南丽江古城
丽江古城又名大研镇，古城依山傍水而建，建筑顺应地形自由发展，城中无规则路网，街巷用红
色砾岩铺砌。丽江很好地保持着传统的风貌，1997年联合国将丽江古城列入了《世界遗产名录》。

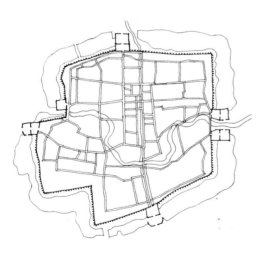

图2-70　安徽滁州旧城平面示意图
滁州在东晋时为顿丘县城，东魏改为南谯州城，城周3里320
步。唐代设立子城，并将大城城周拓建为7里258步，各城门
修筑瓮城。明代再拓新城，城周增至9里18步，设有6座城
门，四面结合自然水系形成宽阔的护城河，城内道路随地形
转折，自由发展，别具一格，有"形兼吴楚，气越淮扬"之
赞誉。

地制宜、自由发展，例如广州、绍兴、湖州、赣州、桂林，等等。而边城、卫、所等源于军事职能建造的城市，则大部分会采用形态规整、方方正正的空间格局，例如大同府城的平面就是正方形，南北东西各开一门，穿过城门的主干道，在城中形成十字大街，南街正中建有鼓楼。辽宁的兴城（宁远卫）、山西的左云县城（大同左卫）、上海的金山县城（金山卫）、天津旧城（天津卫）、海口所城等等皆是如此，就连地域偏远的云南腾冲古城（腾越卫）也是方城十字大街的空间构成模式。

总之，直至明清，中国古代城市的建设又达到了一个新的高度，城市工商业已

图2-71 安徽歙县旧城

歙县旧城即徽州古城，始建于秦，唐代以来，一直是郡、州、府治的所在地。古城二重城垣，有子城、罗城之设。府城为明总兵邓愈所筑，县城为知县史桂芳修筑，府县两城相接，以府城德胜门相通，互为倚蔽。

图2-72 周庄古镇水巷

周庄古镇是典型的江南水乡，四面环水，港汊分歧。至今保留着明清时期的建筑风貌，建筑沿河而筑，重脊高檐，河埠廊坊古色古香。

经十分发达，城市的物质空间形态亦可谓是气壮山河、独具特色。按照美国历史学家彭慕兰（Kenneth Pomeranz）在《大分流》一书中的说法：18世纪，中国江南地区的城市生活水平与当时的英国不相上下[①]，乾隆年间，全国的GDP更是占到了世界GDP总量的30%[②]。但是，自15世纪世界经济出现全球化的发展动向之后，西方的城市建设已经发生了重大转变，经过不断的努力，开启了全新的时代。然而，当时的中国，在王朝集权主导之下的城市建设却依旧因循古制，回归"以礼体政"的精神意象表达方式，致使政治因素持续地对城市空间格局起着决定性的作用，经济因素以及世事利害关系的影响要相对小得多。所以，在这种情况下，传统礼制的思维模式才能够穿越两千多年持续左右着城市的空间形态以及城市之间的层级关系。当然，这也就使得中国古代城市在最后的阶段，从某种意义上来讲，显得有些固化和守旧，不过，这种状态却也促进了中国古代城市建设特色的形成，并使之成为决定中国古代城市物质形态的根本原因，而与西方的城市形成了鲜明的对照。

---

① （美）彭慕兰.大分流——欧洲、中国及现代世界经济的发展［M］.史建云，译.南京：江苏人民出版社，2004.
② 汪中求，王筱宇.1750～1950的中国［M］.北京：新世界出版社，2008.

图2-73 云南大理府城

大理为唐初六诏之一，公元739年被南诏国定为都城，后又成为大理国的国都。元灭大理国，明改大理路为大理府。大理府城修筑于洪武十五年（1382年），占地面积约为3平方公里，现在的大理古城基本上还保持着原有的建筑风貌，是著名的历史文化名城。

第一节　城市的性质及职能

一、行政置点城市

中国古代城市的政治职能非常突出，《吴越春秋》中讲："筑城以卫君"①，说的是城池的建设主要是出于维护统治者的政治目的。考古发掘也证明，世界各地早期城市的出现，都是源自于权力的争夺。中国也不例外，早期的城邑均是权力集中的产物，其物质形态亦表现为权力和地位的象征，王朝通过"筑城"来宣示主权，并对其所辖的地域进行统治。

在中国，早期城邑与区域性的统治中心——邦国的出现有着密切的关系。所谓邦国，也可以称为"城邦"，即是以城邑为中心的政治实体，邦国（城邦）之间自成体系，各自为政。在经历了漫长的发展演变之后，逐渐形成了邦国联盟——王朝。至周代，更在夏商两朝筑城经验的基础之上，确立了"封土建国"的宗法体制，城邑的设置与营筑更加明确地要为王朝（邦国联盟）的统治服务，即通过建造城邑来达到"经国家，定社稷，序民人"②的目的。当时，城是维系国家统治的象征，王城是整个华夏区域的政治中心，诸侯的城邑则是拥有一定自主权、相对独立的各个地域的政治中心，城与城之间的关系，也是以氏族统治及礼仪制度

① （汉）赵晔. 吴越春秋［M］. 张觉，译注. 上海：上海三联书店，2013.
② （春秋）左丘明. 左传·隐公十一年［M］. 郭丹，等译注. 北京：中华书局，2012.

图3-1 北京故宫鸟瞰

都城是国家的政治中心，皇宫必然是古代都城空间组织的核心。明清北京城的总体规划建设，即是围绕着紫禁城展开的。

为其特征。《诗经·大雅》中所讲的"大邦维屏，大宗维翰，怀德维宁，宗子维城"①正是这种建国方略的写照，而《周礼·考工记》中的"建国制度"也是根据这一政权机制的需要，去规限城邑的建设。

秦汉以后，建立了中央集权统治，改分封制为郡县制，变诸侯拥有自主权的城邑为中央派驻到地方的行政治所，开始从皇权统治的需要出发，由中央来统筹各地的城市设置与建设，并从此确立了中国的城市体系偏重于行政联系的上、下级关系。此时的这些行政置点城市，已经与商周时期相对独立、称雄一方的邦国（方国）不同，只是中央政府在各地派驻的大大小小的控制管理据点。这种以控制管理为主要职能的城市类型以及侧重于行政隶属关系的城市体系，一直延续到以后两千多年的城市建设之中，成为中国古代城市区别于其他国家城市的显著特征之一。

尽管此后商品经济有了很大的发展，出现了许多兼具经济职能的工商业城市和港口城市，但是，两千多年来，中国历代城市的消费性意义始终大于生产意义，城市的主要职能仍然保持着"权力控制中心"的传统，"以礼体政"的城市建设原则也是出于政治上的需要。在中国古代，这种出于政治目的建造的城市，很多时候还会抑制城市经济的发展，严苛"关市赋税"。但是，只要是统治上需要，便可以"设治筑城"，甚至官府还常常出于政治目的移动城址，大规模地迁徙居民。在中国，不仅都城的建设要由中央

---

① （周）尹吉甫采集. 诗经·大雅 [M] . 北京：中华书局，2015.

王朝来决定，绝大多数的地方治所城市也均由官府统一筹划，其发展建设亦要遵循上级的安排，这也是中国古代城市建设的一大特色。

由于历代王朝均将城市看作是维护权力的重要工具，修筑城池是展示王朝统治的形象标志，因此，城市中最为重要的建筑，当然就是政权机构以及代表着政府形象的礼仪性建筑。三代以前，城邑中的核心建筑是宫室与宗庙；秦汉之后，都城中是宫室朝堂与祭祀场所，地方城市之中则是各级官署和钟、鼓楼。这是中国古代社会结构在城市物质空间层面上的必然反映，也是数千年来，因循礼仪行为传承下来的固定模式，所以，法国学者库朗热（Fustel de Coulanges）在其著名的《古代城市》一书中即指出："中国古代的城市，是在礼仪中心的基础上兴建起来的。"①

为了对这些权力机构加以保护，自汉代起，各地的城市便在官方的诏令之下普遍修筑城墙②。至唐宋时期，更筑有两重甚至三重城墙，不独都城中有宫城、皇城与外郭，就是一般的府、州城也多修筑有子城（内城）和罗城（外城）。子城内为衙署、吏舍、官仓、军资、教场、监狱等机构设施与军队的驻扎之处，是全城的政治军事核心，罗城才是商市与普通百姓的生活居住之地。城墙对政府的这些权力机构起着隔离和保护的作用，同时，也便于官府对城市内部的居民进行监管，这就是战国时宋国博

图3-2 《严州图经》中《建德府内外城图》

《严州图经》为南宋绍兴九年（1139年）董棻撰，是保存至今十分难得的宋本书籍。《建德府内外城图》是卷首的9幅城图之一，所绘为建德府城。此图反映出唐宋时期，作为行政治所的二重城市空间结构，即城中央的子城（衙城）和居民聚居地——罗城（大城）是典型的统治中心城市。其他的宋代城图如《平江府图》《静江府图》中所表现的城市空间格局，也与此图一样修筑有子城。

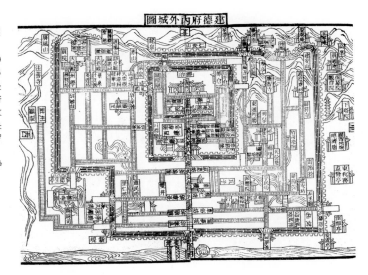

① （法）库朗热.古代城市［M］.吴晓群，译.上海：世纪出版集团，上海人民出版社，2012.
② 《汉书·高帝纪》中记载：刘邦在建立汉政权之后不久，曾经诏令天下的县、邑治所修筑城墙。参见：（汉）班固.汉书［M］.北京：中华书局，1962.

士卫平所说的"牧人民，为之城郭"①。为了能够更加有效地实施监管，中国历代的王朝都通过"宵禁制度"和对城门的控制来保障城内的治安，管制和规范城内居民的活动。尽管北宋之后废除了"里坊制度"，但是，官府对于城门仍然制定有非常严格的管控机制，并在城门处屯驻一定数量的兵士。主管官员如果不遵守规定，擅自开闭城门，那都是非常严重的犯罪，翻越城墙也会受到严厉的惩罚。此外，历朝政府还会在城市中设置专职的治安巡检机构，以维护城市的治安。这就足以说明，这种以政治职能为主的城市是非常看重对内的辖制作用的。

政治统治中心城市还有一个特点，那就是容易成为敌国重点进攻的对象。所以，历来的战争都是以夺取城市为目的，而重要的城市也就必然是重点设防的对象。这样，中国古代的都城自不用说，即便是省城或是府、州城之中，也无不驻扎着大量军队。因此，在这些城市之中，都会兴建教场和武库、兵营，驻军的人数，少则几万，

图3-3　云南丽江古城
丽江古城始建于宋末元初，属丽江路宣抚司，明代改为丽江府所辖，为中央政府在西南边地的藩属。城中核心建筑即为世袭土司木氏的府署。

① （汉）司马迁.史记·龟策列传［M］.北京：中华书局，1975.

图3-4 安徽徽州府子城东谯楼（阳和门）
徽州府子城的东谯楼初建于宋宣和年间，是徽州府治子城的东门，亦称"阳和门"。唐宋时期，为了保护地方政府，各地的城池多修建有子城和罗城两重空间结构，子城的城门之上还建有谯楼，设鼓角。徽州子城的东谯楼上悬有巨钟，亦为报时之用。

多则数十万。汉长安城中即屯驻有禁军及南、北二军[1]。唐长安城中，仅禁军——"神策军"就有10万之众[2]。宋时更将全国的兵力集中在京师附近，汴京城内外常年驻军几十万人，《宋史》中即有"京师养甲兵数十万"[3]之记载。清代，各大城市中的满城，过去也是八旗兵镇守驻扎的地方。所以，中国那些重要的以政治职能为主的城市往往都兼备军事防卫性的功能，是重点设防的对象。

二、军事要塞城市

《礼记·礼运》中说："城郭沟池以为固。"[4]《墨子·七患》中亦云："城者，所以自守也。"[5]这就是说，城池有着明显的军事防御作用。正是由于城池可以有效地抵御外来的入侵，所以，中国历代的城市才会不计工本地一次次反复修筑城墙和护城河，把城市作为军事据点严加设防，并在全国修建大量的军事性城镇和关城、要塞以

① 《汉书》中记载："京师有南北军之屯。"参见：（汉）班固.汉书·刑法志［M］.北京：中华书局，1962.
② 按《新唐书·兵志》，神策军分为京师、城镇和采造三部分。神策军初创时仅3万人，后经过扩编，发展至15万～20万人，敬宗年间，仅屯驻京畿的神策军就有十万之众。参见：（宋）欧阳修等修编.新唐书［M］.北京：中华书局，1975.
③ （元）脱脱，阿鲁图编修.宋史·河渠志［M］.北京：中华书局，1977.
④ （汉）戴圣辑.礼记［M］.陈澔著，注.上海：上海古籍出版社，1987.
⑤ （东周）墨翟.墨子［M］.郑州：中州古籍出版社，2008.

及具有辅助性作用的军屯堡寨，形成了遍布全国的城市防御体系。

从总体上看，除了各级行政统治中心之外，特意设置的以军事职能为主的设防城市，在中国历史上也并不少见，而且，许多边塞城市正是因为拥有了军事特权，才使之具有了营筑城池的能力，同时，也是因为军队的屯驻而带动了区域经济的发展。早在战国时期，各大诸侯国便都在各自的边境地带修筑城墙，设置亭、障，建造了数量可观的边塞城邑。后来，北方长城沿线上的军事重镇，便是这类典型的强化军事职能的城市的代表。现在考古发现的秦汉时期长城一带的边城遗址已经有100多处。城池平面多近似于方形，或是回字形，北面绝不开设城门，这说明，其主要功用就是抵御北方外敌的入侵[①]。在军事防御方面，或与罗马的军镇有着非常相似的作用。

北魏时期，为了防范柔然等漠北游牧民族的侵扰，沿着长城一线，曾经修建过沃野（五原）、怀朔（固阳）、武川、抚冥（四王子镇）、柔玄（兴和）、怀荒（张北）等6个军镇，是后世利用城市形成大规模有组织的点（军镇）线（长城）结合的防卫体系的先声。

唐代初期，从军事管控机制出发，曾经在四疆分置过6个都护府，以承担全国的防务。唐玄宗时，又在此基础之上发展为十大防区，设节度使统管军政。但是，唐代军事防御的重点还是在西北至东北的"三边"地区，这些地区的州城均为边地的重要

图3-5　嘉峪关关城城楼
嘉峪关关城周长733米，面积33500平方米，城墙高11.7米。关城东、西两侧的城门之上修建有3座高大的城楼，楼为木构五开间，三层周围廊，高17米，歇山顶，巍峨耸峙。登楼远望，万里长城似长龙游于戈壁，天晴之日，可见海市蜃楼。

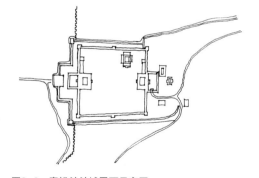

图3-6　嘉峪关关城平面示意图
嘉峪关是一座方形小城，东、西两面开门，城门筑有瓮城，城门上建有城楼，四隅设角楼，南北墙垣的中部建有敌楼。据传当年建城时算料十分精准，关城竣工后仅剩一块城砖，此砖至今仍然存放在西瓮城城门楼后檐的台基之上。

① 周长山.汉代城市研究［M］.北京：人民出版社，2001；徐龙国.北方长城沿线地带秦汉边城初探［A］//汉代考古与汉文化国际学术研讨会论文集［C］.济南：齐鲁书社，2006.

图3-7 嘉峪关关城
嘉峪关是万里长城西端的终点,建于明洪武五年(1372年),关城雄居河西,两侧城墙横穿戈壁,北连黑山悬壁长城,南接天下第一关,形势险要,自古为军事要地。林则徐途经嘉峪关时赋诗赞道:"天山巉削摩肩立,瀚海苍茫入望迷。谁道崤函千古险,回看只见一丸泥。"

军事据点,设有都督府,并由都督兼任州刺史,如幽州(北京)、营州(朝阳)、檀州(密云)、朔州(朔县)、云州(大同)、甘州(张掖)、瓜州(酒泉)、沙州(敦煌)、凉州(姑臧)等。州城之下,还辖有数量不等的军镇和关城、堡寨,形成了可以相互支援的城防网络体系。由于丝绸之路商贸活动频繁,唐代最盛时,西面的军事控制区远达"安西都护府"统下的4个西域军镇,即于阗、疏勒、龟兹、碎叶。唐诗中,多有对这些边城军旅生活的描写,例如:"二十在边城,军中得勇名。卷旗收败马,占碛拥残兵"(李端《塞上》,一作卢纶《从军行》)。这些边城的防卫性能都极强,普遍修筑有双重城墙,城墙带有马面,城门筑有瓮城(当时中原与南方地区的城市大部分还没有瓮城),城外还修建有城壕、羊马城(城墙与城壕之间的矮墙)等等防御设施[①]。除此之外,唐代还在全国各地设置了26座关隘,并修筑关城镇守,这些关隘分为上、中、下3个等级,用以补充地势的罅漏,对各地的主要交通干道进行扼守。

明代,继续在长城沿线修筑边关要塞,保存至今的著名关城有:山海关、嘉峪关、居庸关、雁门关等。与前朝一样,明代也在西北至东北地区重点设防,将长城一线划分为9个防区,分置9座军事重镇:辽东镇(辽宁北镇)、蓟州镇(河北遵化)、宣府镇(河北宣化)、大同镇(山西大同)、山西镇(山西太原)、延绥镇(陕西榆

---

① 程存洁. 唐代城市史研究初篇 [M]. 北京:中华书局,2002.

075

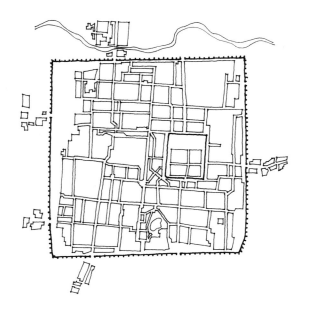

图3-8 明山西镇（太原）平面示意图

太原有两千多年的建城史，春秋末年，晋定公筑晋阳古城于汾河晋水之畔，战国时，赵国定都晋阳，秦始皇置太原郡，郡治晋阳。汉代并州刺史部设治晋阳，开太原称"并州"之始。唐代因李渊、李世民起兵于太原，故封其为"北都"，与长安、洛阳并称"三都"。宋设太原府治，明初朱元璋封其三子朱棡为晋王，驻守太原，扩建城池，屯驻军队，使之成为明代边关九镇之首，称"山西镇"，自古以来就具有行政和军事防御双重职能。

林）、宁夏镇（宁夏银川）、固原镇（宁夏固原）、甘肃镇（甘肃张掖），号称"九边重镇"。9镇中不仅驻有军队数十万，还由亲王坐镇驻守，故而，这些边城中多修建有王府[1]。此外，明代实行"边防屯戍制"，为了防御外敌侵扰，又在西北、西南和东南沿海地区兴建了大量的卫、所等军事屯戍城镇。《明史》中说："洪武二十六年（1393年），定天下都司卫所，共计都司十有七，留守司一，内外卫三百二十九，守御千户所六十五"[2]，构建起了全国性的卫、所环列的边防体系。这些卫、所军镇，隶属于都司行署，很多并不与地方上的府、县衙门同城，而是专门修筑的军事性城镇[3]。至清代，这些出于军事目的建造的城池，在政治和经济因素都发生了变化之后，便开始由"卫所体制"向"州县建制"转换，许多卫所经过裁并、改置，逐渐地发展为府、州、县城，甚至是地区性的经济中心城市，像沈阳中卫（沈阳）、天津卫（天津）、威海卫（威海）、中左所（厦门）、海口所（海口）等等，就是其中较有代表性的事例。

① 董艳. 明代边关志述论［D］. 上海：复旦大学硕士学位论文，2005.
② （清）张廷玉等编撰. 明史·兵志［M］. 北京：中华书局，1974.
③ 何一民，吴朝彦. 明代卫所军城的修筑、空间分布与意义［J］. 福建论坛·人文社会科学版，2015（1）；李孝聪. 明代卫所城选址与形制的历史考察［A］//徐萍芳先生纪念文集［C］. 上海：上海古籍出版社，2012.

图3-9 北京居庸关

居庸关是北京内长城沿线上的著名关城，《淮南子》中有"天下九塞，居庸其一也"，说明此关一直为人所重。现存的关城修筑于明洪武元年（1368年），为徐达、常遇春创建。城周4000余米，南、北两面筑有月城、城楼、敌楼等防御设施，关城内建有衙署、官学、庙宇等。

三、经济都会城市

传统的以政治和军事职能为主的中国古代城市，其经济发展在某种程度上一直是受到制约的，必须从属于政治和军事的需要。城市经济的繁荣，也多是凭借其政治特权，优先聚集周边资源的结果。而且，中国古代城市大多属于消费型城市，依赖广阔的农业腹地，生活物资需要由乡村供给，但是，城市经济却很少能够对周边及偏远地区施加影响，这一点与古典的欧洲及伊斯兰世界的城市完全不同。

中国早期城邑的经济性作用极弱，直至春秋战国前后，商贸活动开始发迹，完成了由"城邑"向"城市"的转变，城市职能才得以健全，城市经济也相应地得到了发展。但是，由于"市坊制度"的长期束缚，直到两宋之后，在商品经济不断的冲击之下，中国才逐渐出现了一批政治、军事与经济职能并重的城市。然而，纵观历史，很多时候这些城市在经济性质不断增益的情况之下，其政治、军事职能不但未曾衰减，反而还得到了加强。所以，中国历史上的商业都会大多是一以贯之地由统治中心城市发展而来，这也是中国古代城市不同于西方的一大特色。

图3-10　错金铜节（战国）

此铜节作竹节形，是楚王为鄂君启所铸。节是古代商贸活动所用之通关凭证，出土时共有舟节1件、车节3件，记述了水、陆两路的交通路线，说明国与国之间存在着频繁的经济交往。

图3-11　中亚、西亚货币

丝绸之路开通之后，中国同中亚、西亚等地的商贸往来日趋频繁，促使沿路各大城市的经济职能有所加强，西域各国的货币也流入中国。图中的金币是西安出土的阿拉伯金币、罗马金币以及波斯银币。

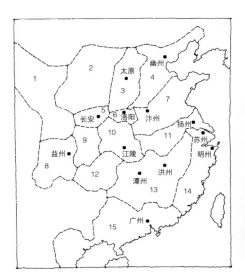

1.陇右道 2.关内道 3.河东道 4.河北道
5.京畿 6.都畿 7.河南道 8.剑南道 9.山南西道
10.山南东道 11.淮南道 12.黔中道 13.江南西道
14.江南东道 15.岭南道

图3-12 唐代十五道及重要商业城市分布
唐玄宗时全国划分为15个道，长安、洛阳是两个中心，由此辐射全国，形成以道驻所城市为主的商业都会网络。

图3-13 扬州运河
中国古代商贸、物资的运输主要依靠水路，运河的漕运历来都受到当政者的关注，运河的沿岸也涌现了众多工商业发达的城市，过去的扬州即是凭借漕运之利发展成为了名满天下的商埠。

  秦以前的商业都会，均为各大诸侯国的国都。例如齐国的临淄、魏国的邯郸、韩国的大梁、赵国的蓟、楚国的宛和郢以及秦国的咸阳。汉代，除了都城长安、洛阳以及春秋战国时期沿用下来的临淄、宛、邯郸等全国性的商业中心之外，许多郡治也发展成为了重要的商贸城市，例如平阳、颍川、江陵、寿春、番禺、成都等①。

  至隋唐时期，商业都会城市在北方，仍然是几个朝代的国都，如长安、洛阳、平城（大同）、凉州（武威）、宋州（商丘）、魏州（大名）等。南方则因为开凿了大运河，在运河沿岸兴起了很多商贸发达的城市。例如所谓的"四大都会"：楚州（淮安）、广陵（扬州）、苏州和杭州；"七大商贸城市"：华州（华县）、陕州（陕县）、汴州（开封）、宋州（商丘）、泗州（盱眙）、润州（镇江）、常州等②。其时，随着经济重心的南移，长江沿岸城市的商贸、经济活动发展得很快，建康（南京）、江陵

① （汉）司马迁.史记·货殖列传［M］.北京：中华书局，1975.
② 庄林德，张京祥.中国城市发展与建设史［M］.南京：东南大学出版社，2002.

图3-14　北宋交子
交子是世界最早发行使用的纸币，发行
于宋仁宗天圣元年（公元1023年），图
为"交子"钞版的拓本。

图3-15　《盛世滋生图》
《盛世滋生图》也称《姑苏繁华图》，画中表现的是苏州的街市。苏州历史上一直是
经济和文化都非常发达的大城市，清代时期亦是如此。姑苏人徐扬所绘的这幅《盛
世滋生图》中，有各色人物12000余人，建筑2140余栋，桥梁50余座，客货船只400
余条，完整而具体地描绘了清代中期苏州城郊百里的风景和街市。

（荆州）、益州（成都）、广陵（扬州）等，均已成为全国性的商业大都会。海上贸易
也促成了一些沿海港口城市的逐渐繁荣，例如广州、泉州、福州、温州、明州（宁
波）、登州（蓬莱）等等。

　　到了宋代，市坊制度的崩溃，致使城市人口和商贸活动的发展不再受到限制，城
市经济的驱动力明显增强，全国著名的商业都会已经不下四五十处，尤其是运河沿岸
的城市经济发展都非常迅速，各地乡间发展起来的市镇，也逐渐成为各大都会和地区
商贸中心城市的生产基地，进一步促进了城市经济的繁荣，至明清两朝，商贸都会已
经遍布全国。虽然这些城市的经济作用十分突出，但是，工商业发达的城市仍然是都
城以及府、州、县城等各级官府衙门的所在地。在中国，由于政治与经济的交互性作
用，使得区域经济的形成与行政区划有着相当大的一致性，所以，各地区域性的商贸
中心通常也就是同一级别的行政中心。

　　实际上，直到明清，中国才形成了众多的可以与政治中心城市媲美的工商业市

镇。特别是在经济发达地区，市镇的分布更加密集，是全国整个城镇体系之中的重要一环。不过，这些市镇的规模一般较小，人口多在万人以下，是府、州、县等地区商贸中心的补充及手工业的生产基地[①]。当然，也有一些规模很大的市镇，如号称"豫南巨镇"的赊旗镇，就有72条街，最盛时人口多达13万。清时，"四大名镇"——朱仙镇、汉口镇、景德镇、佛山镇的经济影响力更是可以遍及全国。但是，这些自由发展起来的市镇，在达到一定程度之后，能否设立还是要经过官府的批准，纳入官府的行政管理体系。所以，这些市镇，从某种程度上来讲，仍然会渗透着政治因素的影响。今天，我们在江南地区，还能够见到一些保存得相当完好的著名古镇，例如周庄、同里、南浔、甪直、西塘、乌镇等。

总之，中国城市的发展受政治因素的影响最大，军事防御次之，商业和交通等需要则居于从属地位。大多数中国古代的城市，从一开始就是不同等级、不同范围的政治中心。其选址，首先就着眼于有利于权力的实施与巩固，规模也大体上取决于它在政治体系中所处的位置和重要程度。如果一个地方被选定为行政治所，就可以马上筑城，即使被战争摧毁，出于政治统治的需要，也要重新修建。一个地方成为政治权力中心之后，其工商业也必然会兴旺发达起来，成为商品转换的集散地，并逐渐地演变成为兼具政治、军事和经济职能的综合性城市。这就使得中国古代后期的大多数城市既是政治中心，又是经济中心和工商业的发展中心，同时，还具有一定的军事防御作用，这种状况即表明，中国古代城市的发展轨迹，实与当时社会深层结构的演绎休戚相关。

第二节　城市的规模及建制

一、城市层级

从整体上看，中国古代城市的层级一直受到政府的控制，虽说并没有强制性的规定，但是政治因素却始终主导着城市在整个城镇体系中的位置和规模。在过去，城池规模的大小，采用周长来计算。一般来说，都城的城周大多超过了30公里；府、州

---

① 任放.二十世纪明清市镇经济研究［J］.历史研究，2001（5）.

城的城周超过了10公里；而普通的县城则在5公里以内。很明显，城市的规模受到了行政等级的影响，故此，国都较省城为大，省城较府、州城为大，府、州城又大于县城，县城大于市镇，各级城市呈现为金字塔状的梯度结构。在中国，不仅仅是城池规模的大小会受到行政等级的影响，而且筑城的形制，譬如城门的多少，城墙的高度，道路的宽度，等等，也都会在一定程度上受到等级制度的约束。

　　早在公元前10世纪前后的周代，中国可能就已经出现了以强化礼仪规则为控制标准的"筑城制度"（建国制度），形成了与宗法分封政体相适应的"三级城邑"建设控制思想。这是中国后世城市体系的雏形，也是自上而下的，以城市的等级规模来强化政治统属关系的城市建设制度的先声。在这一以"明贵贱，辨等列"[①]为宗旨的早期城邑系统之中，王城是全国的政治中心，规模最大，诸侯国都次之，规模也要小一些，其下还有卿大夫的采邑，规模更小，而且诸侯国都之间，按照爵位的高低，在规模上还有很大的差异，而卿大夫的采邑也未必都修筑有城垣。

　　《尚书大传》记载："古者百里之国，九里之城；七十里之国，五里之城；五十里之国，三里之城。"[②]东汉经学家郑玄在注释《周礼》时亦推测：天子之城九里，公之

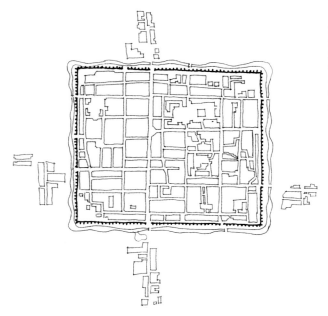

图3-16　安阳府城平面示意图

河南安阳旧称"彰德府"，城始建于北魏天兴元年（398年），宋景德年间扩建了城池，明洪武元年（1368年）改筑安阳为彰德府城。城方形，周长5760米，城内的东、西、南、北4条主要街道呈井字形，局部交错，街衢格局有"9府、18巷、72胡同"之说，是一座较为典型的府级古城。

① （春秋）左丘明. 左传·隐公五年［M］. 郭丹，等译注. 北京：中华书局，2012.
② （汉）伏胜. 尚书大传［M］. 郑玄，注，陈寿祺，辑. 北京：中华书局，1985.

图3-17 山西榆次带有城防设施的常氏堡寨

榆次常氏于清康熙年间到光绪末年在东阳镇车辋村修建了南北、东西两条大街，将4个村镇连在一起。两条街上建有深宅大院百余处，房屋4000余间，占地60多万平方米，外围修筑城墙门楼。

城七里、侯伯之城五里，子男之城三里①。可见，不但王城与诸侯国都存在着级差，诸侯国之间也有等级差别。当代学者按照周尺，将其换算为城邑的占地面积："九里之城"，占地面积约为10.38平方公里；"七里之城"，占地面积约为6.25平方公里；"五里之城"，占地面积约为3.2平方公里；"三里之城"，占地面积约为1.15平方公里②。

至于城墙的高度，城门的数量以及城内道路的宽度等，在《周礼·考工记》中，亦有明确的规定："王宫门阿之制五雉，宫隅之制七雉，城隅之制九雉（一雉，指的是高为一丈的城墙）。经涂九轨，环涂七轨，野涂五轨（经涂：城内道路；环涂：环城道路；野涂：城外道路）。门阿之制，以为都城之制。宫隅之制，以为诸侯之城制。环涂以为诸侯经涂，野涂以为都经涂。"③这种整齐划一、降杀以两的三级城邑等级制度，在现实中显然是不太可能的。但是，参照当时其他的古代文献及考古发掘的成果来看，尽管文献为后人整理，其基本精神还是可信的，它从制度的层面提出了要对不同等级的城邑加以规限，为此后形成遍布全国的城市体系奠定了基础。同时，它也提出了按照实力与爵位的高低来决定城邑规模的管控方法。

秦统一中国以后，实行中央集权统治和郡县制政体，以都城（咸阳）、郡城（诸侯

① 转引自：高星.侯伯之城"五里说"与"七里说"考辩［J］.长安学刊，2015（6）.
② 马正林.中国城市历史地理［M］.济南：山东教育出版社，1998.；曲英杰.周代都城比较研究［J］.中国史研究，1997（2）.
③ 闻人军.考工记译注［M］.上海：上海古籍出版社，2008.

图3-18 北京后海银锭桥

北京是明清两朝的首都，也是当时最大的城市。后海的银锭桥一带，是北京传统风貌保存得较为完好的地区之一，桥边不远处的"烤肉季"，是有着百年历史的老字号。银锭桥建于明代，距今已有500多年，过去曾被评为燕京小八景之一"银锭观山"。

国都）和县城三级城市网络取代宗周的城邑制度，建立起了新型的、与国家行政体制相一致的城市体系。汉在秦郡县制的基础之上，曾一度施行郡县与封国并存的制度，王国比郡，侯邑比县。但是，后来又废封国而固郡县，进一步将行政制度与城市等级秩序整合，完善了都城——郡城（属国都驻所）——县治所（邑、道）三级城市网络，使这种行政中心型的城市体系趋于定型，将权力控制系统"物化"为城市建设制度。以汉代城市为例：西汉的都城长安，占地36平方公里，人口接近50万；郡治平均占地面积为3.5平方公里，人口大致在5万左右；县城平均占地面积是0.7平方公里，人口约为1万～2万[1]。

东汉后期，在郡城之上又增设了13个州部（刺史部），行政体制开始向着都、州、郡、县四级行政区划转变，并相应地形成了都城—州城—郡城—县城四级城市体系。唐代，地方最高一级的行政监察机构为"道"，唐太宗时，按自然区域将全国划分为10道，唐玄宗时，又将10道扩展为15道。宋代，地方最高一级的行政管理机构为"路"，宋初全国共设有15路，后又改为18路，至宋神宗时遂以23路形成定制。总体上来看，唐宋时期的道与路之下，均管辖着若干府、州，府、州之下管辖着县，仍为四级城市体系。元代以后，则以"行省"作为地方的最高行政管理机构，促使以省会为中心的地方城市经济体系确立，并结合大量自由发展形成的市镇，到明清时，中国古代后期的城市体系最终定型为"都城—省会—府、州城—县城—市镇"这一自上而下的，拥有2000多个城市（县级以上）、数万个建制镇，分为5个层级的庞大的城市网络。

---

① 马正林. 中国城市历史地理［M］. 济南：山东教育出版社，1998.

历代郡、县建制数目　　　　　　　　　　表3-1

朝代	郡（国、府、州）	县	合计	备注
秦	47	400	500	郡包括内史1
西汉	103	1587	1690	郡包括国20，县包括道、侯国
东汉	105	1180	1285	郡包括国24，县包括道、侯国
隋	190	1255	1445	
唐	328	1573	1601	府、州
宋	351	1234	1585	府州包括府34，州254，监63
元	392	1127	1519	府州之外另有路185，军4，安抚司15
明	399	1144	1543	
清	551	1525	2076	府204，州192，厅150

二、城市规模

中国古代的城市是参照行政级别来确定城市等级的，那么，城市的规模就一定是依次减小，下一级城市超过上一级城市的情况几乎没有（不同地域的城市规模有时会相差较大）。所以，国都必定规模最大，以城墙范围计，汉长安城占地36平方公里，北魏洛阳城占地75平方公里，隋唐长安城占地84平方公里，唐东都洛阳城占地47平方公里，北宋汴梁城占地40平方公里，元大都占地50平方公里，明南京城占地43平方公里，明清北京城占地62平方公里。这些都城都比同一时期府、州城的规模要大二三十倍，而且趋向于越来越大。虽然隋唐长安城的城圈占地范围在中国古代都城中是最大的，但是，长安城内的空地很多，经唐一代，长安城的实际建成区与明清的北京城并没有太大的差异。

府、州城占地规模的变化是最大的，不仅在不同朝代城池的规模会改变，而且同一时期不同地域之间，城池的大小也存在着相当大的差异，这当然与城市所处地域的经济发展状况有关。隋唐时期，城市的占地规模多与里坊划分的数目相对应，考古学家宿白曾经指出：唐代地方城市共有3个级别，16坊、4坊和1个坊。也就是说，府州城占地最小的是4个坊，最大的可以达到16个坊。1坊方300步，约合0.25平方公里。这样，唐代府州城的占地面积差不多就是1~4平方公里[①]。近年来，又有学者对宿白

---

① 宿白. 隋唐城址类型初探（提纲）[A] //纪念北京大学考古专业三十周年论文集（1952~1982）[C]. 北京：文物出版社，1990.

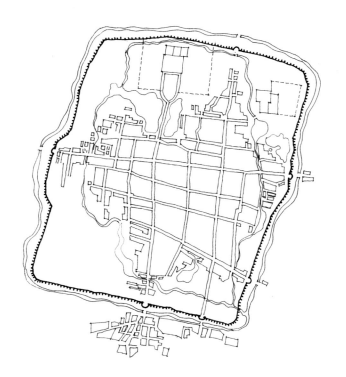

图3-19 明清开封城平面示意图

明清时期的开封为河南省会的所在地，城池是在金代汴京城子城的基础上修建而成的。城池平面呈不规则长方形，占地面积为12.9平方公里，设有5座城门。明代在城中建有周王府，清时改建为八旗军驻扎的满城，地处开封大城的北部，大城的南部为平民居住区。开封城内因洪水淤塞，形成了许多湖泊，虽为省会、府治的所在地，且经济繁荣，一直是中原重镇，但是，城内的空地很多，仍然占据了相当大的比例。

的说法进行了修正，依据考古成果进行统计后发现，唐代州城的规模都比较小，同一等级的地方城市之间差异并不明显，除少数大州规模较大之外，一般情况下，州城的周长多在7～10里之间[1]。总体上，州城的规模相对都城来说要小得多，只有个别道驻所所在的经济都会型城市规模较大，如扬州城的占地规模就达到了20平方公里。明清时期，大多数府州城的规模虽然比之前扩大了不少，但是，省会城市的发展更加迅速，与一般的府州城拉大了距离。根据《中国城市历史地理》一书中的统计：一般的府、州城占地多在5平方公里以上，而省会城市与一些地区性经济中心城市的规模会更大，都达到了10平方公里以上[2]。例如：西安的占地面积为11.1平方公里，苏州的占地面积为14平方公里，开封的占地面积为12.9平方公里。

历史上，县城的规模一直相对稳定，两千多年来变化不大。从当代学者对考古资料的数据统计来看，秦汉时期，县治的城池周长大致在2000～3000米（也有少数县城的城周仅有1000余米），也就是占地面积大致为0.3～0.6平方公里。此后，历经隋唐、

① 李孝聪. 唐代地域结构与运作空间 [M]. 上海：上海辞书出版社，2003.
② 马正林. 中国城市历史地理 [M]. 济南：山东教育出版社，1998.

图3-20 云南丽江古城街景

丽江古城在明清时期属于府城级别的边陲重镇，古城的中心是"四方街"，取"权镇四方"之意。四条主街呈放射状，由四方街向外延伸，每条街上又有支巷再向四周辐射，形成了一种层层环绕外拓的空间格局。

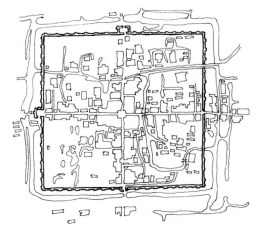

图3-21 南汇县城平面示意图

建于明代洪武十九年（1386年），是金山卫辖下的守御千户所城，清代改为南汇县治。城周5里149步，占地约为1平方公里，城外有护城河。平面为正方形，有十字大街贯通东、南、西、北4座城门，是一座非常典型的县城。

宋元以至明清，县城的平均占地面积基本上维持在1平方公里左右，只有少数大县的占地面积超过了1平方公里。例如山西平遥县城的占地面积达到了2.7平方公里，这主要是因为那里是明清时期的票号金融中心。县城的数量，自汉代起，也没有太多的增减。汉时有县城1500多个，唐代也是1500个左右，宋仅半壁江山，县城的数量自然减少，明清时又恢复到了1500多个。至清代后期，全国共计拥有：县城1525个，府、州城551个（其中省会25个），县级以上的城市总数高达2076个[①]。此外，另有更低级别的市镇，大约30000余个[②]。从统计数据来看，中国古代城市的总体数量，应该是远远多于同一时期世界上其他的国家或地区。

① 许多学者都对历代郡县数量进行过统计，但是，由于方法不同而有一定的出入，本书主要参考了庄林德、张京祥编著，东南大学出版社出版的《中国城市发展与建设史》一书中的"表6.1我国历代郡、县设置数目"。
② Glbert Rozman. Urban Networks in Ch'ing China and Takugawa Japan. Princeton:Princeton University Press，1973.

三、城市人口

中国古代的城市，不仅数量众多，而且城市的人口规模也超过了同一时期的西方国家。当然，中国一直是一个人口大国，学者估计：商代晚期，辖域内的人口总数约为780万[1]；汉代最盛时，全国的人口已经接近6000万[2]；唐代天宝年间的人口达到了7500万[3]。北宋末年的人口约为8700万[4]；明代，人口为1.2亿[5]；清乾隆晚期（1792年前后）全国的人口总数已经多达3亿[6]，几乎与当时整个欧洲的人口数量相当，约占同期全世界人口总数的1/3[7]。

全国人口众多，城市人口自然也多。从世界城市发展的趋势上看，城市人口随着历史进程，总体上呈现为增长的态势，而且是越到后来人口增长得越快。然而，中国的城市刚刚起步之时，在城市的整体数量还不算太多的情况下，城市人口就已经相当可观了，直追比中国城市历史悠久得多的两河流域的城市。有学者依据考古发掘的墓葬所提供的信息，考证出商代后期殷墟的居住人口已经有14.6万[8]，而公元前6世纪前后，巴比伦（Babylon）的人口也不过是20万左右[9]。战国时，齐国临淄的人口更是多达35万，所以，文献中才会有"车毂击，人肩摩……挥汗成雨"[10]的描述。而在差不多同一时期，印度恒河流域诸国的城市人口并不太多，除个别城市人口较多以外，大

---

① 宋镇豪. 夏商人口初探［J］. 历史研究，1991（4）.
② 根据班固《汉书》中的记载，汉平帝元始二年（公元2年）有12366470户，总人口为57671401人。目前学界基本上认可汉代时中国约有6000万的人口。
③ 《旧唐书》记载：唐玄宗天宝十四年（公元755年）有8914709户，总人口为52919309人。但是，杜佑在《通典》一书中认为，当时有大量瞒报、少报的情况，人口总数应在6900万～7500万之间。冻国栋的《中国人口史（卷2）》则认为：天宝年间的总人口应为7500万～8000万。
④ 根据《宋史·地理志》记载，宋徽宗大观四年（1110年）有20882258户，学者估计当时人口在1亿左右。但是，也有不少学者认为估计过高，然而，若是每户按照2.1口统计（梁方仲），则总人口约为4000多万。另有一些学者认为，宋代户籍统计不计妇女，如若按男丁的数据加上妇女，总人口约为8700余万（范文澜）。
⑤ 根据《明实录》记载，明代人口最高不超过6700万，但是，多数学者都认为统计疏漏过多。范文澜估计明初人口约为1.1亿，王育民认为明代人口应在1.3亿～1.5亿之间，葛剑雄的估算最高为2亿。
⑥ 根据《清实录》记载，到乾隆晚期（1790年代），全国人口总数已经超过了3亿。《清高宗实录》中，乾隆帝在1793年的一份《上谕》中说："朕恭阅圣祖仁皇帝实录，康熙四十九年（1710年）民数二千三百三十一万二千二百余名口，因查上年（1792年）各省奏报，民数共三万七百四十六万七千二百余名口……"
⑦ 薛凤旋. 中国城市及其文明的演变［M］. 北京：世界图书出版公司北京公司，2010.
⑧ 关于殷墟的人口，有几种推测，梁晴认为殷墟初期为1万人，后期人口发展到5万。宋振豪依据殷墟发掘的墓葬数据进行推算，认为到乙辛时，人口达到了14.6万人以上。而朱彦民认为应该用占地面积测算人口，其结论是殷墟的人口高达30万。
⑨ T. Chandler. Four Thousand Years of Urban Growth: An Historical Census. St. Dowid's University Press，1987.
⑩ 按照《战国策·齐策》中"临淄之中七万户"的说法，以每户5人计，则临淄约有35万人。但是，根据不同时期的文献记载，又有20万到50万人的不同推测，本书采纳多数学者比较认可的35万。

图3-22　周庄古镇
周庄原名贞丰里，明代时规模扩大，清代居民更加稠密，已渐成江南大镇。康熙初年更名周庄，人口发展至3000余人，主要产业为丝绸、刺绣、竹器、脚炉、白酒等。

图3-23　苏州平江路
苏州在历史上一直是一个经济发达的大城市，居住人口也名列前茅，清代苏州府辖域内的人口最多时接近200万。平江路是苏州旧城的保护区，很多地段都是一街一河的形式，也就是道路的一侧是河，另一侧是商业街。这种空间结构在江南地区非常常见，很适合人们休憩、闲逛，反映了昔日苏州城的繁荣景象。

多数城市的人口只有几万人，例如跋沙王国都城考夏姆比（Kaushambi）的城市人口仅为3.6万[1]。反观中国的战国时期，各大诸侯国都城的占地都在10平方公里以上，据此估计，人口也应该都有一二十万，各国都城人口的总数当在200万左右，各国辖域内城市人口的总和或许已经达到了500万[2]。

汉代之后，历朝都有户籍记录，为推算城市人口提供了比较准确的依据。按照今天学者的统计，可以知悉历代都城居住人口的大致情况：汉长安50万人，唐长安最盛时接近100万人，北宋汴梁的人口超过了100万，南宋临安80万人，元大都75万人，明南京70万人，清北京110万人。其中隋唐长安、北宋汴梁、南宋临安和明清北京城的居住人口都接近或是超过了100万！就算是人口不到100万的几个都城，在当时的世界范围内，那也是屈指可数的特大城市。《城市发展4000年》一书中，例举了不同时期历史上35个世界最大的城市，其中中国的5座都城先后8次位居世界第一。按照该书的统计，明清之际，中国大城市的数量也高居世界第一[3]，这就不能不说，城市人口众多是中国古代城市的又一个显著特征。

都城以下，中国历史上的大城市主要是省会与部分府、州治所的所在地，这些城市都是区域性的商业都会。汉代有20多个"都会"城市，人口均在5万以上；唐代，人口在10万以上的城市有15座；宋时，人口超过10万的城市有40多座，其中万户（30

① 汪永平等.印度佛教城市与建筑［M］.南京：东南大学出版社，2017.
② 赵冈.中国城市发展史论集［M］.北京：新星出版社，2006.
③ T. Chandler. Four Thousand Years of Urban Growth: An Historical Census. St. Dowid's University Press，1987.

图3-24 湖南凤凰
古城顺城街
凤凰古城过去属于军
镇，明代设凤凰营，清
改凤凰厅，隶属湖南布
政使司。顺城街也是凤
凰古城的主要街道，两
侧建筑带有湘西地方特
质，是典型的南方商业
街。

历史上世界大城市的人口统计   表3-2

城市	人口/万	年代	城市	人口/万	年代
孟菲斯	3	公元前3100	长安	80	750
乌尔	6.5	公元前2030	巴格达	100	775
巴比伦	20	公元前612	开封	44.2	1102
亚历山大	30	公元前320	杭州	43.2	1348
长安	40	公元前200	南京	48.7	1358
罗马	45	100	康斯坦丁堡	70	1650
康斯坦丁堡	30	340	北京	110	1800

万~50万人）以上的大城市有10余座；至明清，30万~50万人口的大城市已经多达50余座，苏州、杭州和开封、汉口的居住人口更是直逼首都，有70~80万人之多[1]。足见，区域性大都会的人口增长远远超过了大多数府州城的人口增长。

县城的人口与县城稳定的占地规模相一致，增长很少，到晚清时，也一直处在3万~8万人之间，只有少数县城的人口多至十余万，例如陕西韩城，在乾隆年间，人口就一度达到了19万[2]。而市镇的人口更少，一般只有数千人，但是，在经济发达地区，也有一些很大的市镇人口逾万，例如江苏吴县的盛泽镇、河南的赊旗镇、江西的景德镇等。

从这里，我们便可以看出，城市人口的多少与其在城市体系中所处的层级有关。在中国古代，城市人口及城市用地的规模都在一定程度上受到行政等级的影响，即便由于战争或是自然灾害等原因，使得某些城市的人口锐减，政府也会迁徙居民，重新振兴这些城市。尤其是都城，很多古代文献中都有各朝迁徙富户充实京师的记载。在某些情况下，就算是人口有限，城池的规模也要建造得与行政级别相衬，在城内留出空地以待将来发展。

这样，久而久之，就又形成了中国古代城市建设的一大特色，即筑城时多留有大片的空地。像河北的正定府城，到了20世纪40年代，城中还有二分之一左右的预留地。福建的泉州府城以及安徽的寿县县城之中，也都有四分之一以上的空地。根据地理学家章生道的统计，城市的级别越高，在最初建设城池时，所圈定的范围就越大，留出的空地也就越多[3]。这些特意留出的空地多为农田、池塘、园圃和林泉。它们不但可以提高城池的防御能力，降低被围困时断水、断粮的威胁，在城内人口膨胀时，又可以作为发展用地，为将来的建设预留空间。

① 赵文林，谢淑君. 中国人口史［M］. 北京：人民出版社，1988.

② 《韩城县志》，转引自：周若祁，张光. 韩城村寨与党家村民居［M］. 西安：陕西科学技术出版社，1999.

③ 章生道. 城治的形态与结构研究［A］//（美）施坚雅. 中华帝国晚期的城市［C］. 叶光庭，等译. 北京：中华书局，2000.

第一节　格局方整的空间形态

一、方数为典

中国古代的城市大多追求形态规整，希望城市的空间格局尽可能方正，所以，古人常用"城方如印"来形容城池的空间形态。"方城"一直是中国古代传统的理想模式，"地道曰方"[1]，"方数为典"[2]的观念根深蒂固。这是一种在当时的技术条件下，经过实践总结，证实为相对简便易行的筑城方式。同时，这种筑城方式也符合古人"天圆地方"的宇宙观念的精神追求。

考古发掘资料表明，早在4000多年以前"方城"就已经出现，河南淮阳平粮台古城的形制即呈现为正方形，平面十分规整。当然，其时，更多的古城形态都不很方正，城墙也不一定端直，转角处亦多为弧线，这与地形条件以及当时的施工技术水平有关。但是，我们从夏商时期的古城遗址中还是可以看出，趋近于方形、长方形的古城占大多数。西周时出现了都城"取方为典"的空间概念，后人在《周礼·考工记》中描述的理想的周王城，即是一座9里×9里的正方形城池。

及至汉代，儒家学者也将"崇方"奉为筑城原则，并试图改变春秋

① （清）王聘珍. 大戴礼记解诂［M］. 王文锦，点校. 北京：中华书局，1983.
② （东汉）赵爽注. 周髀算经［M］. 台北：中华书局，1978.

图4-1 《周礼·考工记》中王城的概念模型
按照《周礼·考工记》中 "方九里，旁三门，经涂九轨，九经九纬" 的理想空间模式，后
人推想制作了王城概念模型。王城为九里方城，每面三座城门，中央为君王的宫室。

战国以来形成的实用性的筑城观念，开始追求精神层面上的表达，以至于后来大多数
的古代都城，例如汉魏洛阳城、隋唐长安城、北宋汴梁、元大都以及明清的北京城，
都取法方正，接近方形。即便是城池形态并不方正的都城，其宫城也会取方形，例如
南朝的建康、南宋的临安和明代的南京。这表明，宫城的形态在宇宙逻辑的表达上更
加重要，中国历代王朝建造的宫城也确实都是十分规整方正。

地方城市的形态，除了自然生长的市镇之外，权力机构的所在地——府、州、县
城之中，方城也占有相当的数量，尤其是唐代的州城，大多方方正正，唐宋时期的子
城亦取方形。明清时期的县城，特别是平原地区，更是方城众多。因为县城的规模一

图4-2 戴震《考工记图》中的
"王城"
清代乾嘉学者戴震采用绘图示意和纂注
解说的方式，对《周礼·考工记》进行
诠释，撰写了《考工记图》一书。该书
中所附的王城图，以平面图的形式表达
了他所理解的 "王城" 的结构形态。

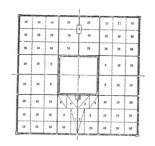

图4-3 贺业钜绘制的王城空间
格局
贺业钜根据《周礼·考工记》的记载
绘制的周王城的平面想象图。该图在
九宫格式空间构成模式之中加入了魏
晋以后才出现的城市南北中轴线的概
念，与古人对王城的理解有所不同。

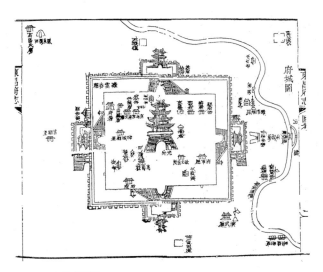

图4-4 东昌府城图
东昌府城即现在的山东聊城，秦时置县，名聊城，属东郡。
唐以聊城为博州治所，元设东昌路，亦以聊城为治所，明代
洪武元年（1368年）改东昌路为东昌府，清承明制。

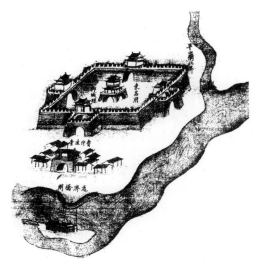

图4-5 运河图中的东昌府
东昌府是非常典型的方城十字大街空间模式，运河图以
立体化的表达方式将东昌府的这种空间特征表现了出
来，十分形象地反映了中国古代城市空间的组织结构。

这三幅不同时期、不同方法
绘制的聊城图，记录了聊城当时
的空间格局，清晰地表现了明清
时期中国城市经典的空间结构。
方城、十字大街、钟鼓楼是经过
反复实践整合之后，形成的最有
代表性的中国古代城市的空间构
成模式，也是给人印象最为深刻
的传统城市的形态特征。

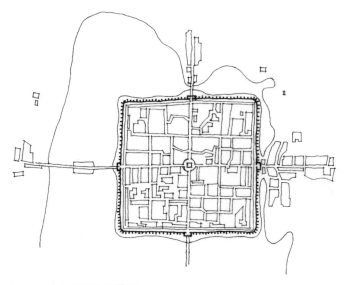

图4-6 东昌府城平面示意图
东昌府城平面为正方形，四周有湖泊环绕，古城城墙始建于宋，初为土城，明洪
武五年（1372年）改筑为砖城，面积约为1平方公里，城中央建有通高33米的光
岳楼。东昌府在明清时期为古运河沿岸的九大商埠之一。

般都较小，容易实现方形城池，对测量和施工技术方面的要求也相对较低，同时，方整的用地也便于城内里坊的规划与安置。边关的军镇，多是一次性规划建设，故此，亦多方城，而且更加规整，例如天津卫城、大同府城、绥远军城、腾冲卫城等等。一些边地的堡寨也是极为规整的方形小城，如辽宁的兴城、陕西的神木堡以及山西的各路堡寨——云石堡、新平堡、弘赐堡、贾家堡[1]等。当然，方正的规划原则，在现实中，总会因地形、技术条件或其他原因带来的一定影响而出现许多变异，特别是宋代之后，大部分城市都出现了自由发展的趋向，导致城市形态多有改变，但是，纵观历代古城遗迹，我们还是能够明显地看出古人的这一精神追求，而当时，中国城市给外国人的直观印象，也是一个"东西南北对位的四方形"[2]。

在丘陵、山地或是沿着江河筑城，受地形条件的限制，城市形态常作不规则形。特别是在南方地区，由于水网密布，山形地势变化非常复杂，所以，城市的建设就会因势利导地顺其自然，呈现为自由发展的态势。正所谓："因天材，就地利。城郭不必中规矩，道路不必中准绳"[3]。这也就是英国学者莫里斯（A.E.J.Morris）所总结的"有机生长"的城市形态[4]，杭州、重庆、泉州、赣州等，即是这方面的典型案例。

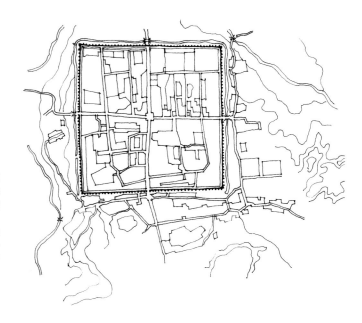

图4-7　云南腾冲卫城平面示意图
腾冲位于云南省西南部，距缅甸密支那200公里。隋唐时期该地属腾越国，宋时设立腾冲府，明代设腾冲指挥使司，管辖西双版纳、老挝，嘉靖十年罢军民指挥使司，改腾冲卫，清康熙二十六年（1687年）设腾越州，民国以后为腾冲县。明清时期的腾冲古城平面正方，四面城墙上开有4座城门，城内十字大街。

① 　徐凌玉.明长城军堡形态规划研究与比较——以西北地区为例［D］.天津：天津大学硕士学位论文，2013.
② （英）乔治·斯当东.英使谒见乾隆纪实［M］.叶笃义，译.北京：商务印书馆，1963.
③ （战国）管仲.管子·乘马［M］.扬州：广陵书社，2009.
④ （英）A·E·J·莫里斯.城市形态史［M］.成一农，等译.北京：商务印书馆，2011.

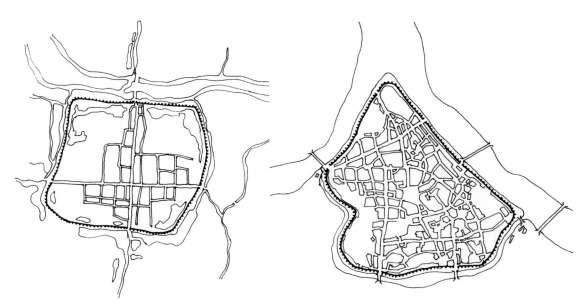

图4-8　安徽寿县县城平面示意图

寿县亦称寿春，历史上4次为都，10次为郡。古城的形态呈
不规则方形，城内街巷组织按照传统的棋盘式方格网布局而
有所变异。城周7147米，城墙高9.7米，城圈占地3.65平方
公里，是根据自然条件灵活变化的变异型方城十字大街的空
间构成模式。

图4-9　江西赣州府城

赣州最初设治是在三国时期，吴嘉禾五年（236年）置庐陵南部都尉，晋时改为南
康郡，领6县，隋唐时期称虔州，宋绍兴二十三年（1153年）将虔州改为赣州，取
章、贡二水合流之意。赣州城临江而建，城池形态及路网结构均顺应地势变化，是
南方地区自然生长城市类型的代表。赣州城墙周长6900米，开有5座城门，初建时
为土城，北宋年间改造为砖石结合，后经历代修建，保留有部分宋代城墙遗制。

　　　也有不少城市原本是方城，但是，随着城市经济的发展，以原来的行政中心——
方城为依托，在外围的城关地区自由拓展，加筑了新城之后，演变成了不规则的形
态，如历史上的南京城与明清时期的南阳府城。南京城肇始于三国孙吴的都城"建
业"，东晋及南朝的宋、齐、梁、陈均在此建都，称"建康"。建康城的平面形态，
最初是5里见方的正方形，之后历代增筑，城池扩大了数倍，至明代定都改名南京之
后，城市的规模已经达到了43平方公里，外城也顺应地势、河流的走向，形成了极
不规则的平面形态[①]。南阳即古宛城，明代初年，南阳城还是一座南北向的长方形城
池。由于王府占据了城内的大部分用地，城区便向四周城门以外扩展。明嘉靖以来，
随着关厢地区的人口聚集加快，逐渐形成了大片的繁华街市，几处关厢相加，其规模
已经不亚于原来的城区，于是，便在旧城区之外加筑了新城（堡寨）。至清末，南阳
城外城的形态已经呈现为不规则的"梅花状"[②]。

①　庄林德，张京祥. 中国城市发展与建设史［M］. 南京：东南大学出版社，2002.
②　李炎. 南阳古城演变与清"梅花城"研究［M］. 北京：中国建筑工业出版社，2010.

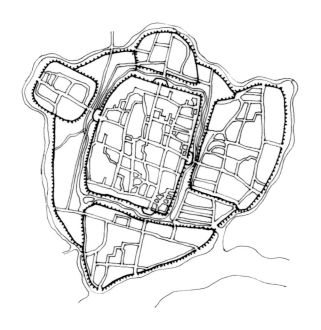

图4-10 河南南阳府城平面示意图

南阳古城即古宛城，初建于夏，距今已有4000余年的历史，夏时曾作为国都，西汉时为"天下五大都会"之一，东汉时为陪都。明代以前的南阳城为不规则方城，开有4座城门。清咸丰四年（1854年）对南城墙进行了大修，同治二年（1863年）又在东、西、南、北4座城门外，修筑了4座城寨，周回9公里。改建后的南阳城因平面形态似梅花，故称"梅花寨"。

二、井田概念

无论城市的平面形态如何，中国古代城市的空间框架结构，大体上还是继承了上古"井田制"的概念、方法，即利用经纬垂直相交的道路系统，将全城划分为方格网状的用地，然后再在其间布置建筑。东汉的词赋家傅毅在《洛都赋》中就讲得非常清楚，他说洛阳城的建设就是先"分画经纬，开正涂轨"，之后才"序立庙桃①"的。

"井田制"概念源自于上古时期，《孟子》《周礼》《汉书》等文献中均对其有所记述。"井田制"被后世视为一种将土地划分成若干个小面积地块，以利于分配、耕作和税收的规划方法。甲骨文中"囧""围""田"等文字记录的就是当时貌似以井田概念划分土地的形象表达。汉儒释意，周人还将这种概念与"九宫格"式的宇宙空间模型相结合，形成了一种具有神圣魅力的方格网络规划设计方法，《考工记》中表述的王城就是典型的九宫格式的空间形态。在周代，这种规划方法已经被作为一种土地计量制度，以及居民聚居区道路组织的框架结构，用以规划宅地——"廛"。廛与田野同时规划，并按照田制组织编户。所以，后来又出现了与井田制有着一定

---

① 傅毅.洛都赋//（唐）欧阳询等.艺文类聚·卷六一［M］.上海：上海古籍出版社，1999.

关联的、轮廓方整的聚居地 ——"里"（里的初始形态不一定方整）。早期的城邑，正是这种经过空间整合的若干个"里"的聚合，北魏、隋唐时期大力推行的方方正正的"里坊制度"，即是借助这种方法来划分城市用地。

所以从某种意义上来讲，后来中国的城市空间格局，在很大程度上是借鉴了"井田"概念的方格网络系统。在这种理想化的方格网络体系之中，一般会按照土地的计量单位来组织、划分用地，也就是以"计里画方"的方法来测量规划城市建设用地。城内的道路，也会依照方正的原则，力求端直，较少出现斜街，聚居用地亦整齐划一、大小相近，并以之作为整个城市用地的规划模块，用来控制和协调城内各个区域的规模和比例关系。唐代诗人白居易在《登观音台望城》一诗中，用"百千家似围棋局，十二街如种菜畦"的诗句，来描绘这种空间结构的组织特征。

这种畦分棋布的规划方法，实则方便测量、整理土地，有利于统一建设、安置工作的实施，所以，世界上许多地方，统一规划建设的城市都采用过类似的方式。例如2500多年前，希波战争前后修建的古希腊城市以及后来古罗马时期的军镇[1]，就都采用过方格网式的规划方法，古希腊人还为这种土地规划方法取了一个名字，叫作centuriation[2]。在中国，从文献记载上看，在公元前10世纪时，这种规划方法似乎也被用于城市建设，后来，更由官方加以总结形成了制度。《周礼·考工记》中理想王城的空间格局就是标准的方格网概念，后人据此绘制有想象中王城的平面图。然而，周代这种理想的方格网络规划格局并未得到考古方面的验证，其中许多东西很有可能是汉代以后，人们用来阐释自己理想的一种说辞，而且还被赋予了诸多神圣的、象征

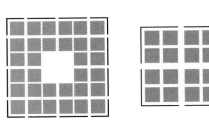

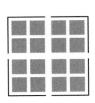

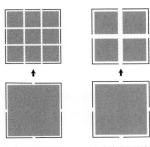

《考工记》中的王城　　　唐代云州城（大同）　　　九分法空间区划　　　四分法空间区划

图4-11　中国古代城市空间区划概念示意图

中国古代城市的空间区划大抵有两种做法：一是"九分法"，按《周礼·考工记》中所载"九分其国"，为井字形划分，多用于规模较大的城市；二是"四分法"，按《尚书》中载"郡有四县"，为十字形划分，多用于规模较小的地方城市。《考工记》中理想的王城，或许就是先采用九分法，再以四分法进行空间区划。

① （英）A·E·J·莫里斯. 城市形态史［M］. 成一农，等译. 北京：商务印书馆，2011.
② （英）葛兰姆·罗布. 中土世界——欧洲的古代起源［M］. 黄中宪，译. 南京：江苏凤凰文艺出版社，2017.

性的意义。不过，在后世，这种方格网状的空间规划格局却已经深入人心，升华成为一种理想化的中国式城市空间的组织模式。虽说商周之时，城市路网构成的空间格局到底是个什么样子，至今仍然是没有得到考古证实的悬案，我们现在见到的按照方格网概念一次性规划建设的最早案例是三国时期的曹魏邺城。但是，在此后将近2000年的时间里，中国城市一直遵循着这一规划原则，其意匠和方法也已经被后世奉为经典，并被不断地加以诠释和反复实践。

第二节　时空合一的方位观念

一、居中观

在方格网络规划意匠以及经纬涂坐标体系之中，极为重要的是空间格局的组织秩序和中国独特的方位观念。形态上推崇方正、中正，而关键点在于"居中"与"朝南"。这也是中国的方格网城市与古希腊、古罗马的方格网城市之间最大的不同之处。

居中观念源自于安全防卫，以及由"向心"意识所形成的居中为尊的思想。居于中央有利于控制四方，所以，后人便附会"黄帝居中，而制四方"。这种观念发展到殷商时期，已经形成以商邑为中心的"邦畿千里"的疆域概念，周人更有意识地依据"北辰（北极星）居其所，而众星拱之"[1]的对天之秩序的体认，去寻找大地的中心——"土中"来营建王城，使"王城"与"土中"结合起来。

《尚书》云："王者来绍上帝，王自服于土中。"[2]《荀子·大略》亦云："王者必居天下之中"[3]。讲的都是君王必须要"居中"才能够确立起统领天下的地位。在这种观念的指导之下，"择天下之中而立国"[4]便显得至关重要。也就是择天下之中央的位置修筑王城，利用"中央"这一最为显赫的空间方位，来表现"王者之尊"，以求镇抚天下。《尚书·禹贡》提出的"五服"及《周礼·夏宫》提出的"九服"，都是

---

① 论语·为政 [M].杨伯峻，译注.北京：中华书局，1980.

② （汉）伏胜.尚书·昭诰 [Z].慕平，译注.北京：中华书局，2009.

③ 荀子·大略 [M].唐镜，王杰，译注.北京：华夏出版社，1999.

④ 吕氏春秋·君守 [M].张双棣，等译注.北京：北京大学出版社，2000.

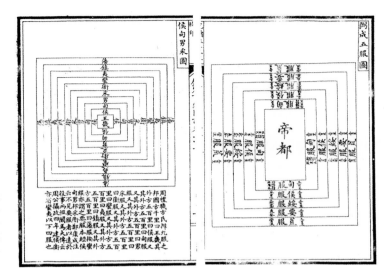

图4-12 《弼成五服图》
及《侯甸男采图》

《钦定书经图说》中的《弼成
五服图》及《侯甸男采图》表
示了理想的以帝都为中心，层
层向外拓展的疆域概念，是便
于统治的、"王者必居天下之
中"概念的形象表达。

以帝都为中心向外层层拓展的疆域概念。周人就曾经通过测日影来判定天下之中的地理位置，精心修建了王城洛邑和成周，以求配比皇天，阜安万民。显然，这种"居中观"是从上古时期开始由聚落发展至中心聚落，再由中心聚落发展为邦国及至中央王朝这一系列的社会变动所导致的一种心理预期，是基于政治、经济、军事和统治诸方面需要而形成的一种时空观念，认为王城应该是处于当时人们所认知的"世界中心"。

"择国之中而立宫"[1]则是"居中"观念在城市空间格局上的引申。《周礼·考工记》中的"王城制度"十分明确地规定了王城中要以宫室为中心的空间概念。在方九里的王城之内，宫室居于九宫图式的正中，南设朝廷，北为市肆，左置祖庙，右立社稷。宫室是王城的主体，其余均分布在四方，处于从属地位，同样是在追求皇权至上的唯我独尊。这也就是美国社会学家芒福德（Lewis Mumford）所总结的："在城市的集中聚合过程中，帝王占据中心位置，他是城市的磁极，把一切统统吸引到城市文明的心腹地区，并置于宫廷和神庙的控制之下。"[2]

这种突出中央位置的思想观念，一直影响着中国城市的空间格局，即便是在地方城市之中，城内的核心区域亦多为王府、衙署，或是有着礼仪性作用的钟、鼓楼。《周礼·天官》中讲："凡官府都乡及都鄙之制，治中受而藏之。"经学家郑玄注云：

---

① 吕氏春秋·君守[M].张双棣，等译注.北京：北京大学出版社，2000.
② （美）刘易斯·芒福德.城市发展史——起源、演变和前景[M].宋俊岭，倪文彦，译.北京：中国建筑工业出版社，2005.

"中者，要也。谓职治簿书之要也。"①也就是说，因官僚职司之要，办事衙门必居要地。故此，《相宅经纂》中说："京都，以皇殿内城作主；省城，以大员衙署作主；府、州、县，以公堂作主。"②城内的居住区、市场以及行业街市等则分布在外围，环绕、拱卫着这些重要设施，寺观、庙宇等有着精神抚慰作用的大型公共建筑，也只能散布于城池内外。很明显，这里所讲的中央位置已经超越了理想化的九宫格式的空间界划模式，并非精准的几何中心，而是一种空间组织上的重心所在，但是无论如何，这种空间组织方式已经形成传统，并发展成为中国古代城市核心区域空间格局的总体特征。

二、方位观

《周礼》中讲："惟王建国，辨方正位，体国经野。"③所以，朝向方位是关系到国家兴盛的大事，在中国，自东汉尊崇礼制以来，只要是条件允许，就必然会认真地选择城市的朝向，使整座城市"坐北朝南"，并礼尊南城门为正门，城中的建筑亦南向。尽管建筑的朝南与日照有关，是由中国的地理位置所决定的，但是，整座城市取南向，其

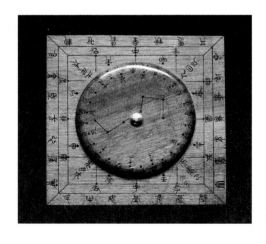

图4-13　汝阴侯墓出土式盘（汉代）

式盘为古人模拟大道运行、推算历数式占的工具，是古人宇宙观的具体体现。式盘取法天圆地方，天盘为圆形，中央置北斗，环列二十八宿，象征天道运转。地盘为方形，布八卦十二方位，以喻示天地关联。

① 吕友仁等译注. 周礼·天官 [M]. 郑州：中州古籍出版社，2010.
② （清）高见南. 相宅经纂 [M]. 中国台北：育林出版社，1999.
③ 吕友仁等译注. 周礼·夏官 [M]. 郑州：中州古籍出版社，2010.

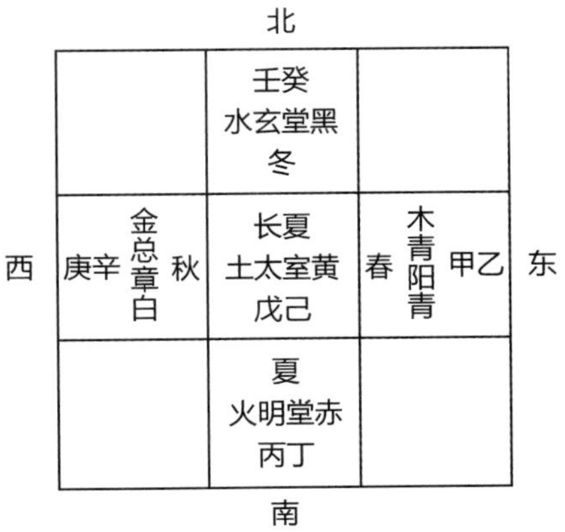

	壬癸 水玄堂黑 冬	
金总章白 庚辛	长夏 土太室黄 戊己	木青阳青 甲乙 春
	夏 火明堂赤 丙丁	

西 秋 　 东

南

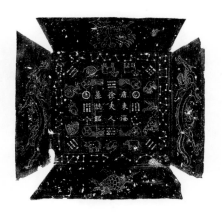

图4-14 空间方位概念示意图
汉代以来，九宫图式被赋予了更多的精神内涵，不仅在中极、四正、四维的坐标体系中建立了方位概念，而且还融汇了天文、数理以及阴阳、八卦、五行等哲学理念，最终使其成为一种独具中国特色的"宇宙图式"。

图4-15 南唐徐氏墓志
江苏南通出土的南唐徐氏墓志顶盖。刻有日月、华盖、八卦、十二生肖、二十八宿，四面刻四灵，是当时人们时空观念的写照。

中就包含了更多精神层面的追求。中国早期的城市并不一定朝南，周典中虽然有南郊祭天，但是，有意识地利用祭祀仪礼，匡正城市朝向的做法还是始于西汉末年，自汉平帝元始五年（公元5年）确定了南郊祭天、北郊祭地的祭祀仪礼之后，中国的城市建设才开始刻意关注南北方位与都城空间格局的对应关系。当然，都城的坐北朝南，也符合以北极为天中、"面南而治"的时空观念，适合中国北高南低的地理现状，又与《周易》八卦（先天八卦）的"乾南在上，坤北在下，离东在左，坎西在右"的四个方位中取南向为最佳方位的观念相吻合。所以，自东汉以后，无论是都城还是府、州、县城，均尽可能地选择朝南，避免朝北，城市中的一些重大礼仪、庆典活动也都会在南城门举行。

其实，朝南还有一个重要原因，那就是鉴于北方战事的长期侵扰，中国城市的北面都尽量少开城门，甚至不开城门，是以更加凸显了"背北面南"与南城门的重要性。正是中国的这一方位观念，使得九宫格式的城市方格网在抽象的几何空间上产生了主次、前后、上下的秩序关系，赋予城市中不同方位以精神层面上的不同内涵。显然，这种做法的真正目的还是强化礼制秩序，迎合统治者在政治上追求"不正不威"的需要。

这样，东汉以后，特别是明清时期，大多数中国古代城市都呈现出了面南而设的方形城池，经纬涂网格状的道路框架结构，以及钟鼓楼、市楼居中控制高度并与四面的城门楼遥相呼应的空间格局。这也正是自商代以来，由原始的"宇宙空间模式"导引出来的祭祀活动选址所形成的"中土、东土、南土、西土、北土"的方位观念在古代城市空间格局层面上的体现，《考工记》中九宫格式的王城空间概念，亦是这种思维方式的拓展，而所谓的"辩证方位"，指的也是城市的建设，在确定了整体朝向之后，还要同时确定四隅八方之位。

图4-16 汉代四灵瓦当

四灵也称四象，为青龙、白虎、朱雀、玄武四神兽。四灵表示四方，东方青龙，西方白虎，南方朱雀，北方玄武，指代四个空间方位。同时，四灵也主理四季，青龙为春，白虎是秋，朱雀为夏，玄武是冬。此图为出土的汉代四灵瓦当。

后来，这种抽象的四隅八方空间观念又与时间相结合，以春配东方、夏配南方、秋配西方、冬配北方，将城市空间方位类比"四时"、"四方"。后赵的石虎在改建邺城时，即将东、南、西、北的四座城门重新命名：东出为"建春"，南入为"阳夏"，西方是"金明"（秋），北面则用"广德"（冬）[①]，以城门的方位指代四时。其后，这种空间意识更与四极（东、西、南、北四个方位）、四维（东北、东南、西北、西南四个方位）以及五方（东、西、南、北、中）、五色（青、白、赤、黑、黄）、五行（金、木、水、火、土）等观念相关联，构成了一套完整的、时空合一的宇宙模式及空间思维意识，赋予各个方位以不同的意义，并按照空间方位来判定尊卑秩序，去主导城市的功能分区、聚居规划，甚至是建筑物的形制、色彩及其分布格局。这种基于几何方位秩序的带有象征性意义的"方城模式"，千百年来，已经发展成为中国古代城市空间格局的经典概念形态，被德国学者阿尔弗雷德·申茨（Alfred Schinz）称为"幻方"[②]，他用"魔幻的方块"（Magic Square）一词概括地说明了中国古代城市的这一空间特征。

---

① （北魏）郦道元.水经注·浊漳水［M］.陈桥驿，点校.上海：上海古籍出版社，1990.

② （德）阿布弗雷德·申茨.幻方——中国古代的城市［M］.梅青，译.北京：中国建筑工业出版社，2009.

第三节　取象于天的设计原则

一、与天同构

借上天以喻人事，在中国很有传统，尤其是在象征着王权统治的都城建设上，城市的空间格局取象于天，从形态表征上与天界建立联系势在必行。早在5300多年前的河南巩义双槐树遗址中，就有用陶罐布列的"北斗九星"带有政治礼仪性质的祭祀场所，借以神化王权，表示地下的王者呼应上天。[①] 古人认为：天界是一个以帝星——北极星为中心，以四象、五宫、二十八宿为主干的庞大体系。天帝所居之"紫微"，位于五宫的中央称"中宫"，满天星斗均围绕着帝星，形成拱卫之势。于是，中国早期的城市建设观念，便相应地采用居中观念和九宫格式的空间方位布局来表现与"天地同构"，追求"仰模元象，合体辰极"[②] 的物化形态表达。所以，周王朝在建立之后要做的第一件大事，就是"定天保，依天室"[③]。也就是依照上天的格局来营建都邑。这种天地感应的宇宙观是中国古代王权统治的思想核心，也是古代城市规划设计的重要理论依据之一。

殷商之时，殷人通过问卜，来遵从上天的意志安排都邑，并称之为"天邑"，用以表达"有命在天"、"得天独厚"的思想理念。秦汉时期，都城的空间布局强调的是形式上的"与天同构"。按照《三辅黄图》的记载："筑咸阳宫，因北陵营殿，端门四达，以则紫宫，象帝居。渭水贯都，以象天汉，横桥南渡，以法牵牛"[④]。汉长安城，"周回六十五里，城南为南斗形，城北为北斗形"[⑤]。二斗呈拱卫北极之象，城中是"紫微帝宫"。"斗为帝车，运于中央，临制四方，海内艾安"[⑥]。这些说辞固然牵强，长安城的形态也是因地形与河流的走向所致，但是，这种说法反映的恰恰是当时人们"象天设都"的思维方式，以及"借天象以达人欲"的政治目的。

唐都长安，亦是以宫城象征紫微星，以大朝正殿——"太极殿"象征地平线上的以北极星为中心之天象，外郭象征着周天之象，四列坊象征四季，十三排里坊象征十二

---

① 王胜昔，王羿.河南巩义双槐树遗址：揭五千年前"河洛古国"神秘面纱［N］.光明日报，2020.5.8
② （唐）房玄龄等.晋书·谢安传［M］.北京：中华书局，1996.
③ 黄怀信，张懋镕，田旭东.逸周书汇校集注［M］.李学勤，审定.上海：上海古籍出版社，1995.
④ 陈直校正.三辅黄图［M］.西安：陕西人民出版社，1980.
⑤ 陈直校正.三辅黄图［M］.西安：陕西人民出版社，1980.
⑥ （汉）司马迁.史记·天官书［M］.北京：中华书局，1975.

个月加闰月，同样是利用城市的空间格局去表达那种"以北极为天中而众星拱之"的思想，只是更加抽象化而已。此外，唐长安城所有里坊的基数与倍数都是象征着"阴阳和合"的数字，也是以数术暗喻天上人间交合的宇宙观及其"内在逻辑"的一种意象表达。

在"取象于天"的思想指导之下，中国古代城市的内部，重要建筑的位置及其名称也多取法星象。自秦咸阳将"信宫"改称"极庙"以象征"天极"作为咸阳城的中心建筑之后，历朝多有效仿。最经典者为明清北京城的故宫。故宫取名"紫禁城"，即是呼应"紫微帝居"。太和、中和、保和三殿象征"三垣"，乾清、坤宁、交泰三宫，加上东西六宫，共计一十五宫，正合紫微垣十五星之数，这就明确地表明，中国古代城市核心建筑的经营建设是要在精神层面上去应合宇宙时空的安排。

二、中宫天极

其实，自周秦以至明清，"取象于天"的思想观念始终没变，不过是历代各有追求罢了。东汉之后，这一思想又开始转而"上法斗极"，寻求通过城市中轴线来加以强化。于是，魏晋以后，人们便对建筑组群中的轴线进行扩展，使之演变成为极具象征意义的城市南北中轴线，并利用这一轴线来表达"天地相合"。桓谭在《新论》中说："北极，天枢。枢，天轴也。"[1]故此，古人在城市之中，便借用南北中轴线以应天象，轴线要对准子午线，北端直指北辰，象征着上达"天阙"，与天同轴！城市中最重要的核心建筑，尤其是都城中的大朝正殿，一定要坐落在轴线之上，令帝居成为整个宇

图4-17　东汉画像石《北斗星象图》
出土于山东嘉祥的东汉墓室，该画像石刻将北斗七星化作象征性的帝王之车，幻化出了帝王乘北斗升天的图景。

---

① （汉）桓谭. 新辑本桓谭新论［M］. 北京：中华书局，2009.

图4-18 中国古代天象图

古人认为天界有"三垣""十二次""二十八宿"，以北极星为天中，永恒不动，而众星拱之。"三垣"即是以北极星为中心，将星天划分为三大块，紫薇垣为天帝的宫殿，太微垣为天宫政府官邸，天市垣为天帝率诸侯所幸之都市。

宙的"中枢"。其他附属建筑，则依次布列在轴线的两侧，左右均衡对称，整体上呈现出"负阴抱阳"的雄壮开拓的气势，用以突出中轴线上核心建筑的威严与尊高。

最早在城市中引入南北中轴线的是曹魏邺城，邺城将宫城置于整个城市的北端，象征北斗，布南北中轴线，以应"天轴"。至唐代，又附会《周礼》中的"三朝制度"①，将宫中主殿依次布列在南北轴线之上。赋予传统的"居中观"以崭新的含义，使城市的空间格局由各向同构、强调九宫概念的几何"中央"方位，转变为纵贯全城的南北"中轴线"，并利用位居正中的大朝正殿作为轴线的基点，以应合所谓的"中宫天极"。这一改变，确立了以核心建筑的方位（天子端坐的位置）来决定轴线序列及对称关系的城市空间构成模式，而这种强调轴线与对称的非各向同构的空间组织方式，却能够从视觉上强化空间的纵深，仪式感更强。中国古代城市的空间格局也因此而发生了重大的转变，武则天之所以要将其建在洛阳中轴线上的终极建筑命名为"天枢"，就是要以这种与天同

图4-19 明清北京城中轴线

明清北京城的南北中轴线，是"天极"、"与天同轴"的思想观念在城市空间上的物化表现，是建立在历代都城轴线演变的基础之上的集大成者。

---

① 所谓"三朝制度"，指的是古代帝王办公处所的形制，郑玄注《礼记·玉藻》曰："天子及诸侯皆三朝。"三朝指的是举行礼仪性朝会（外朝）、日常议政朝会（治朝）以及定期朝会（内朝）的地方。三朝的称谓历代多有改变，三代称：外朝、治朝、燕朝；唐代称：大朝、常朝、入阁；宋代称：大朝、常参、六参。

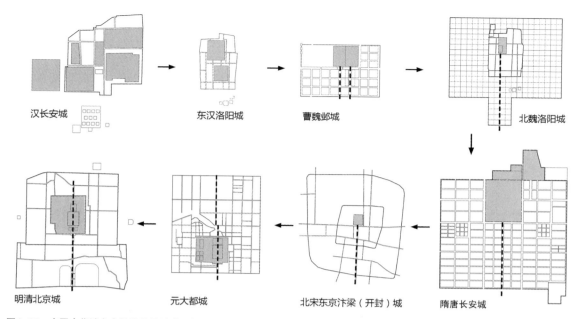

图4-20　中国古代城市中轴线发展形成示意图
中国古代城市"坐北朝南"的空间概念大致形成于东汉前后。城市南北中轴线
的出现与确立，则自曹魏邺城而至明清北京城，经历了一千多年的发展和演变。

轴、天地相应的建设理念，使帝居成为"如月之恒，如日之升，如南山之寿，不骞不
崩"①的千秋大业。

　　明清的北京城，即是利用南北中轴线控制全城规划布局的典范。北京城从外城的
南门——永定门起，直至钟、鼓楼，轴线长达8公里，设有九重门阙。全城以这条南北
中轴线为主导，大朝正殿——太和殿的位置已经与唐宋时期不同，沿着轴线南移到了整
座城市的几何中心附近，并作为城市中心线交汇的基点。宫城前面的两侧布置有各部衙
署、太庙和社稷等重要建筑，并对称地组织郊坛和坊巷，借以衬托紫禁城的核心地位。
这种通过轴线将全城组织成一个秩序严明的有机整体的布局方式，影响了中国古代城市
的空间形态将近两千年之久，同时，它也是中国传统建筑群体布局的重要原则，不论是
宫殿、衙署、寺庙、道观、陵墓、祠堂还是民居，都一直以此为依据，是极具中国特色
的城市、建筑规划组织原则之一。它还从视觉空间的意象表达上，反映出了那种所谓
"应于天时，设于地财，顺于鬼神，合于人心，理于万物"②的终极审美情趣。

① （周）尹吉甫，采集.诗经·小雅［M］.北京：中华书局，2015.
② （清）阮元，校勘.十三经注疏［M］.北京：中华书局，1980.

图4-21 纪限仪

中国古代的天文仪器，制作于清康熙十二年（1673年），主要用来测定60度以内任意两个天体的角距离。在古人的观念中，尘世是星空的折射，故此要观测天象，占星卜地，寻求天地应合。

图4-22 玑衡抚辰仪

清乾隆九年（1744年）开始制造，十年后建造完成。古代天文观象仪，主要用以测定太阳时，天体的赤经差和赤纬。1900年八国联军侵入北京时，被德国人劫去柏林波茨坦宫，1921年回归北京，现陈列在北京古观象台。

第一节　宫室衙署

一、夏商周的宫室

中国古代的城市多为不同等级的政治权力中心，因此，城市核心建筑，相应地就是不同级别的统治机构。宫室是都城的中心，王府、衙署则是地方城市的中心。宫室和衙署都是所处城市之中规模最大、最为重要的核心建筑，决定着整座城市的空间格局。尤其是宫室，因其为最高统治者的居住办公之地，所以，都城的营造就必然要以宫室为重中之重，历朝历代都会倾注全力建设，这也就是萧何所说的"非令壮丽无以重威"①。

"宫"与"室"原本都是居住建筑的名称，并无高下之分，故《尔雅》中说："宫谓之室，室谓之宫"②。秦汉以后，帝王的居所以"宫"指称，"宫室"一词就用来特指帝王起居兼办公的建筑组群了。

夏商时期的宫室建筑已经相当宏伟，《周礼·考工记》中有"殷人重屋，堂修七寻，堂崇三尺，四阿重屋"③的记述。从考古发掘的情况来看，夏都二里头遗址中就发现有占地10.8万平方米，由夯土墙垣环绕着

---

① （汉）班固.汉书·高帝纪［M］.北京：中华书局，1962.
② （清）阮元校勘.十三经注疏［M］.北京：中华书局，1980.
③ 闻人军.考工记译注［M］.上海：上海古籍出版社，2008.

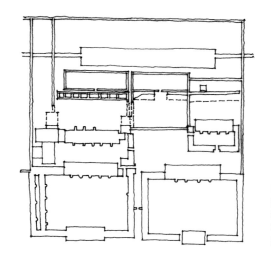

图5-1 偃师商城宫室主要建筑复原平面示意图

河南偃师商城遗址中发现了一处大型建筑遗迹，疑为宫殿与宗庙。该遗址由五个院落建筑和一座长方形建筑组成，总体布局呈现为东西对等的两组院落，主体建筑有回廊、门塾，反映出当时宫室与宗庙的地位大致相同。

的大型宫殿遗址[①]。殷商的宫室建筑均坐落于大型夯土台基之上，宫室区的占地规模也很大，由多组分散的建筑群组成。偃师商城遗址中发现的宫室区，占地面积接近4万平方米，其中最大的宫殿基址面积达到了2000多平方米[②]，而在安阳的殷墟中更发现有由50多座大规模建筑所组成的宫殿遗迹。在这些大型宫殿遗址之中，宫室建筑已经由史前聚落的"大房子"分化拓展为规模相当大的若干个建筑组群，其中既有宫室（朝堂、寝宫），也有宗庙[③]。

宫室是君主日常生活、处理政务的地方，而宗庙在三代时期不仅被用作祭祖和宗族行礼之地，还是举行重要典礼和宣示重大决策的地方，是国家政权的象征。所以，宗庙建筑的规格非常高，与宫室关系密切，宫室与宗庙均为当时城邑之中最为重要的核心建筑，而且常常是"宫庙一体"（相邻而建），甚至是"将营宫室，宗庙为先，库为次，居室为后"[④]。

宫室与宗庙的规模，在三代时期，也是大致相当，"宫庙不分"（形制相近）。在二里头夏代遗址以及偃师商城之中，宫室与宗庙施行的是并行的两组建筑，这种"双轴线"对等的做法，体现出了君权与血缘政治的同等重要。其时，宫室与宗庙相邻而

① 中国社会科学院考古研究所二里头工作队. 河南偃师市二里头遗址中心区的考古新发现 [J]. 考古, 2005 (7).
② 赵芝荃, 刘忠伏. 1984年春偃师尸乡沟商城宫殿遗址发掘简报 [J]. 考古, 1985（4）；许宏. 偃师商城宫城遗址 [A] //中国考古学年鉴（1999年）[C]. 北京：文物出版社, 2001.
③ 郑根香. 殷墟发掘六十年概述 [J]. 考古, 1988(10).
④ 《礼记·曲礼》, 参见：（清）阮元, 校勘. 十三经注疏 [M]. 北京：中华书局, 1980.

建，其周围往往还附建有其他设施。商周之时，城市中不同使用功能的建筑，只是在同一区域的有限范围内形成了简单的空间分化，宫室、宗庙等重要设施整体上还处于与其他建筑混建在一起的状况，在很大程度上保留着原始聚落"混居"的空间特征。

从春秋战国开始，随着社会进一步分化，以血缘政治维系的王朝统治走向了没落，统治者的财富的积累大大超过前代。"礼崩乐坏"之后，兴建大规模的豪华宫室，在诸侯国中已经屡见不鲜，许多诸侯都拥有多处宫室建筑，朝堂与寝宫的规模开始超越宗庙。考古发现了晋国的都城新田、赵国的都城邯郸，在大城之外都拥有3座呈品字形相连的、以宫室为主导的"小城"，三座"小城"之中都有大片宫殿遗迹，三处宫室遗址的占地面积之和达到了100万平方米[①]。秦早期的国都雍城也已经

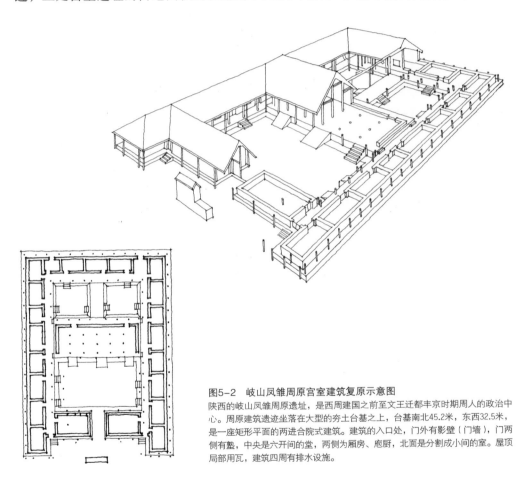

图5-2 岐山凤雏周原宫室建筑复原示意图
陕西的岐山凤雏周原遗址，是西周建国之前至文王迁都丰京时期周人的政治中心。周原建筑遗迹坐落在大型的夯土台基之上，台基南北45.2米，东西32.5米，是一座矩形平面的两进合院式建筑。建筑的入口处，门外有影壁（门墙），门两侧有塾，中央是六开间的堂，两侧为厢房、庖厨，北面是分割成小间的室。屋顶局部用瓦，建筑四周有排水设施。

———————————
① 许宏.先秦城市考古学［M］.北京：北京燕山出版社，2000.

探明，城内有三个宫室区，其中有一处疑似宗庙。宫室和宗庙均由一组或两组以上的大型建筑群组成，每组建筑都自成体系，四周建有围墙[1]。很明显，这是该城中规模最大的相互并行独立的大型建筑群。也就是说，春秋时期，很多诸侯的都城之中都修建有不止一处宫室。虽然，此时宫室的规模和地位已经有所提高，但是，宫室与宗庙之间、宫室与宫室之间，并没有表现出明显的秩序关系。

二、秦汉以后的宫室

秦统一中国，实行中央集权的统治之后，导致宫室朝堂的作用日显重要，宗庙的规格被进一步压缩，甚至，还出现了将帝王祭祖的仪制从都城转移到陵寝，施行"宫庙分离"，脱开宫室单独建设的情况。与此同时，始皇帝更变本加厉地提升皇权的地位，修筑大量规模宏大的宫室，并迁移六国宫室至咸阳，开启了空前绝后的宫室规模巨大化的建设。通过《史记·秦始皇本纪》中："关中记有宫三百，关外四百余"[2]的记载，便可以想象当年秦都咸阳城中宫室的规模了。此外，咸阳城中的宫室不仅数

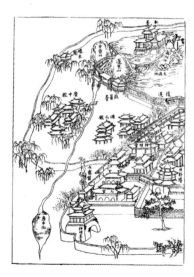

图5-3 《汉建章宫图》
建章宫修建于汉武帝太初元年（公元前104年），位于汉长安城直城门外，未央宫的西侧跨城墙建有阁道，可以从未央宫直达建章宫。考古实测，建章宫东西长2130米，南北进深1240米，《三辅黄图》载：建章宫"周二十余里，千门万户。"

---

① 陕西省社会科学院考古研究所凤翔发掘队.秦都雍城遗址勘察［J］.考古，1963（8）；陕西省雍城考古队.秦都雍城钻探试掘简报［J］.考古与文物，1985（2）.
② （汉）司马迁.史记·秦始皇本纪［M］.北京：中华书局，1975.

量众多，而且这些宫室的建筑体量也巨大得惊人，从已经探明的阿房宫遗址来看，阿房宫前殿的台基东西长1320米，南北宽420米，残留台基最高处12米，占地面积达到了55.4万平方米，是目前所知规模最大的宫殿台基基址①，可谓空前绝后，比英国白金汉宫的占地面积大3倍，比法国凡尔赛宫的占地面积大5倍。

汉长安承袭了秦咸阳宫室规模巨大化的做法，也实行"多宫制"，城内五大宫室区占据了长安城的大半。《三辅黄图》中记载的长乐宫、未央宫、建章宫、桂宫和甘泉宫，每个宫都由一组庞大的朝寝建筑群组成，规模壮丽，气势恢宏。考古实测，未央宫前殿夯土台基的占地面积约为8万平方米②，是明清北京紫禁城三大殿台基的3倍，未央宫的占地规模是北京紫禁城的7倍，而长乐宫的占地更是达到了6平方公里，差不多是北京紫禁城的9倍③。此外，长安城内还有桂宫、北宫、明光宫等多个宫室，宫室区的总体规模远远大于后世的历代王朝。

汉代，各个宫室区都建有5~6米厚的宫墙，但是，宫室与宗庙、官署、贵族生活区、仓储、武库等其他设施，仍然混杂在一处，还没有形成后世那样的功能单一、经过统一规划的宫城。汉代的宫室区占据了城内的大片用地，长安城中2/3左右的地方为宫室区所占用。所以，很多学者都认为：汉长安城仅仅是为了保护宫室、官署、仓储以及贵族官吏的住所而修筑的"内城"，普通的平民百姓大多居住在城外④。这也说明，秦汉时期，尽管宫室已经是都城内唯一的核心建筑，但是，城市功能空间的区划并不严谨，都城中也没有后世那样的唯一空间重心。到了东汉光武帝及明帝时，为了进一步提升皇权的地位，突出宫室的核心作用，便再一次改革了宗庙制度，将历代祖先统一集中在太庙（高庙、世祖庙）内供奉，并置太庙于洛阳宫室的外围。但是，洛阳城内的整体建筑格局仍然很松散，还没有形成严整的逻辑关系以及反映着宇宙时空模式的空间概念。

至曹魏邺城，创建了将宫室与官署分别集中设置在城市中轴线上的模式之后，中

---

① 张达宏，杜征. 秦阿房宫遗址考古调查［A］//中国考古学年鉴（1995年）［C］. 北京：文物出版社，1997：12；中国社会科学院考古研究所，西安文物保护考古所阿房宫考古工作队. 阿房宫前殿遗址的考古勘探与发掘［J］. 考古学报，2005（02）.

② 根据中国社会科学院考古研究所的《汉长安未央宫——1980~1989年考古发掘报告》，未央宫前殿台基基址为：南北400米，东西200米，占地面积约为8万平方米。

③ 按《汉长安城未央宫——1980~1989年考古发掘报告》及《西汉长乐宫遗址的发现与初步研究》，西汉未央宫的占地面积为5平方公里，长乐宫的占地面积为6平方公里，而明清北京紫禁城的占地约为72万平方米。

④ 近年来，根据考古发掘成果及文献考证，以杨宽和许宏为代表的一些学者认为，西汉长安的普通百姓，大都居住在城外的所谓"郭区"。

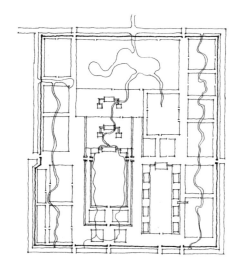

图5-4　南朝建康台城复原平面示意图

建康城的台城（宫城）建于东晋孝武帝太元三年（378年），台城内的主体建筑由两组建筑组成。西边为举行重大礼仪活动的太极殿，东边是尚书朝堂，两组建筑分别对应大司马门和南掖门，构成并列式的双轴线布局，是魏晋南北朝时期宫室形制的代表。

国都城的空间结构便发生了一系列的重大改变。这其中最为明显的，就是宫室由分散的、数量众多的庞大宫室群缩减为一个外朝与内朝平行并列的"宫城"。此时的宫城之内，虽然是尚书朝堂与大朝正殿并列的"东西堂制度"，但是，单一宫城的出现强化了宫室在整个城市空间组织中的核心地位。其后，并列的"东西堂制度"，在经历了魏晋南北朝之后，至唐代又被进一步地整合成为单一轴线的"三朝五门制度"[①]，以承天门为外朝、太极殿为治朝、两仪殿为内朝，将内、外朝大殿坐落在同一条轴线之上，虽然唐长安城后来又添建了大明宫，但是，这并不影响宫室制度的改变及其与城市空间结构的对应关系。总之，从曹魏邺城到北魏洛阳，再到隋唐长安，经过400多年的演变，宫室才逐渐完成了由松散的"多宫制"向高效集中的"单宫制"的转变，宫城内部的格局也由"东西堂制度"最终演变成为单一宫殿建筑群的主轴线与城市南北中轴线重合，形成了整座城市以宫城（皇帝居所）加皇城（中央官署）为核心的空间结构。

这种空间格局，将宫室与其他功能用地完全隔开，彻底改变了汉代之前宫室与居民区混杂的情况。《长安志图》卷上有云："自两汉以后，都城并有人家在宫阙之间，隋文帝以为不便于事。于是皇城之内，惟列府寺，不使杂人居止"[②]。这就是说，皇帝的宫

---

① 汉代经学家郑玄在《礼记》注释中提出：上古时期，天子及诸侯的宫室，皆设有外朝、治朝、燕朝，谓之三朝。天子宫室由外而内，设有皋门、库门、雉门、应门、路门，谓之五门。这就是所谓的三朝五门制度。
② 〔宋〕宋敏求，李好文，编撰.长安志·长安志图［M］.西安：三秦出版社，2013.

图5-5 唐长安城大明宫复原平面示意图

大明宫为唐太宗所建，是长安三大内中规模最大的一座，占地面积约3.2平方公里。大明宫位于唐长安东北部的龙首原上，初建于贞观八年（634年），龙朔三年（663年）完工，居高临下，可以俯瞰全城。大明宫采用的是单一轴线的空间组织方式，在主轴线上南北纵向布列有：大朝含元殿、日朝宣政殿、常朝紫宸殿。含元殿是大明宫的正殿，面阔十一间，进深四间，殿前有不同于后世居中设置的、从两侧沿着阁壁盘绕而上的台阶——龙尾道。含元殿的左右两侧还建有翔鸾、栖凤二阁，以曲尺形廊庑与含元殿相连，整体建筑群宽达200多米。大明宫自建成以来，先后有17位皇帝在此处理朝政，使用时间长达200余年，现大明宫遗址已被联合国列入世界文化遗产。

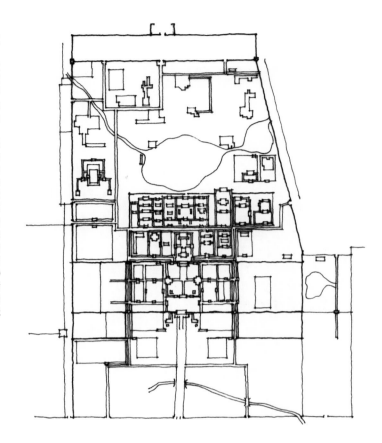

图5-6 唐长安城大明宫麟德殿复原示意图

大明宫中的另一组建筑——麟德殿，是皇帝宴请群臣、观看歌舞演出的地方，由前、中、后三座殿阁组成，面阔十一间，进深十七间，华美壮阔，建筑面积是明清故宫太和殿的3倍。

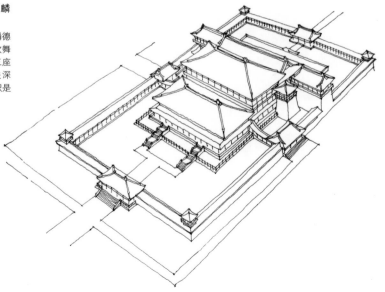

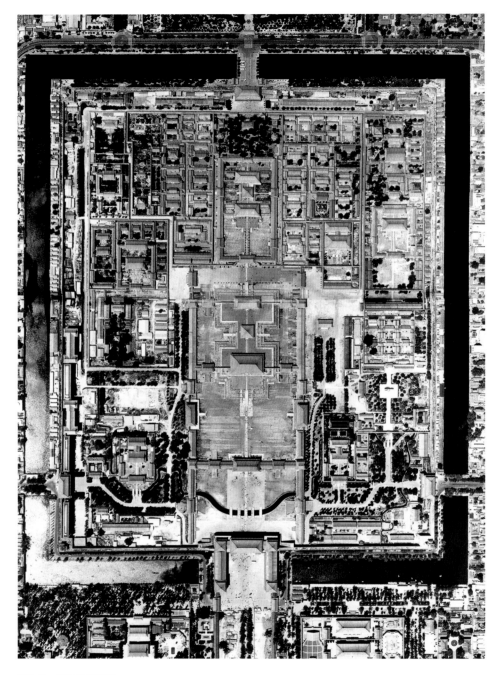

图5-7 北京故宫俯视

北京故宫也叫"紫禁城",是明清两代的皇家宫殿,位于北京城中心,是保存至今的中国古代宫室建筑的精华。紫禁城平面呈方形,建成于明永乐十八年(1420年),南北长961米,东西宽753米,四面建有高10米的城墙,墙外有52米宽的护城河,占地面积约为72万平方米,总建筑面积为15万平方米,有大小宫殿70多座,房屋9000余间。

图5-8 北京故宫太和殿

太和殿是紫禁城的大朝正殿，位居紫禁城主轴线之上，是北京城南北中轴线的基点。
初建于明永乐十八年（1420年），后屡遭焚毁，多次重建，现存遗构为清康熙三十四年
（1695年）重建。面阔十一间，进深五开间，长64米，宽37米，高26.92米，是紫禁城规
格最高、面积最大的核心建筑。

图5-9 北京故宫雪景

从北面神武门一侧俯瞰故宫。神武门为紫禁城北面的城门，门内为御花园和东西六
宫，从北面南望，故宫主轴线上的建筑尽收眼底。

室要在空间上独立，用宫城、皇城、外城三重城垣隔开。同时，为了表现皇家的威严，宫城还要居中设置，按照传统的"礼制思维方式"依次排列外朝、治朝、燕朝和寝宫，形成由单一轴线纵贯全城，以大朝正殿"太极殿"为中心，宫城、皇城加外城层层环绕的空间组织模式。宗庙的位置也在随后的空间整合之中固定下来，与社稷一起对称地布置在宫城的前面，太庙在东，社稷在西。这种变化反映出宫室与整个都城在空间组织上重新得到了整合，确立了由宫室决定城市整体空间框架的都城建设模式。

明清北京的紫禁城，即沿用了这种思维模式，皇帝的居所也拥有宫城、皇城、外城三重城垣，主轴线上，宫城的前部布置了举行大典及重要礼仪的三大殿，后面是皇帝日常工作与居住的内廷——后三宫以及后妃们的住所。整个紫禁城可谓是北京城的空间重心，是中国宫室建筑的终极版和历代匠心的集大成者，同时，也是当今世界上规模最大的宫殿建筑群。

三、中央官署

官署是皇权统治的代表机构，也是行政、军事管理的运作平台。官署在《周礼》中称"官府"，汉代称"官寺"，唐代以后，又称"公署""衙署""公府""公廨"，在民间，也叫作"官衙""衙门"。"衙门"一词，本作"牙门"，因古代军营门前树立的旗帜两边刻绘成牙状，故此，习称营门为"牙门"，后来又讹化为"衙门"。

在古代都城之中，中央官署是帝王直接掌控的权力中心，因此，中央机构的各行政、军事衙门便会结合宫室朝堂布局设置。三代时，王室的官吏由大小领主担任，各诸侯国分别拥有自己的官员和军队，管理机制也是王权与政权未分，军政合一[1]。故而，早期的城邑，其核心建筑仅为宫室、宗庙以及礼仪祭祀场所，尚缺少后世那样脱离朝堂的独立的行政管理机构。王室官员办公的处所与宫室之间的关系也较难准确判断，或许因为功能分化尚未彻底，部分决策机构就设置在宫室朝堂的附近，杂处于宫庙之间，亦未可知。

春秋战国以后，各诸侯国均出现了将相辅政、下设各级行政衙门的情况，单独设置的行政管理机构开始形成，文武亦行分治[2]。秦汉之时，权力已经高度集中，中央

---

① 李孔怀.中国古代行政制度史［M］.中国香港：三联书店（香港）有限公司，2007.
② 李孔怀.中国古代行政制度史［M］.中国香港：三联书店（香港）有限公司，2007.

图5-10 北京故宫乾清宫室内
乾清宫是内廷正殿，也就是所谓的治朝，面阔九间，进深五间，
正中设宝座，两侧有暖阁，室内陈设展现出了帝王的气派。

的政府机构，或位于宫室近旁，或设置在宫围之内。汉长安城的中央官署就既有被置于未央宫中的情况，也有设在闾里之内的。东汉的洛阳城也是一样，天子的"内阁"常设于宫中，其他机构则多位于城内各处，例如太尉府、司空府、司徒府等重要官署就位于南宫之外的东边。曹魏邺城，始将官署集中设置，在宫城常朝司马门之前的中轴线两侧布置了各种中央管理机构，但是，内阁性质的尚书台仍然设置在宫城之内。尚书台此时已有所拓展，形成了可以与大朝殿廷并行的议事机要部门，两晋及南朝的建康也是这样，所以建康的宫城又被称为"台城"[1]。至北魏洛阳城时，又在宫城之外围筑了内城，内城之中，除了宫苑和少量里坊之外，主要就是中央官署的用地。在内城铜驼大街的东、西两边，设置有左右卫府、司徒府、太尉府、司空府、宗正寺、御史台、将作曹等各部衙署，同时，还建有太庙、太社、太仓、武库等重要官方建筑。这即表明，政府机构已经开始从居住区中独立出来，向着形成单独占地的官署区发展。

隋唐时期，尚书省蜕变为执行机构，从宫中分化出来，故此，唐长安城净化了宫城南面的空间，将大部分中央官署集中设置于此，使之成为中央官署的专属用地，并以墙垣将其围合形成"皇城"，确立了集中布置中央官署的"皇城制度"，首次集约化地将中央官署作为宫城的重要陪衬，参与到整体的都城规划布局之中。唐长安的皇城之内，被三条南北走向的大街和一条东西走向的街道划分成8个区域，其间设置了六省、九寺、一台、三监等中央机构以及禁卫驻军十四卫。皇城与宫城之间有一条宽达300步（实测220米）的"横街"，正当宫城南面正门——承天门之前，是皇权与政权在空间上的联结纽带，也是唐代举行大型朝会、皇帝接见百官与各国使节的地方。《长安志》云："若元正冬至，陈乐，设宴会，赦宥罪，除旧布新。当万国朝贡使者、四夷宾客，则御承天门以听政焉"[2]。可见此"横街"还有着官方礼仪广场的作用。

由于北宋的都城是在唐代汴州府城的基础上改建而成的，所以，东京汴梁城中的诸司衙署就很难像唐长安城那样严整有序地集中设置，除了三省——中书省、门下省、尚书省仍旧位于皇宫之内，其余官署均依据现实条件，分设于皇城及外城各处。南宋临安的城市用地非常局促，皇帝与官员之间的交流多靠文书，故此，皇宫之内便不再单独设置议政之所，许多宫殿都兼作多种用途，中央官署各部也被分列在宫城之

① 郭湖生. 中华古都·魏晋南北朝至隋唐宫室制度沿革［M］. 台北：空间出版社，1997：2.
② （宋）宋敏求. 长安志［M］. 北京：国家图书馆出版社，2012.

外的御街两侧。元大都的中央官署与各部管理机构，亦较为凌乱地分散布置在城内各处。中书省、枢密院和御史台，早先是按照"风水"地理的"星位"排列选择建设用地，后来因为远离宫城，极为不便，又搬迁至宫城附近，故此，《大都赋》中便有"中书帝前，六官稟焉，枢府帝旁，六师听焉"①之说。而大都城的行政管理衙门与巡查机构则设在中心阁附近，礼部位于大城的东南角。

明代南京城的中央官署机构受南宋的影响，同时，也参照了建康时期的旧制，将中央官署移出了皇城，分列于宫城之前，承天门大街的两侧，右为都督府、锦衣卫等武职官府，左为吏部、户部、礼部、工部等文职官府。明清的北京城亦沿袭了这种方式，中央官署设在皇城之外，沿着天安门前的千步廊两侧分布。不同的地方是，两侧的官署并未按照文武分列，而是：西侧为太常寺、都察院、刑部、大理寺、锦衣卫等，东侧为宗人府、吏部、礼部、工部、鸿胪寺、钦天监等。此外，由于政府机构的管理职能日趋复杂，专司衙门增多，所以，另有一些官署分布在北京城内的其他地方。当时，多数分置的官署机构都修建在东城，这便导致官员觐见均就近从紫禁城的东华门进出。

四、地方官署

都城之外的地方官署，是由中央派驻到各地，代表着皇权统治的重要行政机构，同时，由于官署脱胎于藩主的宫室，且主官多非本地之人，所以也像宫室一样配建有主官的宅邸。这与西方城市中市民行使其政治权利的议会场所——市政厅的性质完全不同，所以，中国历代的各级衙署在地方城市中的地位，就如宫廷之于都城，亦是地方城市的统治权力中心，必居冲要，主导着地方城市的整体空间格局。

秦汉以前的政权体制为邦国联盟，其组织机构是以血缘关系为基础，以人群为纽带建立起来的，因此邦国之间相互独立，各自为政，没有直接隶属于中央王朝的地方行政官署。秦实行中央集权之后，始置按地域进行管理的地方行政，汉代的地方官署即是郡、县两级城市的核心建筑，当时的官署被称作"官寺"。汉代的地方城市，主要就是由"官寺"（官府）、"市"（商市）和"闾里"（居住区）组成②。官寺、市和闾里都修筑有墙垣，在城市空间上相对分区明确。唐宋时期，府、州城中的衙署多仿

---

① （元）黄文仲的《大都赋》，收录于：北京市社会科学研究所.史苑（第二辑）[M].北京：文化艺术出版社，1983.
② 周长山.汉代城市研究[M].北京：人民出版社，2001.张继海.汉代城市社会[M].北京：社会科学文献出版社，2006.

图5-11　东汉护乌桓校尉墓出土壁画《繁阳县城图》

《繁阳县城图》出土于内蒙古和林格尔的东汉护乌桓校尉墓，图中所绘的是东汉时繁阳县城的空间结构。从图中可以看到，繁阳县城有大小两重城垣，小城有两面利用大城的城墙。小城即"子城"，为县衙官署的所在，说明"子城制度"在东汉时期就已经显现出了雏形，西北边地的城市中已有采用城垣保护地方官署的做法。

照宫城的形制修建"子城"，形成城市空间的核心。子城也称作"牙城""衙城"，衙城的正门是政权机构的重要标志，因此，都仿照宫门修建有高大的"谯楼"，是全城的制高点，谯楼之上设置鼓角。即便有个别的州军，城垣并不完整，未筑子城，那也要修建谯楼，以表示官署机构之所在，同时，也作警众报时之用，这就是所谓的"子城制度"[①]。

　　"子城制度""皇城制度""宫城制度"都是在大城之中修筑小城，对城市空间进行功能区划，同时，也是对这些重要政权机构加以保护。其实，地方政府的这种在大城之中又修筑小城的做法，汉代已有，当时，主要是西北地区出于军事需要而采取的一种防御性措施。东汉护乌桓校尉墓出土的壁画上，就绘有这种在大城中的一隅修筑小城的《繁阳县城图》[②]。考古发掘出来的汉代定襄（安陶）郡所属的县城遗址[③]，也可以作为重要案例，验证这种大小城相套的边塞城市格局。魏晋以后，有关子城的文献记述

①　郭湖生. 中华古都·子城制度［M］. 台北：空间出版社，1997.

②　曹婉如等. 中国古代地图集（战国一元）［M］. 北京：文物出版社，1990.

③　汉代边地的子城多位于大城一隅，呼和浩特二十家子城遗址、托克托哈拉板申城遗址都属于这一类。1959～1961年间，对二十家子城遗址进行了发掘，外城边长400～475米，子城在城内西北隅，边长300～320米，子城内发现官署遗迹，出土有"安陶丞印"、"定襄丞印"、"平城丞印"等汉代官印。发掘者认为，这里可能是汉代定襄郡所属的县治所在。参见《考古》（1975.4）。

图5-12 山西霍州州署衙门

山西霍州州署始建于唐代，相传曾为尉迟恭的帅府，占地3.85万平方米，分为中路和东、西两辅三大建筑组群。主体建筑州署大堂是一座元代建筑，后堂及大堂两侧的科房均为明代建筑，是目前所知唯一一处保存完整的州级衙署。

逐渐增多，到唐代时，随着地方权势的增强，大小城相套的空间模式便得到了推广和普及，并相应地出现了"子城"和"罗城"的称谓，用以特指地方城市官民分区的大、小城空间格局。唐代的许多府、州城以及藩镇占据的重要城市之中都修筑有子城。宋承唐制，继承了这种双重城墙、官民分区的做法，并将这一制度延伸至全国各地的府、州、县城，有些地方城市还出现了在子城之内又修筑第三重"衙城"的情况。宋元之际的史学家胡三省在《资治通鉴》注释中，对这种三重城池作过这样的解释："凡大城谓之罗城，小城谓之子城，又有第三重城以卫节度使居宅，谓之衙城"[①]。不过，元代时，不允许城市中存在着这种以维护地方势力为主要目的的物质屏障，因此，各地的官署便不再以

图5-13 《巴县县衙图》

巴县即现在的重庆巴南区，《巴县县衙图》形象地表现了古代衙署的建筑格局。县衙建筑群沿中轴线从前至后分别布列有：照壁、大门、仪门、牌楼（公生坊）、大堂、二堂和后堂。主体建筑大堂、二堂和后堂，分别用于公务、议事与起居。县衙的东侧为典史署，其他还有捕厅、衙神祠、监狱、粮仓、朝天驿等建筑。

---

① （宋）司马光.资治通鉴［M］.胡三省，音注.北京：中华书局，1978.

图5-14 河南南阳府衙
河南南阳府衙始建于元代，现存建筑重建于清光绪年间。建筑坐北朝南，分为6组，合院式布局，占地8500平方米，有房屋98间，建筑面积2700多平方米，是至今保存完好、规制完备的府级官衙。

图5-15 河南南阳府衙二堂
南阳府衙的二堂初名"燕思堂"，后又异名"思补堂"，清末改称"退思堂"，均取退而思过之意，是日常议事、会客、处理公务的地方。

图5-16 安徽歙县徽州府大堂
徽州府衙位于歙县旧城中心，背靠城墙而建，占地2.4公顷，是典型的一主两辅纵向展开的建筑布局。府衙建筑为徽派建筑风格，大堂空间气派敞亮。

"城"的形制出现，司时功用的谯楼也由专门设置的钟鼓楼所替代。

明代以后，地方行政结构发生了变化，为了防止地方架空中央，一省之权分别由都、布、按三司掌控，并在府、州、县设置分司，衙署机构倍增，故此，各地城市便不再修筑子城或衙城，但是，中央对各地官署建筑的形制仍然有较为详尽的规定，如《大清会典·工部》中即载有"公廨"的营建制度[1]。清代时，地方政府最高的军政机构是管辖数省的总督府，全国共设有直隶、两江、闽浙、两广、湖广、云贵、四川、陕甘这8个总督衙门。省级行政机构为巡抚衙门，其下有主管民政的布政使衙门（藩司）和主管司法监察的按察使衙门（臬司）。府、州、县各级则设有府衙、道台、县衙等各级衙署及分置机构。在沿海地区的港口城市中，除了行政官署之外，还设有市舶司一类专管进出口贸易以及征收关税的衙门。在航运发达的城市之中，也设有河督、盐政、漕运等专管某一类事宜的衙门。明代以来，地方城市中的官署专司衙门越来越多，省城及重要的府、州城中的各种官署便开始逐渐散布到城内的各处，同城共处，"高衙大纛，鳞次相望"。

不过，无论如何，这些各个级别的官署，在当年，都是各级地方城市中最为重要

图5-17　山西平遥县衙仪门
山西平遥县衙位于平遥城中心，占地2.6万平方米。建筑组群坐北朝南，分为东、中、西三路，中路主体建筑共六进院落，依次为大门、仪门、牌坊、大堂、宅门、二堂、内宅、大仙楼。东路主要是祠庙、馆舍和仓场，西路为督捕厅、廨房、牢狱等。

---

① （清）伊桑阿等.大清会典［M］.台北：文海出版，1993.

图5-18　江西浮梁县衙官邸

浮梁县衙基本上保持了原有的建筑风貌，三路建筑坐北朝南，错落有致。衙署后面的官邸有廊道相连，庭院幽雅，属于典型的江南建筑风格。

图5-19　江西浮梁察院大堂

浮梁察院为九江道属下的按察院，是地方监察机构，位于浮梁县衙的东侧，与县衙一起构成县城中心地带的官署区，反映出过去的行政体制关系。

图5-20　江西浮梁县衙

浮梁设县始于唐代，县衙多次被钦点为五品官衙，是中国品级最高的一座县衙。现存的县衙修建于清道光年间，占地64495平方米，规模宏大，有"江南第一县衙"之美誉。

的核心建筑。即所谓："公廨邑闾之首，系民望。"其规模、形制均以"正民之瞻视"为要义，影响着所在城市的空间面貌，建筑形象上的某些特征，也给人们留下了深刻的印记。例如：明清以来，衙署大门的两侧用于宣示礼仪威严的呈八字形展开的围墙（古人在衙门两侧列戟），就被民间以"八字衙门"一词来形容官府高高在上的形象。今天，各地完整地保留下来的地方衙署并不太多，具有代表性的有：河北保定的直隶总督府、山西的霍州州署、河南的内乡县衙、江西的浮梁县衙与浮梁察院以及山西的平遥县衙等。

第二节　祠庙寺观

一、宗庙与社稷

中国古代的城市建设，除了一直受到王朝政治体制的左右之外，祭祀制度也在很大程度上影响着城市的空间格局。祭祀活动不仅起着沟通天、神与人世的作用，承载着人们的精神信仰，而且祭祀建筑，在中国的早期城邑之中占据着极为重要的位置，在中国古代后期的城市之中，又按照族群的不同信仰和聚居区位的组织结构，形成了庞大的网络，深入到了每一座城市的大街小巷，震慑一方，维系着社会的和谐与安宁。所以，祭祀场所——各种宗祠坛庙与寺院道观不但数量众多，遍布在城市的各个角落，是城市居民的精神活动中心，同时，也是各地城市之中极为重要的公共设施。

图5-21　牛河梁祭坛
牛河梁祭坛位于内蒙古赤峰市东郊的红山文化遗址。祭坛是积石冢内由石桩围成叠起的圆坛，坛址用卵石铺砌，呈三圈三层结构。积石冢的分布以圆形的祭坛为中心，是一处五六千年前举行大型祭祀活动的场所。

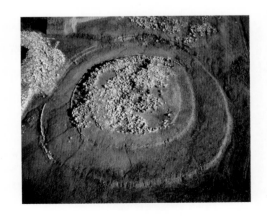

这其中与王朝统治关系最为密切的是宗庙与社稷。

宗庙，是指祭祀祖先的庙宇，战国以后，专门用于帝王，也叫作"太庙"，是古代帝王供奉先祖的祖庙，民间的祭祖场所被称为"宗祠"或是"祠堂"。社稷，则是土地之神与五谷之神的合祭之所，原为农业文明最原始的崇拜，后来转意指代国家。中国上古时期王邑的祭祀活动，主要分为"祖"与"社"两大体系，也就是以宗庙和社稷为代表的祖先崇拜与自然崇拜。

祖先崇拜，对于以宗族血缘关系维系的王朝统治至关重要，所以，宗庙在三代王朝的城邑建设中均属于最为重要的核心建筑，是国家权力的象征。《左传》载："凡邑有宗庙先君之主曰都，无曰邑。邑曰筑，都曰城"①。可见，早期国家的都城与一般城邑的区别就在于有无宗庙，而且在建设城池之时也是"宗庙为先"。《墨子·明鬼下》云："三代之圣主，其始，建国营都之日，必择国之正坛，置以为宗庙"②。当时的君主是通过修建宏伟的宗庙来展现其政权的合理性与合法性的。

现代的考古发掘亦显示，夏商时期的宗庙与宫室呈现出来的是一种大抵对等的状态，宫与庙都是都城之中规格最高、规模最大的一类建筑。春秋以后，宗庙的地位开始下降，至战国中晚期及秦代，宗庙建筑便已经被移出宫室区，不再设置在宫围之中，甚至有些宗庙已经不在都城之内了。秦汉时期，皇室的宗庙更是分散多处设置，规模也远远不及同时代的宫室。汉惠帝甚至将高祖的宗庙迁出都城，建在陵区，创立了分设"陵庙"的营筑制度③。这就说明，中央集权的体制建立之后，宗庙已经由核心建筑蜕变为皇权的附庸。尽管王莽崇古，在长安城的南郊修建了"九庙"，但是，总体上来说，秦汉时期的宗庙已经不再对城市的空间格局起决定性的作用了。

在自然崇拜之中，土地的祭坛被称作"社"。由于只有对土地享有所有权的人才拥有祭祀土地的权利，所以，对于王朝的统治者来说，君主建立的"大社"即表明，君主对天下的土地拥有所有权。夏商时代的国社，称作"邦社""殷社"。邦社之下，又立东、西、南、北四社，以示商君拥有全国的土地。周时设"太社""王社"，太社是整个国家的祭坛，王社是周天子家族的祭坛。二社均配建在都城的北部，与南郊的祭天场所相对应，这也是周人的宇宙空间意识在都城格局上面的反映。

---

① （春秋）左丘明. 左传［M］. 郭丹，等译注. 北京：中华书局，2012.

② （东周）墨翟，墨子［M］. 郑州：中州古籍出版社，2008.

③ 汉惠帝在都城之外的汉高祖的长陵等地，修建了祭祀高祖的"原庙"。参见班固，汉书·叔孙通传［Z］. 北京：中华书局，1962.

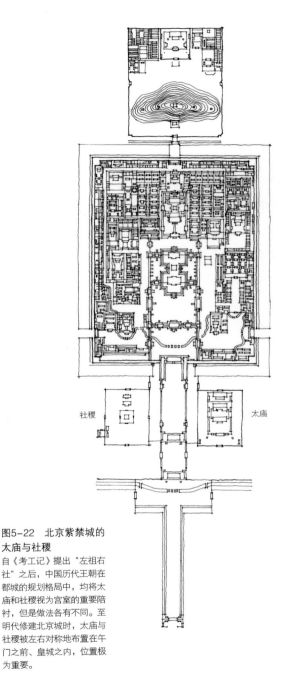

图5-22 北京紫禁城的太庙与社稷

自《考工记》提出"左祖右社"之后，中国历代王朝在都城的规划格局中，均将太庙和社稷视为宫室的重要陪衬，但是做法各有不同。至明代修建北京城时，太庙与社稷被左右对称地布置在午门之前、皇城之内，位置极为重要。

经过考古确认，秦咸阳城的建设一改周法，废除了太社、王社分立的做法，将"社"与"稷"合并，建在了远离咸阳宫的渭河南岸的南郊[①]，使"社稷"的地位得到了提升，成为国家的重大祭祀活动，开启了在整体的都城建设格局中配置社稷的制度。汉代，社稷在都城中的位置并无定制，时而修建在南郊，时而设置在城内其他地方，多有反复。东汉光武帝刘秀首开宗庙与社稷并置的先例，对后世有着很大的影响，《后汉书·祭祀下》载："建武二年，立太社稷于洛阳，在宗庙之右"[②]。然而，此时宗庙与太社的具体位置，至今难以确定，其后，洛阳城中又添建了新的社稷与宗庙，建武十一年（公元35年）还将社稷迁移到了城内的东北部。也就是说，其时，汉儒梳理重建"祭祀制度"的工作尚未完成，社稷与宗庙在当时人们营筑都城的观念中还都不是能够起决定性作用的核心建筑。

到了魏晋南北朝，宗庙与社稷的设置才逐渐固定下来。南朝的建康与北魏平城和洛阳的宗庙与社稷都被迁至城中，"成对"地布置在宫城之外、郭城之内。尤其是北魏洛阳城中的太庙与太社被分别设置在内城之中主轴线铜驼大街的东、西两侧[③]，构成了中轴对称式的"左祖右社"，作为以宫室朝

---

① 刘庆柱主编. 中国古代都城考古发现与研究 [M]. 北京：社会科学文献出版社，2016.
② （南宋）范晔. 后汉书 [M]. 李贤，等注. 北京：中华书局，1965.
③ （北魏）郦道元. 水经注·谷水 [M]. 陈桥驿，点校. 上海：上海古籍出版社，1990.

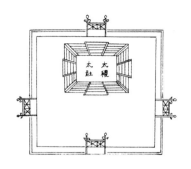

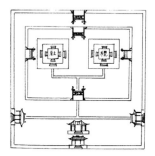

图5-23 《大明会典》中的社稷
社稷坛的形制历代多有变化。明代初期采用社与稷异坛同祭，洪武十年，循汉唐之制改为社与稷同坛合祭，永乐年间修建北京城则按照太祖的做法，建造了紫禁城的社稷，清代继之。

堂为中心的城市南北中轴线上的陪衬，共同参与了都城核心区域空间格局的经营。换句话说，也就是汉儒们希望将王朝的重大祭祀仪典与城市形态意象建立关系的设想，在经历了300多年的反反复复之后才最终得以确立。而从南北朝开始，之后中国历代都城的建设均循此规制经营布局。至明清北京城时，太庙与社稷，更进一步，被集中设置在宫城之前、皇城之内的中轴线两侧，东（左）为太庙，西（右）是社稷。祖、社的位置更加突出，终于成就了后人理解的《考工记》所载"左祖右社"的空间格局。此外，北京城还依照帝王郊祀天地的古制，在南郊设天坛祭天，北郊设地坛祭地，东郊设日坛祭日，西郊设月坛祭月，为帝都构建了一个更加宏大的现世宇宙空间图识。

另一方面，按照《礼记·王制》中"天子祭天地，诸侯祭社稷，大夫祭五祀"[1]的说法，祭祀也有等级之分。故此，"天"只能由天子祭祀，为京城所垄断，各地只能分设"社稷""土地"等地祇神坛。于是，商周之时，天子设"太社"，诸侯设"国社"，民间则有"民社"。秦汉以郡县制替代分封制之后，天子的"太社""帝社"没变，地方上则形成了郡有"郡社"、县有"县社"、里有"里社"的局面，以之与行政体制相呼应。此后的历代王朝大都参照此种方式，其他类别的神祇祭祀活动

图5-24 "社稷之神"石碑
对社稷的祭祀不限于帝王，民间亦有"民社"，而且在各地还以祭祀活动为中心，形成了由当地居民构成的"社会"组织，在民间有着很大的影响力。此碑为广东民间祭坛所立。

---

[1] （汉）戴圣辑，陈澔注. 礼记 [M]. 上海：上海古籍出版社，1987.

也都差不多，例如在帝王的太庙之外，民间有按照家族祭祀的私庙——宗祠。太社之外，地方上也有祭祀地域之神的土地祠以及城隍、龙王一类的庙宇和祭祀各种先贤、神鬼的祠庙，形成了"街巷有巫，闾里有祝"[1]的状况。总之，在中国，国家的重大祭典均由皇家所垄断，但是，在民间，各种祠庙与后起的佛寺、道观，则是全民普祭，公私并行，也相应地构建起了一个庞大的信仰、祭祀体系，影响着社会的发展进程。

二、文庙与武庙

中国古代祭祀的神明可以分为"天神"（日、月、星、辰）、"地祇"（五岳、四渎、名山、方川）和"冥灵"（宗祖、圣贤、先烈、帝王）三大类别。这其中对"冥灵"的祭拜热情并不亚于对"天地"的崇拜，尤其是在民间，许多先贤英烈被纳入祭祀系统，为民祈福，供人瞻仰，而且这类祠庙数量众多，多是所在地区的精神文化象征，栋宇瑰丽，香火极盛，甚至是官民共祭，很受欢迎。在这些全民祭祀的庙宇当中，以对圣贤的崇拜最为常见，典型的圣贤崇拜类庙宇，当首推"文庙"和"武庙"。

文庙即孔庙，武庙即关帝庙。这一文一武，庙宇的数量极多，均被纳入了国家祭典。按照官府的规定，县以上建制的城市之中必须修建孔庙。此外，在朝鲜、日本、越南、印度尼西亚等国家的一些城市之中，因为汉文化的植入影响，也修建有孔庙。

图5-25 北京孔庙
北京孔庙位于安定门内，邻近国子监，始建于元，是大都城的遗构，明永乐九年（1411年）重建，占地2.38公顷，前后三进院落，有房屋建筑286间，黄瓦红墙，凸显皇家气派。

---

① 王利器校注. 盐铁论校注（定本）[M]. 北京：中华书局，1992.

图5-26　曲阜孔庙

曲阜孔庙是中国最大的一座孔庙，占地14万平方米，始建于鲁哀公十七年（478年），经历代多次重修、扩建，现存建筑大多修建于明清时期，分为中、东、西三路，有殿堂、楼阁、门坊等建筑460多间。整个建筑群自南而北，由九进深院落串联而成，以祭祀空间——大成殿院落为核心。1994年曲阜孔庙与孔林、孔府一起登录为世界文化遗产。

图5-27　福建崇武关帝庙

崇武古城中的关帝庙贴近城门而建，庙虽不大，但却是整座古城的空间重心。门里门外的雕饰繁复艳丽，金碧辉煌，具有典型的闽南建筑气质。

图5-28　山西平遥文庙棂星门
平遥文庙位于城内东南隅，其大成殿是全国的孔庙中仅存的金代建筑。
棂星门是孔庙标配的第一道大门，棂星即灵星，又称"天田星"。古代
祭祀时，先祭棂星，故孔庙设棂星门，便是尊孔如同尊天之意。

关帝庙就更多了，几乎全中国所有的城市、集镇之中都建有关帝庙，就连偏远的乡间聚邑之地也建有数量可观的关帝庙。毫无疑问，这些庙宇在中国古代城市中所起到的作用是不容忽视的，它们虽然属于祭祀场所，但同时也是传播礼乐和文化知识的地方，对所在城市的空间环境以及城市居民的日常生活都有着十分重大的影响。

孔庙的渊源较早，除了曲阜孔庙之外，根据《后汉书·礼仪志》中的记载，东汉时，开始在辟雍以及各地的郡、县官学之中祭祀孔子[1]。唐代，孔庙独立于官学，全国各地相继兴建孔庙。贞观四年（公元630年），唐太宗诏告："各州县学皆立孔庙"[2]，开全国性祭孔之先河。明代，全国各地的府、州、县城中，修建孔庙的总数已经达到了1560余座。清时，全国孔庙的数量又有所增加，按照《清史稿》的统计为1867座[3]，基本上每一座城市都建有一座孔庙，使孔庙成为中国古代城市中必备的文化设施。

孔庙在各级城市中的地位都很高，多与地方官学、贡院相邻而建，受到当地官府的保护。每年地方上的行政官员，都会在孔庙中主持祭祀大典与各种文化礼仪活动。在各地的城市之中，孔庙是仅次于官署衙门的大型官办建筑，也是所在城市的文化活动中心，有着弘扬礼仪、教化民众、垂范世风的作用。由于孔庙是由官方出面督办，

①　（南宋）范晔. 后汉书·礼仪志［M］. 李贤，等注. 北京：中华书局，1965.

②　（宋）欧阳修，等. 新唐书［M］. 北京：中华书局，1975.

③　赵尔巽. 清史稿［M］. 北京：中华书局，1977.

图5-29 解州关帝庙

解州关帝庙地处山西运城，为武庙之祖，创建于隋开皇九年（589年），宋明时期多次重修、扩建，明神宗皇帝三次追封关羽为帝，并赦赐庙额，现存主要建筑修建于清康熙年间。关帝庙由正庙和结义园两部分组成，占地面积18570平方米，是全国规模最大的一座关帝庙。

所以，其建筑形制全国统一，建筑空间的组织方式、名称以及室内陈设均有统一的规定，因此，各地的孔庙都建造得十分规范，形成了体系。全国最大的孔庙是山东曲阜的孔庙，占地9.6万平方米，为整个曲阜县城中规模最大、最为显赫的核心建筑，左右着整座曲阜县城的空间格局。其他如北京的孔庙、南京的夫子庙、苏州的文庙等，也都是所在城市之中历史悠久的文化圣地。

关帝庙的建设晚于孔庙，直至宋哲宗将关羽封为"显烈王"之后，人们才开始建庙祭祀。明神宗时又加封帝号，关羽被尊为"武圣人"，关帝始与孔子并列，在全国广修庙宇。然而，后来者居上，明代以后，关帝庙似乎更接地气，香火日盛，庙宇数量激增。至清代，更是官民共奉、家家拜祭，关帝庙已经发展成为中国古代城市中各类寺庙里面数量最多、信仰最为广泛的庙宇。从《乾隆京城全图》中我们可以发现，当时仅北京城内就有关帝庙116座①，占北京城全部庙宇总和的1/10，若是再加上城外的关帝庙，其总数应在200座以上。总之，关帝庙不仅数量众多、名称多样，如"关王庙""武圣宫""武圣庙""关帝祠""结义庙"等等，而且形式也各异，规模的大小更是相差悬殊。最大的由官府出面兴建的关帝庙，是山西解州的关帝庙，占地近20万平方米，而民间修建的最小者，仅有一间庙舍，甚至还有在佛寺、道观、会馆之中借居一隅的情况，也有与其他圣贤合祭的合祀庙，例如关岳庙（与岳飞合祀）、三义庙（与刘备、张飞合祀）等。

孔庙、关帝庙之外，在全国各地的城市之中，还有很多祭祀其他先贤忠烈的庙宇，如周公庙、诸葛祠、岳王庙、文天祥祠、包公祠、屈子祠、三苏祠等。但是，这些祠、庙都不是全国性的，多为特定地域专祀，有些跨越地区较大，有些则只是某个城市的专属。其中四川成都的武侯祠、山东曲阜的周公庙、浙江杭州的岳王庙、安徽合肥的包公祠、四川眉山的三苏祠，均是所在城市之中影响极大的重要公共建筑，至今，仍然是闻名遐迩的游览圣地。

三、民间奉祀的庙宇

与孔庙、关帝庙一样，在中国古代城市中，有着重大影响的、全国性的祭祀庙宇还有"城隍庙"。城隍庙里供奉的"城隍神"是中国古代城市的守护神。"城"是城墙，"隍"指护城壕沟，奉城隍为神，源于上古对自然事物的崇拜。

最早建庙祭祀城隍的，是三国时期的东吴。唐代，开始封赐城隍，城隍庙即由南方的几个特定地区发展至全国。宋太祖赵匡胤开帝王亲祭城隍之先例，并于建隆四年（963年）下诏，将"城隍告祭"列入国家祀典②，于是，京城以及府、州、县城皆立庙奉祀。明洪武三年（1370年），太祖皇帝朱元璋又下令册封全国各地的城隍。官封之后的城隍神，拥有了不同的品级与爵位：都城的城隍称王，正一品；府城的城隍称公，正二品；州城的城隍称侯，正三品；县城的城隍称伯，正四品③。

这种册封做法，导致了明代之后，全国县以上的城市均建设城隍庙。据不完全统

① 加摹乾隆京城全图 [M]. 北京：北京燕山出版社，1997.
② （元）脱脱. 阿鲁图修编. 宋史 [M]. 北京：中华书局，1977.
③ （清）张廷玉等人. 明史·礼志·城隍 [M]. 北京：中华书局，1974.

图5-30 上海城隍庙

上海城隍庙是长江三大庙之一，传说系三国时期吴主孙皓创建，明永乐年间改建为城隍庙，明清时期多次扩建、重修。城隍庙坐落于上海最繁华的豫园地区，数百年来见证了上海的风雨沧桑。

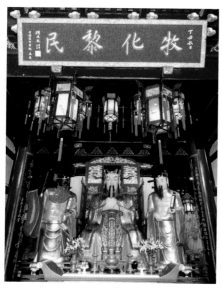

图5-31 上海城隍庙供奉的城隍神

上海城隍庙内，前殿祭祀金山神——汉大将军、博陆侯霍光，正殿中供奉诰封四品显佑伯城隍神明待制秦裕伯御史。此外，庙中还有另外一位城隍神——陈化成。

计，明代有城隍庙1472座①。清代城隍庙的数量更多，每座营筑有城墙的城市之中，都修建有一座甚至两座以上的城隍庙，构成了全国性的"城隍信仰体系"。但是，城隍庙中供奉的城隍神，却没有全国统一的奉祀对象，各地的城隍神都是本地区的，而且已经由自然神转变为祭祀那些为本地区作出过重大贡献的先贤。所以，从这个意义上讲，城隍信仰又是地区性的。但是，无论怎样，在人们的心目之中，城隍庙与其所在的城市都是一体的，能够在冥冥之中保护城市的太平。

由于城隍神是以城市保护神的面目出现的，所以，城隍庙在城市中的位置就非常重要，建筑也建造得极为宏伟，并不亚于官府衙署。其建筑格局亦仿照官衙，有正堂、后堂、钟鼓楼、戏台、两庑等设施，许多城隍庙都是其所在城市之中最为堂皇、壮丽的公共建筑。按照习俗约定，地方上的最高行政官员在上任、去职时，都要到城隍庙中拜祭，每年在城隍庙中举行的赛会、巡游等活动，也往往是一个城市在一年之中最为热闹的节日庆典活动，届时，居民都会倾城而出，万民欢腾。上海的城隍庙是保存至今，大家最为熟悉的城隍庙。该庙建于明代，全盛时期，占地面积多达33000多平方米，至清末，已经发展成为上海地区最大的庙宇，香火极旺，甚至超过了佛教系统的龙华寺、静安寺和玉佛寺。山西的潞安（长治）城隍庙，号称是现存全国最大的城隍庙，由多重院落组成，中轴线长达408米。山西榆次的城隍庙，则是我们今天

图5-32 山西榆次城隍庙
山西榆次城隍庙是中国最古老、保存最为完好的城隍庙。现在的城隍庙建于明宣德六年（1431年），由原来北门内善政坊以东的元代旧城城隍庙搬迁至东大街现址建设，此后又经过了多次扩建。其主要建筑多为明代修建，主体建筑"玄鉴楼"建于弘治十年（1497年），与山门及两侧的建筑一起，形成了一组高低错落、变化丰富的建筑群，是城市主干道东大街上最为引人注目的标志性建筑，对城市景观起着非常重要的作用。

---

① 恩施县志（同治版）.恩施地方志编纂委员会，1982.

图5-33 陕西三原城隍庙
该庙位于三原县城东大街，创建于明洪武八年（1375年），总建筑
面积达13390平方米，是现存城隍庙中最大的一座。三原城隍庙奉
唐代名将——三原人李靖为城隍神，庙中有各类建筑40余座。

能够见到的建筑最为精美的城隍庙，其主要建筑——玄鉴楼、酬神乐楼、山门等，都极为精巧绚丽，是全国重点文物保护单位。

与城隍庙祭祀的都是当地神祇一样的庙宇，还有土地庙。土地庙也是全国性的，但它供奉的"土地"与城隍一样，也是本地区的神，而且只有对该地域享有所有权的人才具有法定的祭祀权。土地神也被称为"后土"，属于自然神，源自上古时期对天地的崇拜，即所谓的"地载万物者，释地所以得神之由也"①，是传承极为久远的祭祀活动之一。

秦汉之际，在皇家的祭地场所——太社之外，各地已经修建有郡社、县社、里社，在民间祭祀土地。但是，后来民间的土地神渐渐地演变成为以冥灵为神的"土地公公"和"土地奶奶"，并由"社祭"改为"庙祭"，也就是由筑坛改为建庙。土地庙同样是在三国时期，由东吴首开立庙祭祀。宋时，城市乡村之中，除了社坛之外，

---

① （清）陈立.白虎通义疏证［M］.北京：中华书局，1994.

图5-34 平遥财神庙
财神信仰由来已久，寄托着人们招财进宝、大吉大利的美好愿望。过去，各地城市之中都修建过众多的财神庙，有独立建造的，也有借居其他庙宇的情况，平遥的这座财神殿就是与城隍庙建在一起的财神庙中的主殿。

图5-35 福建泉州富美宫
福建泉州富美宫始建于明正德年间，清光绪辛巳年（1881年）移建于现址。主祀西汉名臣萧太傅，配祀文武尊王24位。富美宫被称为"泉郡王爷庙总摄司"，分灵遍及闽南、中国台湾及东南亚，其中仅中国台湾就多达2000余处，是各地众多民间信仰的代表。

多建有土地庙。明代以后，土地庙大盛，全国各地不论何处，皆有土地庙。虽然土地庙中供奉的"土地"在诸神之中地位较低，但是，土地公公毕竟直接管辖着每个人的一亩三分地，所以，土地庙在中国遍布城市、集镇与乡村，是所有寺庙建筑中数量最多的。然而，土地庙的规模一般都不大，较小的土地庙只有一两间房舍，有的甚至仅是路边街旁的一个微缩建筑模型，上贴一副对联："石室无光月当灯，荒野无人风扫地"，就算是土地庙了。尽管如此，土地庙对于城市空间的影响，仍然是不能被忽视的，尤其是在生活聚居区之中，土地庙起着联结街坊邻里的内在核心作用。

在中国古代后期城市里，除了全国性祭祀的庙宇之外，还有一些民间的地方祭祀庙宇。这些庙宇都具有明显的地域性特色，例如流传于东南沿海地区的天后宫、妈祖庙，流传于岭南的黄大仙庙，以及主要分布在北方地区的八蜡庙，等等。随着城市经济的发展，中国古代城市中还出现过一些奉祀行业守护神一类的庙宇。其中数量较多、影响较大的有：财神庙、药王庙、鲁班庙、火神庙、灶君庙、嫘祖庙等。它们与其他庙宇一起，散布于城市之中，有着丰富生活内容、活跃空间氛围、标识区域特征的重要作用。

四、佛寺与道观

东汉时期，受外来文化的影响，在传统的祭祀信仰活动之外，又兴起了佛教与道教，经过数百年的发展变化，魏晋南北朝以后，全国各地的大小城市之中都修建了大量的佛教寺院与道教宫观。这些佛寺与道观，不仅是百姓祈祷、还愿与举行宗教仪式的场所，而且为人们提供了各种服务，是公众聚会、交往燕乐的地方，每天都是城市中最为热闹的去处，已经成为与百姓日常生活关联度极高的精神寄托之所在，同时，也是城市文化的积累和展示的舞台。

佛教自印度进入中国以来，传播日广，至南北朝时，佛寺盛极，已经发展成为中国古代城市之中不可或缺的重要建筑。据《洛阳伽蓝记》记载，北魏的洛阳城中共建有佛寺1367座，遍布城内四处[①]。南朝各地佛教寺院的建设也十分兴盛，东晋时,全

图5-36　河北正定隆兴寺
隆兴寺始建于隋，原名"龙藏寺"，是正定府城中规模最大的一组建筑，也是最有影响力的建筑。隆兴寺占地面积8.25万平方米，总体布局存有宋代佛教寺院遗风。主体建筑大悲阁，面阔七间，进深五间，高33米，蔚为壮观，转轮藏及摩尼殿则为不可多得的宋代遗构建筑。

---

① （北魏）杨衒之.洛阳伽蓝记［M］.北京：中华书局，2012.

图5-37 北京雍和宫

雍和宫位于北京旧城的东北角，建于清康熙三十三年（1694年），原为雍亲王府，雍正和乾隆都在此居住过。乾隆九年（1744年），雍和宫改作喇嘛庙，是全国规格最高的一座佛教寺院。雍和宫北端最高的建筑名"万福阁"，3层，通高25米，黄琉璃瓦歇山顶，两侧有永康、延绥二楼，以架空复道与万福阁相连，气势非凡，是北京城北面非常醒目的标志性建筑。

图5-38 北京白云观

北京白云观始建于唐，名"天长观"，金末改名为"太极宫"。元初，长春真人丘处机奉成吉思汗诏，驻太极宫掌管全国道教，遂更名"长春宫"，为北方道教中心。后其弟子尹志平在长春宫东侧建道院，名"白云观"，元末长春宫毁于兵燹，白云观独存。明代又大规模重建白云观，现存建筑多为明清时期的遗构。白云观规模宏大，有中、东、西三路建筑，占地面积逾1万平方米。

国建有佛寺1700座，梁时更是达到了2846座[①]。隋唐时期，佛寺的建设又有了进一步的发展，按照《隋唐佛教》一书的统计，唐代计有大、中型佛寺近5000座，小型庙宇40000余座，全国各大城市之中均建有数量众多的佛寺[②]。到了明清时期，佛寺已经遍布中国的大街小巷，据《大清会典》载，清初，全国约有大小佛教寺院80000余座[③]，在南方的有些地区，就连市镇之中也往往是寺庙成群。这就说明，魏晋以来，佛教在中国已经广为大众所接受，而且日益渗透、融入到了人们的日常生活之中，佛教寺院

---

① （清）刘世珩的《南朝寺考》，收录于：六朝事迹编类［M］. 南京：南京出版社，2011.
② 方立天. 隋唐佛教［M］. 北京：中国人民大学出版社，2006.
③ （清）伊桑阿，等. 大清会典［M］. 台北：文海出版，1993.

图5-39　西安大雁塔

西安的大雁塔即唐代的慈恩寺塔，坐落在唐长安城中的晋昌坊，建于永徽三年（652年），是玄奘为保存由天竺经丝绸之路带回长安的佛像经卷而主持修建的。初建时5层，后改9层，现在保存下来的大雁塔为7层，通高64.52米，底边长25.5米。大雁塔自建成以来，一直是西安城中的重要标志性建筑之一，影响着西安城的空间景象。

图5-40　蓟县独乐寺

独乐寺位于蓟县旧城西关之内，创建于唐贞观年间，现存的主体建筑建于辽圣宗统和二年（984年），为一座3层木构楼阁，通高23米，是城中最重要也是最为高大的标志性建筑，与不远处十字大街上的鼓楼遥相呼应，控制着全城。阁内的须弥座上塑有一尊高16米的观音菩萨站像，两侧各有一尊胁侍菩萨像，均为辽代原塑。

也成了城市居民使用极为频繁的公共活动场所。

　　道教是中国本土宗教，创建于汉代，与佛教传入的时间相近。经过东晋葛洪、陶弘景的系统整理，道教从理论到形式均日趋完善，并逐渐地发展壮大，成为在中国仅次于佛教的一大宗教。虽然道教在民间十分盛行，号称"道教宫观遍天下"，但是，实际上，其所建宫观的数量远不及佛寺，即便在道教得到官府大力支持的唐代，道观的数量也仅仅是佛寺的1/3左右。按照《唐六典》中的数据，唐玄宗时，计有佛寺5358座，而道观只有1687座①。金元时期，著名道士王重阳创立了全真派，使得道教中兴，道观一时又盛。明清之后，道教再次衰落，即便如此，各地修建道教宫观的总数却也并不算少，与佛寺一样，也遍布全国各地的每一座城市。

　　其实，无论佛教寺院，还是道教宫观，在城市之中，它们都是最受欢迎的、居民经常出入的公共活动场所，同时，也都是仅次于皇宫、官署的大型公共建筑群，在有些地方更是"金刹与灵台比高，讲殿共阿房等壮"②。由于大型的佛寺、道观有着镇护一方、彰显威严和净化空间的作用，因此，佛寺、道观的规模与建筑的豪华程度，

---

①（唐）李林甫，等.唐六典［M］.陈仲夫，点校.北京：中华书局，1992.
②（北魏）杨衒之，洛阳伽蓝记［M］.北京：中华书局，2012.

图5-41　浙江乌镇
中国古代的城镇之中多修建有各种名目的高塔，耸入云霄
的高塔左右着城市的天际线，十分引人注目。乌镇的白莲
寺塔，即是江南城镇之中建设高塔的代表。

很多都超越了所在城市的各类官方建筑，在当地拥有极高的声望。正是因为这些佛寺、道观规模宏大，占据着城市中的大片土地，著名的寺院、道观还往往修建在繁华之地，位置十分显要，所以，它们在城市空间上就有着举足轻重的作用，是居住区域内的生活活动重心。这一点，与欧洲城市中的教堂非常相像，不同的只是中国的寺院、道观是水平方向展开，占地面积更大。

像北魏时期的洛阳，很多佛寺的规模就极为巨大，有些更是占据了整个里坊。著名的永宁寺，即拥有"僧房楼观一千余间"[①]。唐长安城中轴线朱雀大街两侧的大兴善寺与玄都观都是当时的国立寺、观，不仅分别占据着一坊和半坊之地，而且位居冲要，耸立于高岗之上，非常引人注目。北宋汴梁城中的大相国寺也十分宏伟，其"中庭两庑，可容万人"[②]。与大相国寺齐名的开宝寺，亦是"前临官街，北镇五丈河，屋数千间，连数坊之地，极于钜丽"[③]。明清时期，佛寺、道观的占地规模虽然不一定赶得上隋唐，但是，许多寺院、道观仍然是所在城市之中最为显赫的建筑之一，例

图5-42　北京妙应寺白塔
妙应寺俗称"白塔寺"，位于北京城阜成门内，是一座藏传佛教格鲁派寺院。寺内的白塔修建于元代，为尼泊尔人阿尼哥所建，是全国最大的一座喇嘛塔。该塔自建成以来，一直是这一区域的地标，统领着阜成门内的空间。

图5-43　上海龙华寺塔
上海龙华寺是上海地区历史最久、规模最大的古刹，寺中的龙华塔始建于宋太平兴国二年（977年）。塔身为砖心外围做木结构，七层八角，通高41米，一直是所处地域的标志性建筑。

① （北魏）杨衒之.洛阳伽蓝记［M］.北京：中华书局，2012.
② （宋）王栐.燕翼诒谋录［M］.上海：上海古籍出版社，2012.
③ （宋）江少虞.宋朝事实类苑［M］.上海：上海古籍出版社，1981.

如北京的护国寺、隆福寺、白云观，南京的大报恩寺，苏州的玄妙观，广州的光孝寺、三元宫等。这些佛寺、道观都是由多重院落组成，全盛时有的房舍也多达一两百间，在全国范围内都是非常著名的香火道场。

中国古代城市中的佛寺、道观，不仅占地规模庞大，而且其建筑体量也十分伟岸、壮观。佛寺、道观建筑群中的高塔多凸出云表，在中国首次出现了高过宫室、官衙，能够成为所在城市重要标志的民间建筑，对城市的天际线也产生了重大的影响，使城市的空间面貌与秦汉之前相比发生了很大的变化。据传，北魏洛阳永宁寺塔的高度为90丈，塔刹复高10丈，合去地1000尺（学者考证为137.45米），在洛阳城外百里之遥就能够望见。隋文帝为其皇后在大兴城（长安）修建的禅定寺塔的高度也有330尺（学者考证为97.35米），北宋名匠喻皓建造的开宝寺塔高13层360尺（学者考证为120米），等等，都是文献记载中冠绝古今的、十分宏伟的木构建筑，毫无疑问，在当时，它们都是城市中非常醒目的标志物。现在保留下来的唐代的大雁塔（慈恩寺塔）、小雁塔（兴善寺塔），至今仍然是西安的标志物和城市制高点之一。唐宋时期，寺院中的佛阁和道观中的楼观也十分高大，主宰着所在区域的空间形象，天宝寺中的弥勒阁，就高达150尺（学者考证为44米）。长安城中的玉真、金仙二观的门楼，亦是"耸对通衢，入城遥望，窅若天中"①。

可见，这些高大的佛塔、楼阁与欧洲教堂的塔楼有着异曲同工的效果，在城市中都非常引人注目，有着改变城市轮廓线、调节城市整体空间的作用。山西应县的佛宫寺木塔（通高67.31米）以及天津蓟县的独乐寺观音阁（通高23米），近1000年来一直都是其所在县城之中最为高大雄伟的建筑。即便是建筑体量并不很大的寺塔，对于城市居住区来说，也有着统领空间的作用。北京妙应寺中的白塔以及雍和宫中的万福阁，现在也都是对北京的城市空间有着重大贡献的标识性建筑。

① （唐）韦述，杜宝. 两京新记辑校·大业杂记辑校［M］. 西安：三秦出版社，2006.

第一节　道路系统

一、路网结构形态

　　城市道路与城市规划原则密切相关，既要满足交通需求，又要能够体现城市空间组织结构所要表达的思想理念。所以，在九宫格式的时空思维模式的引领之下，中国古代的城市多以纵横交错的"经纬涂"道路来划分街坊用地，以保障理想的"方正"城市空间构架能够实现。

　　《周礼·考工记》中描述的王城，采用的就是"九经九纬"①垂直相交的道路系统，被后世称之为"经纬涂制"。这种经过人为缜密规划的"经纬涂"道路系统在中国已经形成了传统，对后世影响极大。虽然，早期中国城市的路网组织，并不像理想中的王城那么规整，尚缺乏严谨的系统性设计，但还是会尽可能地采用方便马车通行的直线形道路。东西走向与南北走向的大街垂直相交，形成丁字形或十字形路口，只是道路之间的间距，根据实际情况，会有较多的变化，所以，划分出来的地块并不均匀，道路也不一定直通，或有错位，西汉长安城的那种互不贯通的路网结构就是当时很有代表性的案例。东汉以后，开始有意识地将精神追求加入到城市的规划建设之中。于是，路网的组织以及居住里坊的用地便开始日趋方正，以至于平原地区大多数的城市路网形态都组织得

---

① 闻人军.考工记译注［M］.上海：上海古籍出版社，2008.

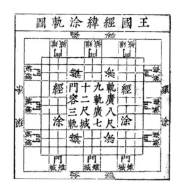

图6-1 王城经纬涂道路示意图
此图出自明人徐昭庆所撰之《考工记通》一书，徐昭庆以绘图的方式，表达了他对"九经九纬"道路系统的解读。

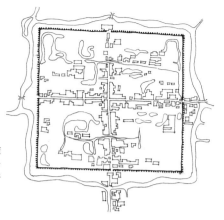

图6-2 奉贤县城平面示意图
奉贤在北宋年间是一处重要的盐场，明洪武十九年（1386年）筑城，清雍正年间扩建为县城。城周6里（约3公里），城高8.33米，是典型的方城十字大街构成模式。

比较规整，呈现出方正、垂直交织的棋盘格式的样态。尽管很多城市选址在地形较为复杂的地区，道路会因地制宜地顺应河流、山脉的走势而有所变形，但是，城内的主干道路仍然会取势纵横交织，形成结构框架，再辅以随地形而设置的支路，呈现为不规则的交错型路网。这与欧洲中世纪以后，以广场为中心的放射型道路系统大相径庭，有着完全不同的价值取向。

在中国，这种"街衢洞达，以相经纬"的道路系统还与城门的设置有关。由于城门是对外联系的唯一通道，是城内外交通干道的结合部，所以，通过城门的道路就必然会构成城内的主要交通干道。而城门的位置和数量的多少，也就直接影响着道路系统的形态。一般来说，城池的规模越大，城门的数量也就越多。比较理想的都城是：每面开设三个城门（北面的城门多有减省），有纵横三条经纬干道，贯穿城市内外，道路系统呈现为网格状，如隋唐长安城、北宋汴京城、金中都和明清北京城。规模较大的府、州城：每面多开设两个城门，干道系统状类井字形，如皇太极扩建后的奉天府城、宣化府城、安阳府城、太原府城和大理府城等。规模较小的府、州城和普通的县城，则每面只开设一个城门，道路系统多为十字大街型[①]。

也有一些府、州、县城的城门，相错开设，或是不设北门，城内的道路则会形成丁字大街，或为相互交错、互不贯通的道路结构。这种路网多为因地制宜的结果，但是，也有一些城市是刻意为之，目的是有利于城内巷战御敌，例如江苏的南通旧城，山东的即墨县城以及河北的霸州城等。还有一些规模不大的城市，仅开设两座城门，

① 覃力. 中国的城 [M].台北：锦绣出版公司，2003.

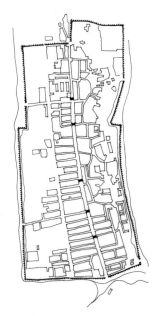

图6-3 榆林古城平面示意图
陕西榆林雅称榆阳，是明代边关九镇之一。古时即有东扼雁朔、西卫宁夏、南蔽秦陇、北接河套之说。榆林城建于明洪武初年，是绥德卫下属的一个屯所，成化七年（1471年）置榆林卫，两年后重修榆林城，迁镇治于此，故称榆林镇（延绥镇）。榆林故城仅有一条贯穿南北的大街，城内道路呈鱼骨式结构。

设置一条主要干道，路网呈现为鱼骨式布置，例如陕西的榆林城以及山西的新绛、广灵。

实际上，城池四面各开一座城门，城内为十字大街的情况最为普遍，就连一些规模较小的府、州城，也常常只有四座城门。有些城池的外形，因为地形原因，未取方形，但是城内的主干道路仍然是十字大街，例如：湖南凤凰古城的城池外在形态就极为复杂，而城内却仍然是以十字大街为骨架的空间布局，主干道路的名称就叫作"十字街"。上海嘉定旧城也是一座近似圆形的城池，城内仍为十字大街的空间结构。《盐铁论·通有》中所说的"四通神衢"[①]，指的即是这种东、西、南、北四面通向城门的十字大街。俚语中的"十字街头"，说的也是古代城市中这种最为常见的街市空间景象。这种十字形的空间结构与古罗马时期以十字大街为骨架的筑城方式也十分相似，而更加耐人寻味的是，古埃及"城市"一词的象形文字，也是在圆圈中画一个"十"

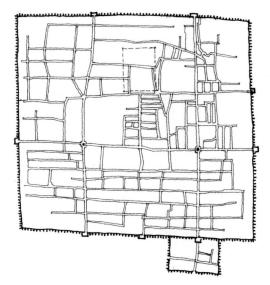

图6-4 宣府城平面示意图
宣府城即今天的河北宣化。秦汉时为上谷郡，唐宋为妫州，元代称宣德府，明初改为宣府镇，是边陲九镇之一，朱元璋封其十九子裕王驻守于此。现存的宣府城建于明洪武二十七年（1394年），城周长24里，开有7座城门。城内有"两纵、两横"呈井字形的主要街道，城南部主街两个交叉口处分别建有镇塑楼（鼓楼）和清远楼（钟楼）。

① 王利器.盐铁论校注（定本）[M].北京：中华书局，1992.

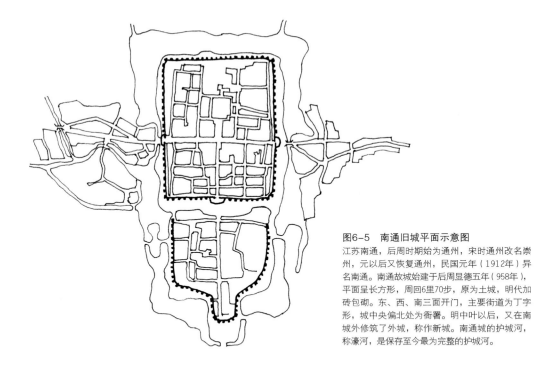

图6-5 南通旧城平面示意图

江苏南通,后周时期始为通州,宋时通州改名崇州,元以后又恢复通州,民国元年(1912年)异名南通。南通故城始建于后周显德五年(958年),平面呈长方形,周回6里70步,原为土城,明代加砖包砌。东、西、南三面开门,主要街道为丁字形,城中央偏北处为衙署。明中叶以后,又在南城外修筑了外城,称作新城。南通城的护城河,称濠河,是保存至今最为完整的护城河。

字,圆圈代表着城墙,十字则意指城市中的十字大街[1],足见这种"十字形"的城市道路结构数千年来对整个人类社会的影响之大。

二、道路宽度规限

在中国古代,早期城市道路的宽度用车轨来衡量。《周礼·考工记》中载有"经涂九轨",也就是说,王城的道路宽度为9条车轨,九轨约合18米左右[2]。洹北商城考古发现的商代城市道路,路宽8.35米[3],差不多可以供4辆马车并行。汉长安城的道路宽度,张衡在《西京赋》中讲是"方轨十二"[4],即大街可以容纳12辆马车并行。经过考古发掘,印证了汉长安城内主干道的宽度为40~50米,中间的御道宽达20米[5],

① 周有光. 比较文字学初探 [M].北京:语文出版社, 1998.
② 对于周代车轨的宽度有不同的推测:有学者依据文献记载推导出周代车轨的宽度为1.84米,九轨约合16.56米。但是,从近年考古发现的周代车轨遗迹的平均值来看,周代车轨的宽度应在1.82~2.2米之间。若以2米计,则九轨约为18米。
③ 中国社会科学院考古研究所安阳工作队.河南安阳洹北商城的勘察与试掘 [J].考古, 2003(5).
④ 费振刚,胡双宝,宗明华.全汉赋 [M].北京:北京大学出版社, 1997.
⑤ 刘庆柱.汉长安城的考古发现及相关问题研究[J].考古, 1996;王仲殊.汉代考古学概说[M].北京:中华书局, 1984.

图6-6　秦始皇陵铜车马
秦始皇陵铜车马模型出土于1980年，是秦始皇的陪葬品之一。青铜制
作，单辕双轮，驷马拉车，总重量1241公斤，由大小3462个零部件组装
而成。铜车马的比例为真车马的二分之一，形象地表现出了当年主要交
通工具的形制。

汉代车轨的宽度约为1.5～1.8米，确实可以供12辆马车通行。

　　隋唐以后，道路的宽度改用"步"来确定。根据文献记载，隋唐长安城南北中
轴线朱雀大街的宽度为100步，皇城内丹凤门大街为120步[1]。考古实测，则分别宽达
150米和180米，6条主要大街的宽度都在100米以上，而长安城内一般道路的宽度也在
40～70米之间[2]。隋唐长安城的道路可以说是非常宽阔，主要是为了配合皇帝的出行
仪仗（大型仪仗队伍常在万人以上），大大超出了日常交通需求，完全是一种为政治
服务的礼仪性空间，自然，它也是帝国权力与威严声势的展示窗口。这样的街道虽然
气派、宏伟，但是，也会让人感觉尺度过大，空旷而不够亲切宜人。所以，到宋代破
除里坊制度之后，道路便开始从生活的需要出发日趋变窄，变礼仪与权威的象征为
日常的生活场所。北宋开封城内道路的宽度减小到了25～50步[3]，元大都的道路宽度
更在25步以内，文献记载为"大街二十四步阔，小街十二步阔"[4]。其后，明清两朝
都城街道的宽度也都与此不相上下，大街宽25米，胡同宽6～7米。而一般府、州、县

①　（宋）宋敏求.长安志［M］.北京：国家图书馆出版社，2012.
②　中国科学院考古研究所西安唐城发掘队.唐代长安城考古纪略［J］.考古,1963（11）.
③　（北宋）孟元老.东京梦华录［M］.李士彪,注.济南：山东友谊出版社，2001.
④　（元）熊梦祥.析津志辑佚·城池街市［M］.北京：北京古籍出版社，1983.

城街道的宽度则会窄一些，有些县城大街的宽度只有十几米，甚至还有不到10米的情况，例如湖南凤凰古城的十字街。

此外，古代的城市与今天一样，除了大街之外，还有许多支路、巷道，而城内道路的等级设置也是历代多有规限。《周礼·考工记》所载之道路制度就规定：王城应该是"经涂九轨，环涂七轨，野涂五轨"；其余的城邑道路则是"环涂以为诸侯经涂，野涂以为都经涂"[①]。这种理想化的三级道路系统分类方法，主要的依据是礼制秩序，而宋代以后，道路等级的确定，却多是根据实际交通量的大小、功能用途和繁华程度。

总体上来看，通过城门的道路是交通干道，被称为"街"。全国各地有很多城市的主要道路，至今都还保留着东大街、西大街、南大街、北大街的称谓。这些"大

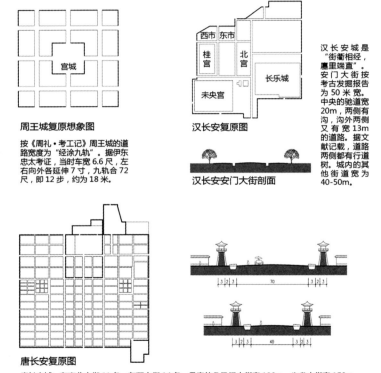

周王城复原想象图

按《周礼·考工记》周王城的道路宽度为"经涂九轨"。据伊东忠太考证，当时车宽 6.6 尺，左右向外各延伸 7 寸，九轨合 72 尺，即 12 步，约为 18 米。

汉长安复原图

汉长安安门大街剖面

汉长安城是"街衢相经，廛里端直"。安门大街按考古发掘报告为 50 米宽。中央的驰道宽 20m，两侧有沟，沟外两侧又有宽 13m 的道路。据文献记载，道路两侧都有行道树。城内的其他街道宽为 40-50m。

唐长安复原图

唐长安城，有南北大街 11 条，东西大街 14 条。最宽的凡凤门大街宽 180m，朱雀大街宽 150m，一般街道宽在 40-70m 之间。街两侧有称为"杨沟"的排水沟，沟宽约为 3m 左右，深 2m 左右。坊墙距沟 2m，墙基 2.5-3m 宽。街道两侧均有行道树。

图6-7　中国古代城市道路断面分析示意图

中国早期城邑中主干道的宽度多根据实际交通来确定，理想中的周王城主干道的宽度约为18米。但是汉长安城主干道的宽度就明显超出实际需要，开始从王公贵族出行仪仗的政治需求来设计，道路宽达四五十米。到唐长安时，主干道路更是前所未有的宽阔，都在100米以上，大大超出了日常需要。

① 闻人军.考工记译注［M］.上海：上海古籍出版社，2008.

图6-8 东汉出行车马仪仗

甘肃武威出土的东汉铜铸出行车马仪仗队，由38匹马、1头牛、14辆车、17尊手持矛戟的武士和28位侍者组成，是迄今发现数量最多的东汉车马仪仗铜俑，场面浩大，仪态壮观，展现了古代王公贵族出行时的气势。

街"都是当年城市中直通城门的主干道，相对较宽，同时，也是当年城内最为繁华的街市。而居住区内部的道路则被称作"巷"，巷串联着一个个住宅，并与大街相通，主要用于居住区内部的交通，所以相对较窄，很多城市居民区的巷道都只有2至3米宽。"大街小巷""宽街窄巷"这些常用俚语，正是对中国古代城市路道等级的形象概括。

一般来说，规模较小的城市只有街和巷两级道路。而在规模较大的府、州城以及都城之中，则有大街、小街和巷三个级别的经纬道路系统。根据元人熊梦祥在《析津志》中的记载，元大都在兴建时曾经制定有"大街宽二十四步（约合37.2米），小街宽十二步（约合18.6米），巷道宽六步（约合9.3米）"的道路等级规定[①]。但是，现在经过考古勘验之后，却发现元大都大街的路面宽度只有25米，加上两侧的排水沟以及沟外的小路，总宽度约为30多米，胡同宽约6～7米，均比文献中记载的宽度略窄[②]。明清时期，北京城的道路系统基本上承袭了元大都的框架，道路的等级、宽度也与元大都时期的情况相差无几，只是许多巷道更窄一些。

三、形制铺装设计

秦汉前后，道路有所谓"三涂之制"，也就是说，当时都城的城门有三个门道，通过城门的主干道，与门道相应是三条道路并行。东汉史学家班固在《西都赋》中"披三条之广路"[③]的描述，已经被考古发掘所证实。

然而，考古亦证实，上古之时的城门均为"一门一道"，个别也有"一门二道"的情况。三涂之制，最早仅见于战国时的一两个特殊案例。战国时期，仅在楚国郢都的西垣北门与南垣水门两处遗址发现了"一门三道"的做法[④]。秦汉以后，"一门三道"的形制也仅仅用于都城和宫城。

三涂之制的道路，中为"驰道"，专供天子御用，两边的道路称"旁道"，供其他人行走。汉长安城考古验证的三涂形制为：中间的驰道宽20米，两侧旁道各宽12

① （元）熊梦祥.析津志辑佚·城池街市［M］.北京：北京古籍出版社，1983.
② 中国科学院考古研究所，北京市文物管理处元大都考古队.元大都的勘察和发掘[J].考古，1972（1）；徐萍芳.元大都的勘查与发掘[A]//中国历史考古学论丛［C］.台北：允晨文化实业股份有限公司，1995.
③ 费振刚，胡双宝，宗明华.全汉赋［M］.北京：北京大学出版社，1997.
④ 湖北省博物馆.楚都纪南城考古资料汇编［C］.武汉：湖北省博物馆，1980；湖北省博物馆.楚都纪南城的勘查与发掘［J］.考古学报，1982（3）.

图6-9　浙江小镇上的石板铺装
宋代以后，开始普遍采用砖石铺砌路面，两侧做排水明沟，在江南地区，更有将路面满铺石板，与两侧建筑石基连成一体的做法。

图6-10　湖南凤凰古城石板路
过去用石板铺砌道路的情况比较多见，尤其是在南方，大多数城镇中的主要街道都用石板铺砌。

米，沿路设置的两条排水明沟宽0.9米。[①]《三辅决录》对这种分道而行的三涂作过这样的解释："左右出入为往来之径，行者升降有上下之别"[②]。西晋名士陆机在《洛阳记》中对此也有过具体的描写："城内大道三，中央御道，两边筑土墙，高四尺。公卿尚书服从中道，凡人行左右道，左入右出，不得相逢，夹道种植槐柳树"[③]。可见，现行交通法规的右行之制源远流长。《礼记·王制》中还有另一种说法："道路男子由右，女子由左，车从中央"[④]。车行道在中央，两侧人行，有一定的道理，但是，男右、女左的规定则明显属于后人的误读。

宋时，三涂虽已归一，但是，为了突出帝王的威严，北宋汴京城内的御街上仍然用红漆杈子将"御道"与其他行人隔开[⑤]，以示尊卑有别。然而，这种"三涂之制"并不利于交通。中央的御道，除了皇帝，其他人等均不得入内，即便只是穿行也不可以，所以，横穿御道即为僭越。当时，如若从东城去西城，则必须绕行，极不方便，因此，

① 王仲殊.汉长安城考古工作收获续记——宣平城门的发掘[J].考古通讯，1958（4）；王仲殊.汉长安城城门遗址的发掘与研究[A]//考古学集刊第17集[C].北京：科学出版社，2010.
② （东汉）赵岐撰，张澍辑，陈晓捷，注.三辅决录[M].西安：三秦出版社，2006.
③ 洛阳市地方史志办公室整理.洛阳十二记·洛阳记[M].郑州：中州古籍出版社，2014.
④ （汉）戴圣辑.礼记[M].陈澔，注.上海：上海古籍出版社，1987.
⑤ （北宋）孟元老.东京梦华录[M].李士彪，注.济南：山东友谊出版社，2001.

图6-11　江苏苏州平江路铺地
苏州的平江路地段是历史街区，道路铺地保持着传统的"三路铺砌"方式，中路用石板，两侧用卵石和青砖组成有变化的图案，最外侧是排水明沟。

图6-12　苏州的卵石巷道
在南方城市，许多地方的巷道都用卵石铺装，并在一侧或是两侧设有排水明沟。

后世便不再采用这种形制，城门门道的开设也随着道路的形制一起改变。至明清时期，不论是都城还是地方城市，一门一道已经形成定制，"三涂"亦演变成为道路铺装上面的一种惯用形式——"三路铺砌"方式。此外，中国古代城市的道路，除了强调君臣有别之外，在交通管理上还有"贱避贵，少避长，轻避重，去避来"这些约定俗成的规定。这说明，古代城市道路的形制及管理既注重交通功能，又非常看重礼仪，着力于维护君臣、长幼之间的上下关系。

中国古代城市道路的路面铺装，在隋唐以前多为土路，用黄土夹杂着料礓石、卵石等垫筑而成。所以，为了避免尘土飞扬，重要人物上街前，都要"净水泼街"。唐代，重要的街道常用白沙垫道，谓之"白沙堤"，以防泥水和尘土。街边一般都建有排水明沟，两侧种植槐树。从唐代诗人白居易的"迢迢青槐街，相去八九坊"（《闲适二·古调诗五言》）的诗句中可以想见，当年长安城街道两旁绿树成行，槐荫遮日的景象。

古人对路边绿化和排水设施的重视由来已久，《释名》中说："古者列树以表道，道有夹沟，以近水潦"[①]。春秋时"子路治蒲，树木甚茂；子产相郑，桃李垂街"[②]。到五代的后周时，沿街道两侧种植树木已经形成制度，并被列为地方官员考核的政绩之一。至北宋，汴京城内主要干道的两侧已"有砖石铺砌御水沟

---

① （清）王先谦. 释名疏证补 [M]. 上海：上海古籍出版社，1984.
② （明）顾炎武. 日知录·官树 [M]. 上海：上海古籍出版社，2012.

图6-13 广西桂林大圩古镇石板街
大圩古镇为"广西四大圩镇"之一,明清时期已是南北商贾的云集之地,古镇
上的石板路最为有名,由15000多块青石板镶铺而成,至今基本保留完好。

159

两道"，沟中"尽植莲荷，近岸植桃李梨杏，杂花相间，春夏之间，望之如绣"[1]。而此时南方的一些地区也出现了用砖瓦与石板铺砌路面的方法，尤其是在江南地区，用砖石铺砌路面的比例颇高。《吴郡图经续记》中即说："从北宋起，路面多铺以砖"[2]，而当时的苏州城更是"近郊隘巷悉甃以甓（砖）"。宋人范成大在《吴船录》中亦曾感叹，当时的眉州城"遍城悉是石街，最为雅洁"[3]。到了明清两代，城内道路为防雨水，各地的府、州、县城均普遍采用条石、卵石或是砖来铺砌路面，不过这种做法仍然以南方为多。当然，明清时期京师的路面还是比较讲究的，北京城内的大街即采用石板路面，次要道路用卵石铺砌，但是，巷道多为土路。

第二节　里坊聚居

一、闾里

中国古代城市的整体空间格局，在确定核心建筑、规划路网结构之后，便取决于居民聚居区域的组织形态。唐代以前，城市在相当长的一段时间内实行的是空间隔离、集中建设、统一区划管理的聚居方式。

周时称这种聚居地为"闾里"，"里"是带有墙垣的封闭型居住单位，"闾"是里的门，闾里中的首领，其时称"里君"[4]。里的出现晚于邑，当系西周制度，闾里应由族邑演变而来，源自上古聚族而居，聚居地实为一种"社会经济生活共同体"，这种聚居地不分城内城外，均可以称之为"里"。这也说明，早期的城邑就是由一个个封闭的群居单元"里"聚合而成。考古发掘资料亦表明，三代以前的聚居形态是：生前聚族而居，死后聚族而葬。这种以族群为纽带的生活聚居单元，即是"里"之原型。

至春秋战国，闾里已经专指城邑内部的居民聚居区了，也就是所谓的"在田曰庐，

---

① （北宋）孟元老，李士彪，注.东京梦华录［M］.济南：山东友谊出版社，2001.

② （宋）朱长文.吴郡图经续记［M］.南京：江苏古籍出版社，1986.

③ （宋）范成大等.吴船录［M］.颜晓军，点校.杭州：浙江人民美术出版社，2016.

④ （汉）伏胜.尚书・酒诰［M］.慕平，译注.北京：中华书局，2009.

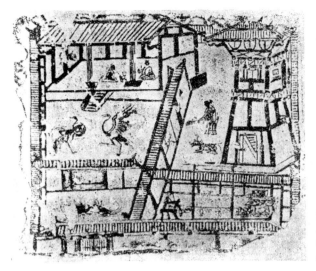

图6-14 东汉画像砖表现的汉代居住方式
此画像石出土于成都市郊，描绘的是一处汉代住宅。该住宅为方形宅院，四周有墙垣环绕，是闾里聚居方式中的一个生活居住单元。

在邑曰里"①。这时，城邑中的闾里已经有别于乡村，具有经过行政规划的特点，演化成了一种地域性的组织，由于其管理方便，于是"置闾有司，以时开闭"②的形制便成为里之常态。根据《逸周书》和《国语》中的记载，居住区的规划还会本着"士大夫不杂于工商"③以及"四民（士农工商）者，勿使杂处"④的原则，按身份、分职业地在城市中的不同地段组织不同的闾里聚居，以实行身份地位的划分。

秦统一中国后，强化了集权统治，"里"便又从地域性组织演变成为基层的行政管理单位，当时，所有城市居民都居住在里中，并登录户籍。故此，里在王朝的行政系统中所起的作用便越来越重要，里君亦被政府指派的官吏所取代，其时，称作"里正"，也叫作"里长"或是"里宰"。此外，里中还设置有里门监、祭尊、街弹等管理人员，负责掌管户籍、征派赋税以及维持治安。

闾里的形态，早期并不规整，大小不一。秦汉以来，多参照井田概念，根据城市的路网结构，形成方形或是长方形的建设用地，四周修筑墙垣以利于防范。而这种承袭自上古的修建墙垣聚居自卫的方式，到后来，便发展成为城市治安管理上的一项重要措施，构成了"里坊制度"的外在特征。闾里内居民的宅地均为户户相连，即如

---

① 《公羊传·宣公十五年何休注》，见：（清）阮元，校勘.十三经注疏［M］.北京：中华书局，1982.
② （清）黎翔凤.管子校注［M］.梁运华，整理.北京：中华书局，2004.
③ 《逸周书·程典》，载：黄怀信.逸周书汇校集注［M］.上海：上海古籍出版社，2007.
④ 上海师范大学古籍整理组校点.国语·齐语［M］.上海：上海古籍出版社，1978.

《三辅黄图》所载："室居栉比，门巷修直"①，建筑排列十分整齐。闾里内部设置有仅为内部服务的巷道，连接着一座座住宅。规模小的闾里设一字巷道，大的闾里设十字巷道。住宅不可以直接对着大街开门，居民出入均要经过里门。所以，从某种程度上来说，闾里制度类似于兵营，按照《管子校注》中的说法，其管理措施亦"通于军事"②。这种带有墙垣的闾里，可以说是普通百姓在城市中唯一的自主生活空间，其封闭式的空间结构，亦由抵御外来入侵转变为防范奸宄与加强对内部的控制。《周礼·乡大夫》即规定有："国有大故，令民各守其闾，以待政令"③的防范措施。此外，秦汉之时，对于闾里的设置虽无统一的规定，但是，闾里的建设还是要由官府批准才能够实施。西汉时的御史大夫晁错就曾经强调："营邑立城，制里割宅"，都是需要政府决策的大事④。从这里，我们便可以看到，过去官府对城市的控制和管理的力度之强。

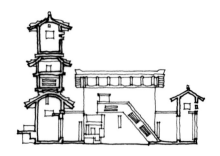

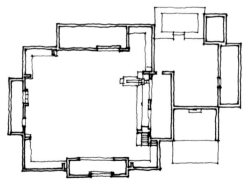

图6-15 汉明器所表现的汉代合院式住宅
此图是根据陕西勉县出土的陶院明器测量之后绘制的。这件陶院模型由9座单体建筑组成，形成两进院落，主庭院四周的建筑均为二三层的楼阁，跨院建筑低矮，为辅助用房。从大量出土的明器来看，汉代时合院住宅很有可能即是闾里中较为常见的住宅形式。

① 陈直校正. 三辅黄图［M］. 西安：陕西人民出版社，1980.
② （清）黎翔凤. 管子校注［M］. 梁运华，整理. 北京：中华书局，2004.
③ 《周礼·乡大夫》，见：（清）阮元，校勘. 十三经注疏［M］. 北京：中华书局，1982.
④ （汉）班固. 汉书·平帝纪［M］. 北京：中华书局，1962.

闾里的规模，多依据实际需求而定，各个时期差别很大，文献记载的也比较混乱，总的来说自周至汉，一直呈现出逐渐扩大趋势。从城市空间布局的角度来看，汉长安城有160个闾里，均是按照经纬涂道路划分出来的地块设置，混杂分布在宫室之间与城外的郭郛地区。这就说明，汉时的闾里建设并无计划性，而且宫室与居住区还是混建相参，空间上仅以墙垣相隔，城市的功能分区也说不上清晰、严谨，闾里的规模大小相差很大，亦无规则可言。东汉洛阳城的情况也与长安城相差不多。

二、里坊

曹魏邺城时，城市空间格局发生了天翻地覆的变化，宫室、官署开始与居住区分区设置，并将居民的聚居地"里"称为"坊"，或是里、坊互称[1]，形成了十分规整方正、格式化极强的空间结构。所谓"坊"，按照唐人苏鹗在《苏氏演义》中的说法："坊者，方也。言人所在里为方"[2]。最初，坊实为经过人为空间区划之后形成的方形建设用地，它包括居住区与非居住区，甚至还包括城市中尚未建设的预留发展用地。居住区即是里，主要建设住宅，而非居住区内则建设官署、寺庙、仓场等其他设施。但是，坊后来也与里一样，逐渐地演变成为城市中的基层行政管理单位，里、坊趋近，并称"里坊"。

坊的出现，标志着中国古代城市建设发生了重大变化，开始有计划地统一规划建设居住区及城市中的其他设施。曹魏邺城即是中国首次在一座城市之中，一次性地统一规划建设各种不同功能设施用地的案例。此次尝试加强了城市建设的计划性，确立了采用由方格网形成的"坊"来区划城市空间的规划及管理模式，也使得曹魏邺城的各个居住区的规模，大小相近，布局均衡，城市的整体框架更为严谨，整齐划一。同时，它还改变了汉代以前宫室与闾里混建在一起的无序状况，将宫室布置在横贯全城的东西主干道的北侧，贵族聚居的里坊布置在宫室的东侧，平民百姓居住的里坊则统一安置在主干道的南侧，令城市的功能分区更加井然有序[3]。

① 坊之称谓，最早见于《汉宫阙名》中的"洛阳故北宫有九子坊"。魏晋之时的文献中，多记某某里或某某坊之名，里与坊常见于一城之中，两者互称。至北魏时，坊之称谓已成通制，《魏书·世宗记》中已有京城三百二十三坊的记载。隋唐以后，多以坊为正式称谓，亦有里坊并称的说法。
② （唐）苏鹗. 苏氏演义（外三种）[M]. 吴企明，点校. 北京：中华书局，2012.
③ 俞伟超. 邺城调查记 [J]. 考古，1963（1）；徐光冀. 曹魏邺城的平面复原研究 [A] //中国考古学论丛 [C]. 北京：科学出版社，1993.

图6-16 宋代吕大
防绘制《长安城图》
北宋名士吕大防绘制
的《长安城图》，形象
地描绘了唐代长安城
的城市空间格局。今
天，我们从这一残存
的石刻中仍然可以清
晰地看到唐代里坊的
形制。

其实，这种规划形制上的整齐方正，正是组织管理上更加严密的物化表露，体现了统治者对城市居民进行规范、监管的意识的增强。由于魏晋南北朝时期社会持续动荡，所以，两晋之后直至宋代之前，各代无不以"监管居民、防戢盗贼"为主旨，积极地整饬里坊，使得"里坊制度"更加严谨规范。北魏洛阳城的里坊规划就极为整齐，按照史料记载，全部为300步见方、网格状排列的正方形①，每个里坊的大小也基本一致。300步见方，就是大约1平方里（0.25平方公里），作为居民聚居单元，其尺度已经是相当可观了。

唐长安城的聚居区，是"里坊制"的巅峰之作，全城共有108个坊，也是以棋盘

① （北魏）杨衒之.洛阳伽蓝记［M］.北京：中华书局，2012.

格式的经纬涂划分出来的矩形地块为基础，沿街建造坊墙、设置坊门，按照功能分区组织编户居民聚居，抑或是建设寺院、市场、官房、馆舍等其他城市建筑。这些统一规划建设的居住里坊，实际上，也是长安城中基层的行政管理单位，它们以南北中轴线朱雀大街为界，分属万年、长安两县管辖。唐长安城的里坊共有5种规模，最小的30公顷，最大的80公顷①，规模宏大，超过了此前历代的里坊，即便按照现代居住小区的标准，其规模也是非同一般。由于唐代里坊的规模巨大，所以，长安和洛阳城中的里坊之内，多设置十字巷道，坊墙四面开门。《大业杂记》对东都洛阳里坊的描述即是"四门临大街，门普为重楼，饰以丹粉"②，俨然一座小城的感觉！当然，规模较小的里坊也有设置一字巷道，坊墙两面开门的情况。与早期的闾里一样，里坊内的住宅也只能对着巷道开门，居民出入都要经过坊门。坊门设有"门监"，负责坊门的启闭，坊中置有"坊正"管理治安，监督、规范居民的日常活动。

总之，不论是"闾里"还是"里坊"，采用的都是空间隔离的方式组织居民聚居，

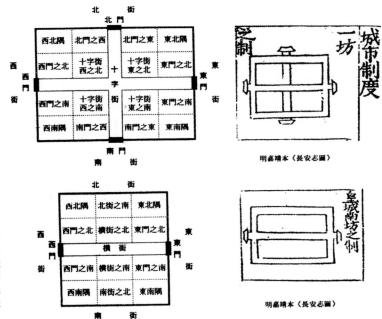

图6-17 妹尾达彦对里坊内部分区的推测示意图
唐代以前，中国城市的基本单位是里坊，坊名是重要的标识，没有路名，宋代之后，才演变形成街巷的概念，在地址标识系统中使用路名。此图是日本学者妹尾达彦对唐代里坊内部区域进行标识的一种推测。

① （清）徐松.唐两京城坊考［M］.张穆，校补.北京：中华书局，1985：8；中国科学院考古研究所西安唐城发掘队.唐代长安城考古纪略［J］.考古，1963（11）；宿白.隋唐城址类型初探（提纲）［A］//纪念北京大学考古专业三十周年文集［C］.北京：文物出版社，1990：6；曹尔琴.唐代长安城的里坊［J］.人文杂志，1981（2）.
② （唐）杜宝.大业杂记辑校［M］.辛德勇，辑校.西安：三秦出版社，2006.

而且还建立有非常严格的管理制度，并由政府任命专职官员来负责治安和门禁。每晚全城都要实行宵禁，入夜之后，一般人等是不能随便上街的。《墨子·号令》中，就有"昏，鼓数十，诸门亭闭之。晨，见掌文鼓，纵行者"[①]之说，可见"宵禁制度"源远流长。唐时的规定是：日出，敲街鼓600下后开坊门，日落，敲街鼓600下后关坊门[②]。"六街鼓歇行人绝,九衢茫茫空有月"（《秋夜吟》），便是当时夜间街衢景象的真实写照。

在中国不独帝都如此，地方城市同样实行这种封闭型的管理制度。《唐律疏议》中称："坊、市者，谓京城及诸州县等坊、市"[③]。说的就是地方上的各级城市与都城一样，都实行"里坊制度"。《唐令拾遗》中的《户令》也明确地记载有："两京及州县之郭内分为坊，郊外为村"[④]。这也就是说，在唐代，不论是都城还是各地的府、州、县城，方正的里坊有如城市结构的细胞，遍布各个城市，左右着每一座城市的整体空间形态，并使得这一时期的城市具有十分鲜明的时代特征。

三、街巷

这种半军事化的"里坊制"，是从官府便于安置和管理的角度出发而建立的，与城市居民的生活需求相违背。所以，在唐代后期，伴随着城市经济活动的日益繁荣，里坊的管理便几近荒废，至北宋，即彻底拆除了坊墙，废除了"里坊制"。宋代城市的行政区划采用的是"厢坊制"。所谓"厢坊制"，就是先将整个城市划分为若干个厢，厢之下，再划分若干个坊来进行分级管理[⑤]，例如：北宋京城汴梁城内，在宋真宗至宋神宗时，即被划分为8个厢，厢之下设有120个坊[⑥]。这种做法，虽然从行政区划上看，与前代并没有本质上的区别，但是此时，管理方式与居住区的空间组织结构却发生了重大的变化，城市的功能分区和空间面貌也随之完全改观。宋、元以后的城市，尽管还保留着坊名，但那仅仅是城市中的一个行政管理单位而已，与唐代以前的

---

① （东周）墨翟. 墨子·号令［M］.郑州：中州古籍出版社，2008.
② （唐）李林甫等. 唐六典［M］.陈仲夫，点校.北京：中华书局，1992.
③ （唐）长孙无忌等. 唐律疏议［M］.北京：中国政法大学出版社，2013.
④ （日）仁井田陞. 唐令拾遗［M］.栗劲，霍存福，王占通，郭延德，编译.长春：长春出版社，1989.
⑤ 厢最初是唐宋之际，城市中驻军划分防地的单位，后来又与城区治安防盗、烟火管制等结合，至宋时，便以厢作为坊之上的一级行政管理机构，按厢、坊二级对城区进行管理，这就是所谓的"厢坊制"。宋代京师中称"厢坊"，地方上也有称"厢隅坊"或"厢界坊"的情况。
⑥ 按《宋会要·方城·东京杂录》及《北道刊误志》中的记载，从至道元年（995年）到熙宁四年（1071年），东京汴梁城内的行政管理单位共分为8厢120坊（或记为121坊，其中敦化坊重复）。期间，天禧五年（公元102年）时，曾经将8厢改为10厢，后来又改回8厢。

图6-18 安徽徽州古城街坊
徽州古城较好地保存了明清时期的城市聚居空间形态和建筑风貌，居住区域均由典型的徽派四合院构成，粉墙黛瓦，具有南方城镇的特色。

图6-19 山西平遥城内的居住区
平遥城的居住区是北方城镇中常见的街巷制，住宅为具有山西特色的四合院，布局规整，基本上保持着明清时期的居住形态。

图6-20 云南丽江古城居住区
云南丽江古城内的住宅也都是典型的四合院，但是居住区的组织方式相对自由灵活，是自由发展式居住区空间格局的代表。

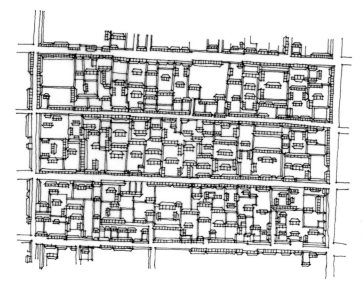

图6-21 《乾隆京城全图》中的
北京街坊（局部）

《乾隆京城全图》绘制于清乾隆十五
年（1750年），现藏于故宫博物院，
是当时绘制的最为完整的京城全图，
该图真实地表达了清代北京城街坊聚
居的空间形态。

"里坊制"在空间组织关系上完全不是一回事情。

实际上，宋元之后，居住空间上最大的变化就是废除了军事化的管理模式，从而改变了唐代以前那种高度规范化的城市生活方式，使原来"官位相从"、"四民异处"的城市地域结构，转化为官贵之家与工商伎作混合相处的局面，整个城区的功能组织开始综合化，同时，也使得生活空间由封闭转变为开放。居住区内部的空间组织则采用开放式的"街巷制"，可以不再经过坊门，而以巷道直接连接住宅与大街。由于一排排的住宅要争取南向，所以，居住区内部的巷道更多的是东西走向。北京地区称这种巷道为"胡同"，据说是源自于元大都时期的蒙语。南方也有称巷道为"里弄"的，虽然称谓不同，但是，居住区内部的空间组织方式并没有什么改变，只是换了一个叫法而已。尽管居住区内部的巷道一般都是垂直相交的，但在很多情况下，却不一定十字交汇，而是丁字相交以避免道路直通。特别是宋代以后的城市，更多的情况是在旧城的框架基础上自发地生长起来的，所以，巷道的组织并不那么规整，巷道形态的变化也是多种多样。我们现在从《乾隆京城全图》中看到的北京城的街巷格局，应该就是明清时期最为典型的居住区空间构成模式。

总之，中国古代的城市是：城以墙围，墙内，再以道路围合成街坊，坊内，用巷道围合诸家，家则皆为内向性的四合院，从而形成了一个层层内敛的、封闭式的空间格局。这是一种极有中国特色的空间构成模式，虽然宋元之后里坊制度不复存在，坊墙已经被拆除，但是，这一空间构成的基本特征仍未改变，规划方法的原理始终如一。

第三节　市制兴衰

一、王室贵族垄断的市

城是人们聚居的地方，市是商品交易的场所，城市并称，即说明它们之间有着极为密切的关系。在中国，从商周至隋唐，城市的商业活动一直由官府施行的"市制"进行统一管理。不仅"市"之"置废均秉于政府"，而且"诸非州县之所，不得置市"①。城市中的"商市"（市场）与"里坊"（居住区），在空间布局上也被完全隔开，施行"商市与里坊分离"的管理，商品交易只能在官府设定的"市"内进行。

从《周礼·地官》中对市的描述情况来看，周时的市建有墙垣和市门。市内不仅有进行交易的场所"肆"，还有管理人员的办公处所"思次"，并由"司市"及其所属掌管交易，调节物价，维持治安②。由于上古时期的商业活动多在"国"与"国"之间进行，商品交易由王公贵族主导，故此，当时的工商业均为官方垄断，商人与百工也隶属于王室贵族，这即是所谓的"工商食官"③。

因此，司市属于国中内务，《周礼·内宰》中讲明由"后"主"市"，"营国制度"也将市置于宫后，表明了市与宫室之间存在着统属关系。从考古发掘的情况来看，早期城邑的宫殿区周边确有手工业作坊遗址，夏都二里头宫室区的南面，就发现了带有墙垣的绿松石作坊和冶铜作坊。而在有些城址中，手工业作坊更设在宫围之内，其隶属关系清晰可见。《六韬》中还有"殷君善治宫室，大者百里，中有九市"④的记载，也说明其时有市场、作坊设于宫内，专为王室及贵族服务。而民间的交易场所，则只能在某些固定日期，于乡邑的聚集之地形成一些非正规的集市，即所谓"日中为市，交易而退"⑤。

随着社会经济的发展，春秋战国时期，城市中的市便由"宫中"分离出来，形成了城市中由官府统一修建、管理的集中商业区。这一变化从根本上改变了过去"城堡"式的城邑性质，表明了居民生活聚居的需求开始影响城市的发展走向。按照日本

---

① （北宋）王溥. 唐会要［M］. 北京：中华书局，1955.
② 《周礼·地官》，见：（清）阮元，校勘. 十三经注疏［M］. 北京：中华书局，1982.
③ 上海师范大学古籍整理组校点. 国语·晋语［M］. 上海：上海古籍出版社，1978.
④ （西周）姜尚. 六韬［M］. 北京：中华书局，2007：4.
⑤ 《易经·系词下》，见：（清）阮元，校勘. 十三经注疏［M］. 北京：中华书局，1982.

图6-22　秦汉时期市的管理者用印秦"市印"、汉"市印"、汉"市亭印"

将市置于官府的控制管理之下，是宋代以前中国城市中商市的组织特征。秦汉时期，县级以上的城市中才允许设有每日都开市交易的正规市场——市，市中有专职官员管理市场交易。这几方秦汉印信，即是当时管理官员所用之印。

学者宫崎市定的说法，此时的市已经不仅仅是销售日用商品的商业空间，同时，它也是居民交际、娱乐的场所，市中有饮食店、酒舍，市内的空地上也时有说唱、百戏的表演①。很明显，这时的市已经是城市生活的重要内容，而正是由于"市"与"城"的相互结合，城市生活才逐渐走向了繁荣，才使得中国的"城市"真正成熟起来。

春秋战国时期的城市之中一般设有若干个市，考古印证当时的齐国、燕国等都城之中均有多个市②。秦故都雍城的官市已经被发掘，现在探明的这个市，地处雍城的东北部，南北长160米，东西宽180米，占地面积接近3万平方米。市的平面为长方形，四周建有墙垣，每面墙垣的中部有一座市门，市门面宽21米，进深14米，平面为"凹"字形，门洞之上建有坡屋顶建筑——门楼，围墙之内即是封闭式的露天市场③。古人称这种封闭型市场的垣与门为"阛阓"，西晋的太子太傅崔豹在《古今注》中解释说："阛者，市之垣也。阓者，市之门也"④。市内的商铺则按照商品的种类进行分区，经营同类商品的铺面集中在一起排列成行，称之为"列"或是"肆"。市的四周修建有服务于商务的邸舍与市廛（仓库），市的中央建造有高大的市楼，上立"旗亭"，是为管理者的办公处所。为了便于管理，将市内的交易活动置于管理者视线的监控之下，市楼都是多层建筑，建造得非常高大，故此《西京赋》中便有"旗亭五重，俯察百隧"⑤之说。

二、官府管理的市

随着商品经济的不断发展，市场交易愈益发达，市的规模不但越来越大，而且也

---

① （日）宫崎市定.东洋的古代［M］.张学锋，等译.上海：上海古籍出版社，2017.
② 裘锡圭.战国文字中的"市"［J］.考古学报，1980（3）.
③ 陕西省社会科学院考古研究所凤翔发掘队.秦都雍城遗址勘察［J］.考古，1963（8）；陕西省雍城考古队.秦都雍城钻探试掘简报［J］.考古与文物，1985（2）.
④ 《古今注》，见：（晋）张华等.博物志（外七种）［M］.王根林，等校点.上海：上海古籍出版社，2012.
⑤ 《西京赋》，见：费振刚，胡双宝，宗明华.全汉赋［M］.北京：北京大学出版社，1997.

从主要服务于王公贵族转为面向普通的居民大众了。按照《三辅黄图》中的记载，汉时"长安市有九，各方二百六十六步。六市在道西，三市在道东"①。后人考证，长安的九个市，除了东、西、南、北4个市②位于城内之外，其余的市均散布在城外的居民聚居区之中。现在，已经考古发现了汉长安城的东、西两市，东市占地0.53平方公里，西市占地0.25平方公里，东市为商贸中心，西市为手工业作坊区。两市均为矩形，四周建有6米厚的市墙，市内有井字形巷道，两市各有8座市门③。可见，汉代的官市虽然规模大了很多，但仍然是封闭型的空间结构，有围墙和市楼，开市时在市楼上升旗以为号令。班固的《西都赋》称："九市开场，货别隧分。人不得顾，车不得旋。阗城溢郭，旁流百廛。红尘四合，烟云相连"④。可见此时之市已经是人声鼎沸的公共商品交易场所了，但是，这种服务于大众的市仍然是集中设置，由官府统一建设和管理，并对商户进行注册登录"市籍"。

汉代都城之外的郡、县诸城，也都会在城市中设置官市，以满足城市居民的日常生活需求。辞赋大家左思的《蜀都赋》对成都商市的描写即："市廛所会，万商之渊。列隧百重，罗肆巨千"⑤。两汉时期，在全国，多数情况是地方上的最高行政官员会

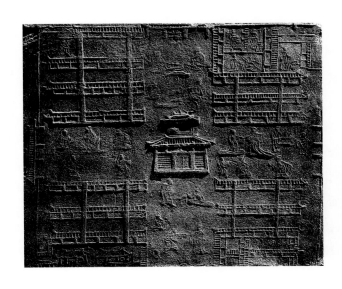

图6-23 东汉画像砖上的市

成都西郊出土的画像砖描绘的是东汉时期四川地方城市中的市。该市平面为方形，四面建有墙垣，三面设门，市内有十字通道，称"隧"，将市分成四个区域，每个区域沿着隧，列肆三至四排。靠北侧市墙处有邸舍，市中心处有重檐市楼，上悬一大鼓，为管理机构所在。左思在《蜀都赋》中描述的正是这种市。

① 陈直校正.三辅黄图［M］.西安：陕西人民出版社，1980.
② （汉）班固.汉书·刘屈氂传［M］.北京：中华书局，1962.
③ 刘庆柱.西安市汉长安城东市和西市遗址[A]//中国考古学年鉴（1987）［C］.北京：文物出版社，1988.
④ 《西都赋》，见：费振刚，胡双宝，宗明华.全汉赋［M］.北京：北京大学出版社，1997.
⑤ （南朝）萧统.文选·卷四［M］.李善，注.上海：上海古籍出版社，1997.

直接过问市的政务，控制税收。银雀山汉墓出土的汉简中有《市法》，对官市的设置、管理均有具体的说明。四川广汉、彭州市、成都等地出土的东汉时期的画像砖，其中就有一些刻画着当时地方城市中的市场的建筑形象，市墙、市门、市楼等历历在目，表现的应该是蜀地郡、县级城市中的"市容"景象。

由于市的性质发生了变化，规模逐渐扩大，市在城市中的布局也就不再受到《考工记》所载"面朝后市"的约束，故此，自东汉经营洛阳开始，市便不曾置于宫后。洛阳有3个官市，金市位于城西，马市和南市在郭区，这3个市场分散地修建在人口较为密集的居住区之中。这就说明，此时的市已经与城市居民的日常生活紧密地结合在一起了。至北魏再筑洛阳城时，官市更发展成为外郭城（百姓聚居区）规划上的重心所在，在外郭城的南面与东、西两侧居住区集中之地布置了大市、小市和四通市，彻底摆脱了后宫的禁锢。虽然，官市仍然保持着集中管理的形制，入市还需要交纳"市门税"[1]，但是，实际上，市已经发展成为城市中独立成片的商业街区，是城市生活的一个重要组成部分，也是当时城市之中唯一充满着生机的公共活动场所和居民休憩、闲谈，打发余暇时间的地方。所以，古人在谈论城市景象的时候更乐于关注市。比如南朝诗人张正见所写的诗句："云阁绮霞生，旗亭丽日明。尘飞三市路，盖入九重城"（《赋得日中市朝满》），即是通过对市的赞美来说城。

隋唐长安城的东、西市，唐代洛阳城的南、北市，应该是这种古典"市制"发展的鼎盛时期。《大业杂记》中记载：隋长安"市周八里，通门十二。其内一百二十行，三千余肆，荟宇齐平，遥望如一"[2]。隋唐长安城中官市的规模远远超过了汉长安城中的市，是一个有着统一规划和管理的巨大商业街区。从考古发掘的情况来看，隋唐长安城的东、西两市各为1000米×924米和1031米×927米，每个市的占地面积都将近1平方公里，与一座县城的大小相差无几，其规模与经营内容，亦不亚于现代的超级商业设施。两个市的四周，每面各开设了两个市门，市内有井字形巷道，宽16米[3]。《长安志》云："市内货财，二百二十行，四面立邸，四方珍奇，皆所积集"[4]。规模之宏阔，市肆之繁荣，都远非前朝所能比拟。

① （北齐）魏收.魏书·食货志［M］.北京：中华书局，1974.
② （唐）杜宝.大业杂记辑校［M］.辛德勇，辑校.西安：三秦出版社，2006.
③ 中国科学院考古研究所西安唐城发掘队.唐长安城西市遗址发掘［J］.考古，1961（5）；中国科学院考古研究所西安唐城发掘队.唐代长安城考古纪略［J］.考古，1963（11）.
④ （宋）宋敏求.长安志［M］.北京：国家图书馆出版社，2012.

三、封闭市制的瓦解

唐长安的市场虽大，但是，由于偌大的长安城中仅有两个官市，两市距离边缘地带的里坊却有10里之遥。多数里坊中的居民如若去市中购物，那也是要走上个3里至5里，而且唐代的城市商业活动只限于白天，夜晚要全城宵禁。《唐六典》与《新唐书》等文献中均记载有当时的规定："凡市，以日午时击鼓三百声，而众以会，日入前七刻，击钲三百声，而众以散"[①]。这无疑都给长安城中居民的生活带来了诸多不便，同时，也会在一定程度上限制城市商贸活动的发展。

所以，随着商品经济的日益繁荣，到唐代中后期，便开始有了突破古典"市坊制度"的情况。正如许多文论所记述的那样：先是出现了在坊内设店，如永昌坊内设有茶肆[②]，长兴坊内建有毕罗店[③]等，进而又有破墙临街开店的情况，至晚唐之时，这类行为更加普遍。而在南方地区，"市坊制"瓦解的现象则更为明显。例如：当时的商贸都会扬州在中唐以后便拆除了坊墙，筑起楼宇比邻的商业街，形成了连绵十里、生机盎然的商业街市——"十里长街"。其他的商业都会，如成都、汴州等地的情况与扬州相似，而且在这些商业繁华之地都出现了夜市。唐人李绅在借宿扬州时，便感慨其夜市："夜桥灯火连星汉，水郭帆樯近斗牛"（《宿扬州》）。至北宋，古典的"市制"在空间上和时间上都被彻底打破，商业设施也不再集中于一两个封闭的场所，而是散布于城市居住区主要街道的两侧，住宅、店铺、馆舍等直接临街开门，里坊与商市隔离的界线开始泯灭，商店亦彻夜经营。继之而起的则是"十里长街市井连"（张祜《纵游淮南》）、"夜市千灯照碧云"（王建《夜看扬州市》）的充满生机的繁华街市景象。

这种城市商业空间组织模式上的重大变化，促使城市空间的面貌也大为改观，城市街道开始商业化。街道两侧的坊墙、市垣均被拆除，店铺、作坊、馆舍、酒楼与住宅、寺庙等，争相临街，杂然并现，使得整个城区形成了一种开放式的街衢空间格局，街道也不再只是用于交通，而是同时作为城市居民生活、交往的场所，变得生机盎然了。随之发展起来的餐饮业、娱乐业和服务业，更使得城市街道的景象一改唐代以前的那种高墙林立、庄严肃穆的刻板表情，而变得日趋繁华热闹、丰富多彩，后世

---

① （唐）李林甫，等.唐六典［M］.陈仲夫，点校.北京：中华书局，1992.

② （清）徐松.唐两京城坊考［M］.张穆，校补.北京：中华书局，1985.

③ （唐）段成式.酉阳杂俎［M］.上海：上海古籍出版社，2012.

我们所熟悉的那种中国式的街道生活即从此而固定下来。

第四节　街市水乡

一、商业街市

唐宋之际，城市的空间形态发生了巨大的变化，街道逐渐摆脱了权力的桎梏，成为城市居民重要的生活场所。线性的街市取代了唐代以前块面状的坊市，遍布全城的沿着主要干道展开的商业街开始形成，街道景观也随之发生了天翻地覆的变化。市场的范围已经从城内特定的区域扩大到了整个城市，商业街市在城市中的作用日显重要，甚至还出现了以"市"代"城"的说法。例如《宋会要辑稿》《宋大诏令集》等文献中就有将县城称为"县市"，将城门称为"市门"的情况，人们会将整座"城"视为一个"大市"，进而将城市居民统称为"市民"[①]"市人"[②]，用以区别于乡村中的"乡民"和"乡人"。而在今天人们的观念中，"市"已经具有了城市之意。这就说明，市场形制的变革对于城市经济的发展有着巨大的推动性作

图6-24　山西平遥市楼

平遥市楼也叫"金井楼"，因楼下正中有"金井"而得名。坐落在平遥县城的中心，修建于清康熙二十七年（1688年）。市楼的平面呈方形，高2层18米，带有结构暗层"平座"，三重檐琉璃歇山顶，造型绮丽俊伟，是一座位于繁华街市之中的典型过街楼。楼上供奉武圣关羽及观音大士。

---

① （清）徐松.宋会要辑稿·职官［M］.刘琳，等点校.上海：上海古籍出版社，2014.

② （宋）宋绶等编纂.宋大诏令集［M］.司仪祖，整理.北京：中华书局，1962.

图6-25 《清明上河图》中的宋代街市（局部）

张择端的《清明上河图》所画的是汴梁城内外的市井生活，从城郊、汴河码头一直描绘到城内。汴京的景色正如《东京梦华录》中所记："四野如市。青楼画阁，绣户珠帘，新声巧笑于柳陌花衢，按管调弦于茶坊酒肆。"

用，市民阶层逐渐形成，城市空间也开始对全体市民开放，城市生活方式亦随之而彻底地改变。

宋代以后，开放型的通往城门的商业大街取代了过去封闭型的官市，形成了新型的以酒楼、茶肆、商铺、邸店、瓦子等餐饮服务业为主导的繁华街区。自由贸易的商市、仓场也开始沿着城内外的水陆交通沿线发展，以城关地区为枢纽，以水陆要道为轴心，与城内的街市紧密地联结在一起，使得城市生活的重心渐渐地远离了政治中心（宫城或子城），开始外移到便于连接城市内外的城关地段。外城（罗城）以及关厢地区，实际上，成为宋代之后中国古代后期城市之中最有活力的地方，著名的《清明上河图》所画的街市即是关厢地段。

另一方面，以由旧"市制"中的"肆"和"行"发展而来的"行业街"为骨干，

图6-26 天津旧城南门街景

从天津旧城南门外向鼓楼望去，是一片传统街区，主街连接着古楼和广东会馆，为天津城过去繁华的商业地段。现在是按照明清建筑形式兴建的一处具有天津地方特色的传统文化街区。

175

图6-27 北京烟袋斜街
烟袋斜街位于北京鼓楼大街的西侧，与银锭桥、什刹海相连，是什刹海
历史文化保护区的核心地段。此地段保留了老北京商业街市的风情，为
京味十足的传统特色街区。

按照行业分布和不同的商品划分地段，形成了集大宗商品制作和销售为一体的"行业
街市"，并与位于各街巷内部的小型店铺相结合，构成了全城性的"商业网络"。行业
街市，以批发和经营特殊商品为主，街巷内的铺面，则以零售日用品为主。此外，新
兴的瓦子（娱乐场所）和酒肆、茶楼、歌馆、邸舍等服务行业也都融入了区域商业网
络，一些寺庙还定期举办庙会，从而在城市中形成了综合性的成片发展的商业街区。

　　这种既有集中又有分散的街市型商业布局，使得商业与居民区保持了密切的有机
联系，构成了变革之后适合于居民生活需要的全新的城市商业体系。宋代以后，这一
商业体系又有了进一步的发展，至明清时，在传统的行业街市的基础之上发展起来的
街头"月市"也开始成为城市中极有活力的行业市场。例如按照《扬州画舫录》的
记载：扬州虹桥附近的画舫一带，即是月市的繁盛之地。三月为清明市、五月为龙船
市、六月为观音香市、七月为盂兰市、九月为重阳市。[①]而许多城市在某些特定地段

---

① （清）李斗.扬州画舫录［M］.周春东，注，济南：山东友谊出版社，2001.

图6-28　湖南凤凰古城东门街

东门街是凤凰古城东门内的主要街道，街道两侧
均为二层高的木结构商铺，道路较窄，但是商业
气氛非常浓厚。

图6-29 广东潮州古城东门街
潮州古城的东门街，连接着东门与太平路主
街，街上有数座牌坊，是潮州城非常热闹的
传统商业街。

图6-30 山西平遥街市
平遥古城中的街衢很好地保存了明清时期北方县城的街市景色。高大
的市楼位于城市中心，街道从市楼下穿过，街道两侧的商铺鳞次栉
比，是极具代表性的传统商业街市。

也会自发形成一些特定的市场，如盐市、鱼市、花市等，这些均是该街区内的重要商
业活动，许多地段也因此而得名，并一直沿用至今。成都的"盐市口""珠宝街""骡
马市"，北京的"菜市口""磁器口""珠市口""花市"等都是如此。随着商品经济
的发展，交通便利的城关地带也常有大量的人口溢出，形成"关厢"的情况。许多关
厢地段最后都会逐渐发展成为商业繁华的新城区，构成城内、城外相互呼应、统一发
展的局面。

二、街巷生活

日本建筑师黑川纪章在分析了古代东、西方城市的空间特征之后指出："东方城
市没有广场（公共活动广场）"。他认为，在东方城市中起着广场作用的是街道①。确
实如此，宋元之后，中国城市中的街道已经演变成为一种多功能的公共活动空间。沿

---

① （日）黑川纪章. 城市设计［M］. 东京：纪伊国书屋，1965.

街而设的酒楼、茶肆、旅舍、妓馆等，在一定程度上为社会交往、文化娱乐提供着服务，具有城市公共活动场所的功能。明代中期出现的各类会馆也是典型的社会公共活动场所。而中国式的街道不仅起着串联这些活动场所的作用，其本身亦是极为重要的公共活动空间，是中国古代后期城市之中无可替代的大众生活的舞台。

　　这些街道同时也是城市中各种信息交流的最佳场所，官府还会利用街道组织具有政治意义的社会活动，各阶层的民众也会以街道为媒介，对各类事件展开"街谈巷议"，传递各种消息。比如因外国使者来朝而在街上举办的戏场，迎亲、送葬车队的招摇过市，俘虏、囚犯的徇街（游街）示众等，均是利用街道能够博得最大公众效应这一特征，来进行宣示与炫耀。每到岁时节日，各类祭祀、赛社、庆典等活动也会在街道中举行，例如元宵灯会的逛街、观灯，寺庙里的迎神、出巡以及各种法会中的舞狮、舞龙等"走会"活动，常常吸引人们倾城而出，"士女纵观，填塞街巷"[①]。

　　对于普通居民来说，街头巷尾也是人们日常消磨时光、寻找乐趣的地方。人们会在这里聚众闲聊，观看江湖艺人的杂耍、魔术表演，抑或是找人算命，参与斗鸡、斗蟋蟀等游戏活动，所以，街巷更是普通居民日常生活之中每天必至的去处。很明显，中国古代后期城市中的街道有着西方城市广场的作用，是各种社会活动上演的舞台。

图6-31 北京琉璃厂
北京琉璃厂是一条著名的传统文化街，兴起于清代，以出售书籍、古董和笔墨纸砚为主，是一处文人雅游之所。

图6-32 丽江古城
丽江古城的商业街基本上保持着传统商业街的风貌，主要的街巷空间很有中国特色。随着旅游事业的发展，商业空间已由主干街道拓展至整个丽江古城。

---

① （明）袁宏道.袁中郎全集·杂录［M］.上海：世界书局，1935.

因此，通过城门的大街，既是城市中各种活动的核心地带，也是城市活力的发生器，网络状的大街小巷，也已经将普通民众的日常生活与整座城市紧密地编织在一起。

宋代以后，随着街市商业与街道公共活动的扩张，人们的行为活动与街巷空间之间形成了某种互动与对话的关系，致使街头文化也很快发展起来，成为城市景观和城市商业文化的一个重要组成部分，其物质呈现形式，首先便反映在沿街两侧的建筑处理上。宋时，改变了唐代以前高墙林立的街道景象，沿街店面采用开敞的建筑形式，为了招揽顾客，店铺门前常常临时搭设"彩楼""欢门"一类的棚架，用来装饰门面。《东京梦华录》中所谓的"彩楼相对，绣旆相招，掩翳天日"[①]，说的就是酒楼门前的装饰效果，这种情况也可以在《清明上河图》中见到。

后来，随着商业昭示性的需要，沿街建筑便开始越来越注重立面的装修，到明清时，多有利用华丽的牌楼来加强店铺立面视觉效果的情况。在北方地区，还出现了被称为"拍子"的平顶房，利用冲天栏杆和雕饰精美的挂檐板去突出檐口的装饰性。而商家为了能够醒目地标示售卖的商品，吸引顾客的注意力，商店的外檐也经常用匾额、招牌和幌子等装饰物，去创造热闹的商业氛围。这些建筑外观上的附加物，至清代后期，更是日趋繁复，已经发展成为一种民间习俗，不仅在一定程度上改变了建筑外观的视觉效果，对城市街道景观产生了重大影响，同时，也折射出了各地商业文化上的不同风貌，表现出了各地城市所拥有的地域性的特征与气质。

三、河街水巷

对于水乡城市而言，与街道相比，河街、水巷更能表现出不同地域人们生活方式上的不同特征。《史记·夏本纪》中有"陆行乘车，水行乘船"[②]，说明中国人很早就开始利用河流、水道出行，良渚古城即是现今发现的年代最早的水城。后世临水筑城，利用河道形成滨水城市景观的案例已是不可胜数，居住在水边的人们会借助城市内外的水面及滨水街巷进行各种商贸和文化娱乐活动。唐人王建的诗句："水门向晚茶商闹，桥市通宵酒客行"（《寄汴州令狐相公》），就是这种水乡生活的写照。

在水网纵横的江南地区，河道与街巷的结合已经有千年以上的历史，人们从保留

---

① （北宋）孟元老.东京梦华录［M］.李士彪，注.济南：山东友谊出版社，2001.
② （汉）司马迁.史记［M］.北京：中华书局，1975.

图6-33 周庄水巷
中国南方的许多城镇中都是水网密布，居民以舟船为主要交通工具，水陆交错，河道与街路均是人们的主要生活活动空间。周庄属于典型的江南小镇，镇中水巷的滨水建筑轻盈淡雅，舟船行于其中，犹如一幅幅画卷，极有诗情画意。

图6-34 水乡的桥梁
水乡的河道之上都修建有各式桥梁，桥梁在水乡的景观构成中有着点睛的作用，是空间景致的视觉中心。江南水乡中的桥梁多为石梁或是石拱桥，这些石桥为水巷河街增添了诱人的魅力。

至今的宋代《平江府城图》中还可以看到1000多年前那种"前街后河"式的水乡城市所具有的空间特征。由于水乡是因河道、水网而形成的，所以河道、水巷便是水乡城市的结构框架，城市的形态也会"因水成势"，构成富有情趣的滨水生活空间。

一般来说，水网密布的城镇都有两套交通系统，多以河道为主，街巷为辅。街巷会顺应水网，主干道路一般都与河道平行，次一级的巷道会与河道垂直，以方便附近居民到达水边。河道与街巷相辅相成，形成平行并列、水路分流的交通系统。河道、水巷主外，以舟楫迎来送往；街巷对内，主要为城内居民服务。河与街的关系，以"两街夹一河""一街一河"的形式为主，当然，也有沿河两侧的建筑都直接濒临河道的情况。沿河而建的建筑一般都会尽可能地争取近水，随着河道的走势而变化，与河岸形成一个整体。有的建筑还会出挑水面，临河开门，抑或是退让河道，形成别有情趣的临水空间。

河道与水巷之上，为了方便生活，多建有各式桥梁。唐代诗人白居易曾在诗中这样描写水乡的景色："绿浪东西南北水，红栏三百九十桥。"（《正月三日闲行》）可见，水乡城市中桥梁极多。《平江府城图》中所画的宋代苏州曾经修建有359座桥梁。而根据清代光绪年间绘制的《绍兴府城衢路图》所示，绍兴城当年共有桥梁229座，绍兴城的占地面积是7.4平方公里，这样计算下来，城区内平均每0.0231平方公里就有一座桥梁，桥梁的密度之高令人称奇。现在整个绍兴地区仍然保存着604座古桥，其中，

图6-35　湖南凤凰古城沿江商业街
湖南凤凰古城的城区已经越出了城墙，发展到了沱江两岸，其中尤以南门和东门夹江两岸的
地段最为繁华。南门外沿江地带随着地势跌落，形成了很有特色层层重叠的吊脚楼景观。

宋代以前的古桥13座，明代以前的古桥41座，清代重修、建造的古桥550座，是目前中国保存古桥品类及数量最多的城市[①]。水乡中桥梁的造型可谓千姿百态，其中以造型各异的石拱桥和石梁居多。这些石桥往往会成为河街水巷的视觉中心，对城市空间起着点睛的作用，构成水城所独有的"小桥流水人家"的景色，极具诗情画意。正如一首唐诗所描绘的那样："远近高低寺间出，东西南北桥相望。水道脉分棹鳞次，里闾棋布城册方。"（《白居易诗集》）

此外，江南水乡中河道、水巷两侧建筑的临水一面几乎都修建有接近水面的码头，方便船只停靠，可以说是"朱门白壁枕湾流，家家门外泊舟航"。而水乡城镇中的大型公共河埠则多沿着河道展开，位于水陆交通都比较便利的主河道上，或是几条河流的交汇处，是城镇中重要的商贸交易场所，也是该地区的公共活动中心。因此，大型水埠的周边地区多会形成热闹的街市，不但遍布着酒肆、茶坊，而且还建有水乡所特有的水上戏台。如遇节日，那便是"百舸争泊、市河为塞"，另有一番欢快热闹的水乡生活景象。

---

① 罗关洲. 绍兴古桥文化［M］. 北京：中华书局，2004.

图6-36　湖南凤凰古城沿江吊脚楼

凤凰古城南门外，沿着沱江展开的关厢地带，是古城最具活力的地区，已经形成繁华的商业街市。从沱江上的廊桥望去，江边的吊脚楼已成凤凰古城的一大胜景。

第一节　面向大众的生活服务设施

一、酒楼

在中国古代城市之中，与备受关注的权力空间相对，生活及公共活动空间的发展长期滞后。城市居民的日常生活，在唐代之前，一直都受到封闭型城市空间的制约，直到宋代废除了"市坊制度"，城市居民的生活空间才得以改观。在挣脱了"官控体制"对城市空间的束缚之后，商贸功能、娱乐功能得到了空前的发展，城市生活空间和公共活动场所得以扩大，城市服务设施也开始逐渐增多，而且是越来越多样化，并由主要服务于统治阶层转而面向普通民众了。这其中与唐代之前最为明显的区别，就是以各种酒楼、饭庄、茶肆为代表的大众服务设施从"官控体制"中脱颖而出，作为公众的日常生活场所，在街市中兴起，成为城市空间构成的重要组成部分，城市生活空间也因此而变得充满了活力，日趋丰富多彩。

从历史上看，在中国古代很长的一段时间里，聚众娱乐是受到限制的，酗酒过度更被认为是亡国的征兆，周人为此特作《酒诰》以相儆惕。官方亦曾经施行过禁酒令，不允许私自造酒，在公开场合擅自聚众饮酒也会受到惩罚。《汉书·文帝纪》注中即记载有："汉律，三人以上，无故群饮酒，罚金四两"①的惩罚制度。所以，唐代以前的城市之中，只

---

① （汉）班固. 汉书·文帝纪 [M]. 北京：中华书局，1962.

图7-1 折觥
折觥出土于陕西扶风周原，是西周时期的盛酒器。觥的前端常常做成兽首，用于倾酒。

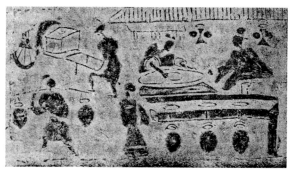

图7-2 汉代酿酒画像砖
四川新都出土的画像砖，表现的是一个酿酒作坊的场景。中间的大釜为酿缸，二人正在酿酒，灶前有酒炉一座，内有三个酒坛。画面左侧有一推车、一挑担者正在向外运酒。

是在政府管理的集中作坊区内设有酿酒作坊，卖酒的酒家也大多布设在官府管控的"市"中，唐代诗人杜甫的著名诗作："李白斗酒诗百篇，长安市上酒家眠"（《饮中八仙歌》）所写的就是李白在"市"中酒家饮酒的场景。但是，宋代之后便完全不同了，酒楼、饭庄大量出现在繁华的街市之上，已经成为最为常见的生活服务设施，并以其自身的形象改变着城市景观。

北宋时，汴梁城内的酒楼、饭庄与唐代之前不同，多修建在邻近城门的大街之上，其正店的规模相当宏伟，均是"屋宇雄壮，门面开阔"。酒楼的大门都用彩色绸缎装饰成彩楼、欢门，屋檐下悬挂着各式灯笼，远远望去，好不气派。按照《东京梦华录》的记载，马行街东面的"丰乐酒楼"（原名"矾楼"）最为气度非凡，由5栋3层高的楼阁组成，楼阁之间还建有飞桥，栏槛相通，楼面上珠帘绣额，灯烛晃耀，独成汴梁一景[1]。

图7-3 唐代舞马衔杯银壶
陕西省博物馆收藏的这把唐代银壶，造型仿自同时代北方游牧民族使用的皮囊壶。壶口、提梁和舞马及壶底纹均饰镏金，为宫廷中的酒具。

图7-4 唐代舞伎形八棱金杯
唐代的这只金杯为八棱形，每面各作一歌舞状人物，是具有波斯特色的酒杯。

① （北宋）孟元老.东京梦华录［M］.李士彪，注.济南：山东友谊出版社，2001.

图7-5 《清明上河图》中的酒楼、饭庄
张择端所绘的《清明上河图》中，有多处酒楼和饭庄。其中"孙羊正店"气派极大，门前有彩楼装饰，后院中倒置的酒瓮堆集如山，楼上的顾客悠然地凭栏而坐，品酒闲聊，楼下的客人进进出出，表现了北宋时期汴京的街市及休闲场所的热闹场景。

《汴京纪事》中有诗赞云："梁园歌舞足风流，美酒如刀解断愁。忆得少年多乐事，夜深灯火上樊楼（作者将矾误写为樊）"[1]。此外，名噪京师的"藩楼"也是3层高的楼阁建筑，统领着整个区域的空间形象，故此，其所在街道亦以藩楼命名。北宋时，这类豪华酒楼在汴梁城中竟有72处之多，而普通贴近平民百姓的小酒馆（脚店）就更是"不能遍数"了[2]。京城之中还有各类饭庄亦不亚于酒楼，店门以"山棚"吸引顾客，内里为厅院，有厅堂、廊庑，与酒楼一样，也是通宵达旦，彻夜经营。我们从宋人张择端所绘的《清明上河图》中即可以看到当年汴梁城中的酒楼、饭庄以及充满了生机的市井生活场景。宋代地方城市中的餐饮业也很兴旺，平江府（苏州）城之中也是酒楼林立，官办的酒楼有清风楼、黄鹤楼、花月楼、丽景楼等，尤以花月楼和丽景楼的规模盛大，"雄盛甲于诸楼"[3]。饮食店以阊门外的"张手美家"最为有名，其店面"通连七间，水陆南北之物毕具，随需而供"[4]，足见此时的城市空间景象，已绝非前代高墙环列的封闭型街衢可比。

北宋时的酒楼、饭庄之中，已有歌女、艺妓伴酒以招揽顾客，而且酒楼还常与

① （宋）刘子翠.汴京纪事二十首中的第十七首.见：北京大学古文献研究所.全宋诗［M］.北京：北京大学出版社，1998.
② （北宋）孟元老.东京梦华录［M］.李士彪，注.济南：山东友谊出版社，2001.
③ （宋）范成大.吴郡志·官宇［M］.南京：江苏古籍出版社，1999.
④ （明）王鏊，等.正德姑苏志.天一阁藏明代方志选刊续编十·一至十四册［M］.上海：上海书店，1990.

教坊相邻，导致了陪饮歌妓的职业化。南宋以后，此风更盛，《武林旧事》中记载，临安的"和乐楼"及其所有分号之中都备有陪酒的官妓，在宴席间表演歌舞，奏乐助觞，以为陪侍①。其实，不独京城，各地市井之中的酒楼均是如此。宋人刘过《酒楼》一诗所咏的"夜上青楼去，如迷沿府深。枝歌千调曲，客杂五方音"②说的就是金陵（南京）街市中酒楼的常态。这种兼具娱乐演出的经营方式一直延续了下来，至明清时，全国各地的很多酒楼、饭庄之中都带有固定的舞台，演出各种戏曲，且已蔚然成风，形成了习俗，致使酒楼、饭庄成了中国古代后期城市之中利用率极高的大众休闲娱乐场所。

二、茶馆

与酒楼、饭庄一样，同为大众休闲、娱乐的人际交往场所的还有茶馆。酒楼的经营侧重于"酒宴"，茶馆的门槛则更低，重在"怡神赋闲"，会友侃谈，是中国古代后期城市之中更为平民化的市井生活场所。

中国人很早就有了饮茶的习惯，据文献记载，最早开始饮茶的是巴蜀滇黔地区，西汉时传至长江流域，至唐代，饮茶之风遍及南北，陆羽的《茶经》问世之后，饮茶始与吃酒并驾齐驱。《广陵耆老传》中记有："晋元帝时有老姥，每日独提一器茗，往市鬻之"③。南北朝时，随着品茶之风的兴起，出现了供人喝茶歇脚的茶寮。现存有关茶馆的最早记载，出自唐人封演撰写的《封氏闻见记》④，但是，唐代时茶馆还未普及，"市坊制度"的破除为茶馆在城市中的兴起提供了机遇。北宋时期，茶馆开始出现在城市的大街小巷之中，茶馆内不仅以茶待客，而且还伴有丰富的社会活动。南宋以后，茶馆已经成为适合于各色人等的聚会之所。明代中期以来，茶馆更是到处林立，就连偏僻的乡间小镇也建有茶坊，茶馆的种类及经营机制也日益多样化。这种情况至清代时，又有了新的发展，聚饮清谈的风气更加平民化、世俗化，茶馆的分布范围更广，数量更多。有人曾经对清末成都的茶馆作过统计，成都当时共有大小街巷516条，而茶馆就有454家，几乎每条街巷之中都建有茶馆⑤。由此可见，茶馆已经超

① （宋）周密.武林旧事［M］.钱之江，注.杭州：浙江古籍出版社，2011.
② （宋）刘过.龙州集［M］.上海：上海古籍出版社，1978.
③ （唐）陆羽.茶经·七之事［M］//广陵耆老传.昆明：云南人民出版社，1981.
④ （唐）封演.封氏闻见记校注［M］.赵贞信，校注.北京：中华书局，1958.
⑤ 王笛.二十世纪初的茶馆与中国城市社会生活——以成都为例［J］.历史研究，2001（5）.

图7-6 法门寺出土的唐代茶罗子
陕西扶风法门寺出土的唐代鎏金仙人驾
鹤纹壹门座茶罗子。茶罗子是唐代制茶
所用的专门工具。

图7-7 宋代《斗茶图》
历代遗有多幅《斗茶图》，此图传为宋人所绘。茶是中国传统的饮料，
陆羽的《茶经》对茶的品质、采制、烹饮等记述甚为详细，故至宋代
茶道盛行，不仅在茶肆中吃茶，还自备材料制茶、斗茶，以此来比试
茶艺的高低。此图所反映的是市井中聚众斗茶的情景。

越了物质存在，成为与市民的日常生活联系得非常紧密的一种城市文化生态。

　　然而，中国人在茶馆中饮茶，与日本人在茶室中很不一样。日本是专门的品茶清谈，已经发展成为一种典雅的修炼仪式——"茶道"。而在中国，宋代以后，特别是明清，多是以"茶"为媒介，进行各种人际交往和消遣、娱乐活动，有人甚至会整天泡在茶馆中消磨时光。

　　茶馆，在中国的北方和南方也有所不同。北方一般是纯粹的喝茶，最多是有些水果和零食，而在南方，则是边吃边喝的方式。扬州的茶馆之中备有很多茶点，如面类、烧卖、乾丝、春卷等；而广州的茶楼则有简餐、小吃店的味道，人们在茶楼中吃早茶、午茶当饭；天津的茶园、落子馆是边品茶边看曲艺表演；上海的书场是边吃茶边听说书和评弹[①]；成都的茶馆却是一边喝茶，一边打麻将。总之，过去的中国，不论何时，也不论市面上的状况如何，茶馆中都是宾客满座，好生喧闹。正如一首竹枝词所云："萧条市井上灯初，取次停门顾客疏。生意数他茶馆好，满堂人听说评书"[②]。所以，中国的茶馆与日本的茶室差别极大，是一种供大众消遣的世俗娱乐场所，很是热闹，人们围坐在桌旁一起聊天、听曲，有点类似西方的咖啡馆，或是酒吧

①　覃力.中国城镇传统街道景观的特点及其保护开发［D］.天津：天津大学硕士学位论文，1984.
②　《锦城竹枝词抄》，转引自：王笛.街头文化［M］.李德英，谢继华，邓丽，译.北京：商务印书馆，2013.

图7-8　茶馆中的世俗百态（一）
此图表现的是茶馆中人们聚会闲谈的情景。

图7-9　茶馆中的世俗百态（二）
此图表现的是茶馆中听说书的情景。

中杂谈、闲侃的情景。不同的是，门槛很低，一壶茶可以沏多次，喝上半天，正所谓"一壶挥尘，用畅清谈"。

茶馆里虽然人声嘈杂，但是，什么都可以谈，聊家常、谈买卖、会朋友，真是千姿百态。在没有网络、报纸和广播的古代，茶馆便是各种新闻的滋生地和交易所，社会上发生的大小事件都会在此成为公众谈论的话题，而由各种信息的广泛传播所形成的社会舆论，又会反过来深刻地影响人们的生活。久而久之，在近世的茶馆之中便又增添了一项特殊的功能，那就是调解纠纷，在人们出现争执的时候，常到茶馆中评理，请德高望重的人来拍板定夺。有些地方管这种做法叫作"吃讲茶"，也有的地方叫"抹桌子"。因此可以说，茶馆是在中国古代后期城市中非常重要的"交往场所"。酒楼、饭庄的功能也是如此，不同的只是酒楼更为高大豪华，主要为客人提供正餐及酒水而已。事实上，酒楼、茶馆都是中国古代后期城市商业街中最为常见的生活服务设施，人们到这些地方品茶、吃酒，乃是"醉翁之意不在酒"，是一种世俗化了的生活方式在古代城市空间上的投影，同时，这种生活方式也构成了各地城市文化特色的重要组成部分。

三、戏园

与古希腊、古罗马的城市中有许多剧院、竞技场、浴室、体育场等大型公共设施和娱乐设施不同，中国古代城市在宋代之前并没有专门面向城市居民的公共娱乐设施。虽说娱乐活动自古有之，但是在中国，多以堂会宴集的方式为宫廷、贵胄及士大夫服务，民间的娱乐表演仅在官方管理的"市"中偶现，面向中下层民众的、专用的固定娱乐场所非常有限。尽管在一些闾里之中，似乎也存在着内部的小型活动场地[①]，但是，闾里皆为封闭式管理，这些活动必然会受到许多限制，抑或是相互隔离。

唐代时的娱乐活动，虽然比之前代已经有了一定的发展，但是，带有公众娱乐性质的"戏场"（为吸引香客而设的简易表演场地）也仅仅设在里坊中的一些寺院之内。宋人钱易在《南部新书》中说："长安戏场，多集于慈恩，小者在青龙，其次荐福"[②]。这里所说的慈恩、青龙、荐福，都是长安城中的寺院。官府管理的"市"，是当时人员最为密集、最为热闹的去处，其中也有一些娱乐性质的杂艺表演[③]。不过，在严格的"市坊制度"管理之下，上述公共娱乐活动都受到时间和空间上的很多制约，并不尽如人意。真正改变了人们的生活方式，使大众娱乐成为城市文化和城市生活不可缺少的重要组成部分，那还是始于宋代。

两宋时期，大众娱乐开始市井化、商品化，城市中的游艺表演区——"瓦子"与"勾栏"应运而生。瓦子，又称"瓦舍""瓦市"，特指城市中"易聚易散"的娱乐场

图7-10 东汉说唱俑
这两个说唱俑均为俳优击鼓说唱，形象逼真，在活泼诙谐的表演中透露出憨厚之态。说唱俑又称说书俑，是汉代由侏儒导引的"倡优戏"，有如现代杂技表演中的小丑。

① "里有俗，党有场，康庄驰逐，穷巷蹴鞠。"参见：王利器，注. 盐铁论校注 ［M］. 北京：中华书局，1992.
② （宋）钱易. 南部新书 ［M］. 黄寿成，点校，北京：中华书局，2002.
③ （唐）段成式. 酉阳杂俎 ［M］. 上海：上海古籍出版社，2012.

图7-11　敦煌莫高窟壁画中的舞台
壁画中有在水面上架设的歌舞表演乐台，这种舞台多为方形或长方形，木构架空，四面设勾栏
（栏杆），台面为表演场地。在由唐至宋的敦煌壁画中，画有类似这种乐台的有数百处之多，从一
个侧面说明，唐代在寺院中设戏场来娱乐大众、招揽信徒的做法非常普遍。

所，"谓来时瓦合，去时瓦解之义"[①]。实际上，就是类似于后世北京天桥那样的具有一定规模的街头表演场地。勾栏，原是栏栅或是栏杆的意思，指临时用栏棚绳子围合起来的演出场地，后来也特指简易的表演舞台、戏棚。勾栏多位于瓦子之内，依据《东京梦华录》的记载，北宋京城汴梁有6处瓦子，遍布各个城区，规模大者可以容纳千人[②]。《繁盛录》《武林旧事》等文献中记载，南宋临安城内有瓦子5处，城外周边的居民聚居区有瓦子20处，其中"北瓦"内的勾栏多达13座[③]。可见，两宋时期，大众娱乐活动发展得很快，南宋更甚于北宋，城外的居民聚居区胜过城内。瓦子中演出各种舞乐、杂艺、傀儡戏等，不论寒暑，到此观看的民众都是比肩接踵，场面十分热闹。瓦子的场地可大可小，常因各种原因处于变动之中，后世难寻踪迹。但是，江南地区的一些城镇之中仍然有"瓦子巷""勾栏巷"名传后世，可以想见，当年这些地

① （宋）吴自牧.梦粱录［M］.杭州：浙江人民出版社，1984.
② （北宋）孟元老.东京梦华录［M］.李士彪，注.济南：山东友谊出版社，2001.
③ （宋）周密.武林旧事［M］.钱之江，注.杭州：浙江古籍出版社，2011.

图7-12　浙江宁波秦氏支祠戏台
浙江宁波秦氏支祠中的戏台,是整座建筑群中最重要、最为华丽的部分,被誉为"浙东第一戏楼"。

图7-13　浙江宁波秦氏支祠戏台藻井
秦氏支祠戏台的藻井,由斗栱、花板和昂嘴组成16条曲线,盘旋而上至穹顶处汇集,设计极为巧妙,再加上施以雕刻、大漆贴金,整座建筑给人以金碧辉煌之感。

区圈建瓦子、勾栏的风气之盛。

　　固定的专门用于表演的建筑在中国出现得很晚,大约是到了金元时期,戏曲流行,寺庙中才开始兴建酬神戏楼,既用于祭祀,同时,也演出戏曲招揽香客。到明代时,寺庙与会馆中的戏楼已经形成了固定范式,即一面设戏台演出,三面围以建筑游廊,供人们安坐其中观看表演。至清代,又由此而发展成为营业性的"戏园",长年举办各种商业演出。戏园是整体封闭式的,在原来戏台和环绕看楼的基础上加盖了屋顶,将戏台、看楼和池座全部包围起来。这种封闭型的室内演出设施可以遮风避雨,使戏剧演出不再受到气候、季节的影响,因而成为当时极受欢迎的大众娱

图7-14 天津广东会馆戏楼

天津广东会馆戏楼是茶园戏楼的代表作，建于清光绪二十九年（1903年）。
戏楼是利用四合院天井围成一个闭合的空间，楼下为散座，楼上是包间，最
多时可以容纳六七百人。表演舞台三面凸出，接近观众，舞台的正上方设计
有一个藻井，外方内圆，斗栱接榫螺旋向上，匠心独运。

乐场所，为城市的文化活动以及城市生活的繁荣发挥了非常重要的作用，并使"逛戏园"发展为一种时兴潮流。戏园多建在城市中繁华的商业区，清中叶以后，北京的大戏园子多建在前门外的大栅栏一带。其他城市也是如此，南京的夫子庙，上海的城隍庙，天津的北大关、南市等，都是过去戏园比较集中的地方。

第二节　丰富多彩的公共活动场所

一、佛寺的节日庆典

城市中的庆典活动是城市活力的源泉，也是城市文化的一种表现形式。在中国古代，民间的庆典活动最初源于寺院，外来的佛教进入中国之后，便借助各种娱乐活动为传播媒介以扩大影响。寺院中演奏的佛乐带来了域外表演艺术，为了吸引大众，又融入了世俗性的百戏，从而使得佛寺演变成为中国古代城市中平民百姓最早能够参与其中的公共活动场所。

北魏洛阳时，寺院中的这种活动已经开始流行，《洛阳伽蓝记》中记载了当时盛会的状况是："召诸音乐逞伎寺内，奇禽怪兽舞忭殿庭，飞空幻惑世所未睹，异端奇术总萃其中"[①]。这种盛大的集歌舞演出与百戏表演为一体的宗教节日，后来逐渐发展成为在城市中定期举行的大众节日庆典活动。由于寺院为这类大型活动提供了场所，因而才使其成为当时城市中最为吸引人的公众活动空间。

到了唐代，这种娱乐庆典活动仍然在特定的寺院中举行。与前代舞乐表演多在节日举办不同，在寺院之中，为歌舞、百戏设立了经常性的"戏场"。长安慈恩寺中的戏场，不仅对长安的居民很有吸引力，就连皇室宗亲都会经常来此看戏[②]，从而为长安的城市生活增添了丰富的内容。唐代地方城市的寺院之中，这类的公众活动也并不少见，《太平广记》："中元日，番禺人多陈设珍异于佛庙，集百戏于开元寺"[③]的记

---

① （北魏）杨衒之.洛阳伽蓝记［M］.北京：中华书局，2012.
② （宋）钱易.南部新书［M］.黄寿成，点校.北京：中华书局，2002.
③ （宋）李昉等.太平广记［M］.北京：中华书局，1961.

图7-15　民间的舞龙

舞龙是一种全国性的习俗，人们在喜庆的节日里用舞龙来祈求风调雨顺，五谷丰登。龙多用竹、布扎制而成，龙的节数取单，多为九节、十一节、十三节等。龙灯也称为"火龙"，用竹篾编成筒子，外糊漂亮的龙衣，内点蜡烛或油灯，夜间龙体透亮，舞动起来十分壮观。

图7-16　民间的舞狮

舞狮也是一种节日庆典活动，人们相信狮子是祥瑞之兽，舞狮能带来好运，每逢重大节日，都会在锣鼓鞭炮声中舞狮助兴，祈求吉利。舞狮兴起于唐，经过一千多年的发展，形成了南北两大表演风格。北狮：舞狮人全身包狮被，下穿狮裤和金爪蹄靴，外形与真狮相似。南狮：舞狮人下穿灯笼裤，上面仅披一块彩色狮被，狮头也与北狮不同。

载即是佐证。

　　宋代文献中提到这类寺院公众活动的更多，尤其是在江南地区十分流行。诗人陆游的《稽山行》中即有"禹庙争奉牲，兰亭共流觞。空巷看竞渡，到社观戏场"的诗句。当然，这类娱乐、庆典活动的最盛之地还是京城汴梁。宋人孟元老的《东京梦华录》中，有多处这类活动的记载，其中以大相国寺最为突出[1]。大相国寺的集会，每月开5次（一说8次），寺院僧房外的庭院及两廊可以容纳万人。类似的活动还有徽州的佛会、福州的庆赞大会等。

　　自南北朝而至唐宋，佛寺、道观中的这种节日庆典活动，常常还伴随有名目繁多的所谓"行像"出巡，也就是将佛像、道神请出安于车上，上街巡游。庆典活动也由固定的场所发展到了城市中的街道空间，引发全城为之轰动。《魏书·释老志》中便记载：四月初八，景明寺的行像队伍过皇宫正门时，皇帝会亲临登楼散花[2]，此种盛

①　（北宋）孟元老. 东京梦华录［M］. 李士彪，注. 济南：山东友谊出版社，2001.
②　（北魏）魏收. 魏书·释老志［M］. 北京：中华书局，1974.

况导致了全民为之欢腾。明清时期，这类庆典活动更是扩大到了民间祭祀的各种庙宇。佛像、道神的出巡，也被愈加世俗化了的"舁神"出巡所取代，如各地都有的城隍出巡、财神出巡、娘娘出巡等等。伴随着出巡的神舆，还会有许多诸如旗幡、挎鼓、高跷、舞狮、舞龙之类的民间文艺表演。所以，这类节日庆典活动多是所在城市一年之中最为盛大的民间"嘉年华会"，深受百姓的喜爱。曾经受到过乾隆皇帝赞誉的天津天后宫的"皇会"以及上海的"三巡会"，就是这类活动的典型代表。三巡会的这种嘉年华风尚一直延续到光绪末年。有诗为证："舁神巡视迭鸣锣，仪仗森严奏乐和；男女喧哗三节会，满城热闹看人多。"[1]

图7-17　广东佛山祖庙

佛山祖庙始建于北宋，供奉真武玄天上帝。佛山人把祖庙视为福庙，每逢传统节日都会聚集在祖庙祈福、许愿。每年的三月三北帝诞辰日，是祖庙最为盛大的庙会活动，已经入选国家级非物质文化遗产名录，北帝巡游时，佛山万人空巷。

二、庙会经济的繁荣

宋代以后，这类娱乐、庆典活动，还有一个很大的变化，那就是娱乐活动与商贸活动开始结合在一起。每月定期在寺庙中陈售百货，以便于城郊居民购买，从而形成了一种更加市井平民化的，集市场、娱乐、宗教等多种社会活动于一身的大型盛会——"庙会"。在庙会期间，手艺人可以在寺庙及周边摆出货摊，店主、行商可以展示商品，平民百姓则可以游乐、吃喝，观赏各种歌舞、百戏的演出，享受生活的欢乐。元代以后，这种庙会已经不再局限于佛教寺院，而是遍及道观和各类不同信仰的庙宇，发展得更加兴

图7-18　广东佛山祖庙戏台

佛山是粤剧的发源地，佛山祖庙中的戏台是最早演出粤剧的舞台之一。该戏台初名华丰台，后改称万福台。每逢北帝诞、天后诞、龙母诞等各种名目的庆典活动和庙会，万福台都会上演粤剧等各类演出活动。

---

① 顾炳权.上海洋场竹枝词［M］.上海：上海书店，1996.

图7-19 福建泉州关帝庙庙会
泉州的关帝庙位于涂门街，规模宏大，每年前去进香的香客多达数十万
人，是关公信仰的六大祖庙之一。每到重要节日，关帝庙内外都是人山
人海，关帝出巡更是当地的重大祭典仪式，声势十分宏大。

盛。尤其是在那些不具备专业性娱乐场所的地方城市，庙会更是成为不可取代的全民
参与的主要社会经济活动，同时，它也是城市生活魅力的一种展现方式和各地城市文
化表征的重要内容。明清时期，全国各地的城市之中都有很多大大小小的庙会，仅
北京一地，按照《燕京岁时记》的记载，一年之中就有20多次庙会①。其中，每月初
三，外城西南有土地庙会；初四、初五，内城西边有白塔寺庙会；初七、初八，西四
牌楼有护国寺庙会；初九、初十，东四牌楼有隆福寺庙会。这几处庙会当时合称"京
城四大庙会"。

　　这里需要特别说明的是，"庙"在中国古代后期的城市、集镇之中是极为常见的
公共建筑。尤其是明代以后，"庙"既是人们信仰和寄托的所在，又是世俗化了的公
共活动场所。城市、集镇之中，几乎每条街上都有庙，城隍庙、娘娘庙、土地庙、关

---

① （清）富察敦崇. 燕京岁时记［M］. 北京：北京古籍出版社，1981.

帝庙、龙王庙、药王庙等，遍布每一座城镇的各个角落，是城市空间的活化剂，也是街坊四邻的生活中心和所在地区居民的骄傲。

一般来说，中国各地城镇中的庙宇不同于郊外深山中的寺院、道观，是一种非常独特的多神合祭的神社。与寺和观相比，"趋利世俗"的庙，占有压倒性的多数。正统的寺院和道观并非多神合祭，所以，城镇中非常正宗的寺、观也很少。而庙为了吸引更多的香客，增加香火，则可以把观音和其他毫不相干的诸神合祭于一堂，使之超越宗教意义，融入普罗大众的社会生活之中。庙门的周围一般也会有很多摊贩，庙前的小广场还常常和繁华的街道以及常设的市场相连。定期举行的庙会，亦有着调节地区经济的作用，而逢年过节举行的盛大祭祀典礼以及演出各种戏剧和出巡活动的法会，则无疑都为所在城市增添了人神共享的欢庆之乐，使整座城市都充满了生机。在这里，人与神之间并无主从关系，是平等的，所以，自宋元而至明清，城市中的寺庙都不仅仅是宗教活动的场所，而更像是祈祷与享受现实生活的"欢乐之地"。"逛庙"之所以能够成为百姓日常生活的重要选项，即说明庙在某种程度上，可以说是古代社区生活的重心，是一种承

图7-20 四川罗城
罗城始建于明代崇祯元年（1628年），镇中有一条船型主街，主街一端建有一座戏楼，至今保留着具有明清时代四川特色的建筑风貌。每逢佳节，镇上都将举行各种庆祝活动及社戏演出，场面火热。

图7-21 南京夫子庙
南京夫子庙是江南地区最著名的孔庙，与贡院相邻。因科考期间考生云集，酒楼、茶舍、妓馆应运而生，形成繁华街市，"画船箫鼓，昼夜不绝"。现在的夫子庙一带仍是颇具盛名的核心商业区，每年举办的"金陵灯会"更是热闹非凡。

载着大众活力的城市公共空间以及人际交流、贸易流通的重要场所[①]。

因此，自从"市坊制度"崩溃之后，庙与街市就联结成为一体，而共享盛衰了。很多街市都因为庙会而著称于世，像南京的夫子庙、开封的相国寺、上海的城隍庙、苏州的观前街，天津的天后宫以及北京的护国寺和隆福寺等等，即都是因为庙会而闻名遐迩，是当年这些城市的"商业中心"。这些地方之所以能够成为商业中心，也实在是与庙会的存在有着很大的关系，庙的兴旺就代表着这些街市的兴盛，甚至是这一地区的繁荣。这种观念在过去一直是根深蒂固的，也正是因为如此，寺庙便会经常得到人们的修缮，成为一种非常豪华的世俗建筑。寺庙在街市上也因此而变得越来越引人注目，成为街市的重心所在。所以，无论是在功能上、空间上还是在精神上，寺庙在市俗化了的街市之中都是处于统领地位，深刻地影响着整座城市的空间形态以及城市居民的日常生活。

三、同乡行会的聚所

随着城市经济的发展，在中国古代后期城市之中，城市社会结构发生变化，至明清时期，各地城市普遍出现了一种服务于商务需要，且其建筑形象足以影响城市空间的建筑类型，这就是"会馆"。会馆是民间投资建设的公共活动场所，它属于城市中服务于某一类人的一种公共活动场所。

图7-22　云南会泽江西会馆
云南会泽的江西会馆也叫"万寿宫"，初建于清康熙五十年（1711年），雍正八年毁于战火，乾隆二十七年（1762年）重建。江西会馆前后三进，另有东、西跨院，建筑布局严谨，造型别致，是现存清代会馆建筑中的精品。

① 覃力.中国城镇传统街道景观的特点及其保护开发［D］.天津：天津大学硕士学位论文，1984.

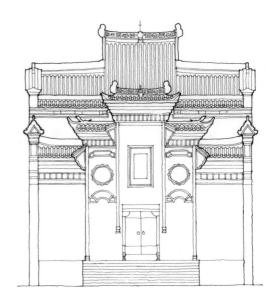

图7-23　陕西旬阳黄州会馆
旬阳的黄州会馆建于清同治年间，为湖北"黄邦"商人
出资兴建。主体建筑有门楼、乐楼、拜殿、正殿等，
虽然地处陕西，却具有南方建筑的典型特征，是小城
镇中会馆的代表。

　　最初的会馆是同乡人在异地建立的一种类似同乡会那样的组织，主要是客居异地
的同乡人聚会的场所，起因于科举考试。明代恢复了科举考试制度，每逢科考，全国
各地的学子都会聚集京城，一些官吏、士绅便在京城中修建馆舍，为家乡赴京赶考的
学生提供食宿，这便是会馆的雏形。此后，随着城市经济活动的渗透，会馆建筑的用
途逐渐扩展，融合了同乡会、商业行会的功能，形成了"官绅会馆"和"商人会馆"
两大类型，成为同乡人寄托乡思、观看家乡戏曲、品尝家乡菜肴、商务洽谈、同行联
谊、聚会公议等，既具有商业性又带有强烈地方特色的公共活动场所，与欧洲城市中
的行会（Guild）有着某些类似的作用。

　　现在，文献中可以考证得到的最早的会馆，是位于北京前门外长巷三条胡同的
"芜湖会馆"，修建于明永乐十九年（1421年），由俞谟捐建[①]，供乡人聊叙情谊。明
代中期以后，城市商贸经济活跃，商人会馆日趋增多，到清代时，各类会馆建筑已经
遍布全国各地。总体上来说，会馆主要集中在京城、省会以及主要的商业发达地区和
商路沿线上的城市。北京、江浙、河南、四川、湖南、福建、广东、台湾等地区，修
建会馆的数量最多。许多城市都不止建有一两处会馆，经济发达的府、州城中更有多
至数十处以上的情况[②]。例如：苏州有会馆28所，汉口有会馆181所，而在重庆，仅

①　芮昌南. 芜湖县志 [M].芜湖县地方志编纂委员会办公室，1988.
②　何炳棣. 中国会馆史论 [M].北京：中华书局，2017.

图7-24 四川自贡西秦会馆

四川自贡的西秦会馆，是清代陕西籍盐商出资修建的同乡会馆，故称"西秦会馆"，因内供关帝神位，又名"武圣宫"，建于清乾隆十七年（1752年），占地4000多平方米。整组建筑分为三进：第一进由武圣宫大门、献技楼和两侧的楼阁组成。第二进以参天阁为中心，客廨列左右，后为中殿。第三进为正殿和两侧的内轩、神庖。第一进建筑最具特色，檐脊屋面相连，翼角挺拔似飞，结构做法为世间罕见。

保存至今，仍然较为完好的会馆就有60多所。一些中小城镇之中，也有修建10余处会馆的情况，例如：江西的河口镇有会馆16所，湖南的洪江镇有会馆10所，就连越南的会安古城之中亦建有中华会馆、广肇会馆、潮州会馆、福建会馆、琼府会馆等5所会馆。当然，北京无疑是全国拥有会馆最多的一座城市，根据《京师坊巷志稿》中的记载，到清末，很多省、府、州、县在北京都修建有一至两处甚至更多的会馆，仅江西会馆在北京就有66所，浙江会馆有41所，商人会馆的数量就更多了，整个北京城的会馆总数超过了400所[①]。

明清时期，会馆及行会已经成为商业组织和城市生活中最为重要的社会机构。城市的繁荣程度，从某种意义上来说，也几乎可以用会馆的数量和规模来作为衡量指

图7-25　河南社旗山陕会馆
河南社旗的山陕会馆，是全国会馆类建筑中规模最大、保存最为完好、建筑工艺最为精湛的一座，占地面积13000多平方米，现存建筑152间，有"中国第一会馆"之誉。会馆建于明清时期，总体布局呈前、中、后三进院落，气势雄浑，装饰华丽，整体建筑水平极高，是当年"豫南巨镇"——社旗镇中首屈一指的大型公共建筑群。

① （清）朱一新，穆荃孙. 京师坊巷志稿［M］. 北京：北京古籍出版社，1982.

标。城市经济越繁荣，会馆的数量就越多，会馆建筑的规模及形制也越宏大、越绚丽。各地的大型会馆多建在城门口及主要商业街的附近，都是屋宇轩昂、房屋众多，拥有多进院落，是所在城市之中屈指可数的重要公共建筑，对城市街区的影响非常大，甚至左右着城市的整体空间形态。会馆的内部更是雕梁画栋，厅堂敞亮。会馆的门面也都十分讲究，多不惜耗费巨资，修建金碧辉煌的门楼，借以炫耀财力，提升自己的地位。会馆不似文庙、寺院，没有一定的建设规制，所以，其建筑形态千差万别，而会馆之间的相互攀比更令其争奇斗艳，以显示建筑形态的华丽多姿。特别是在地方城市之中，会馆往往还是该座城市中最为引人注目、最为绚丽的标志性建筑之一。保留至今的可以称得上是古代建筑杰作的会馆有：四川自贡的西秦会馆、河南社旗的山陕会馆、浙江宁波的庆安会馆、天津的广东会馆、北京的湖广会馆等。

图7-26　河南开封山陕会馆

开封的山陕会馆，修建于清乾隆三十年（1765年），为山西、陕西、甘肃三省富商集资所建。会馆规模庞大，建筑精美。会馆虽为同乡聚会、商务联谊之地，但是很多会馆中也供有神灵，定期拜祭。而山西商人对关公特别关爱，所以，各地的山陕会馆中多供奉关公，故此也被叫作关帝庙。

第一节　城防设施

一、城墙

在中国古代，城市与城墙是不可分割的一个整体，城市是由城墙围合而成的，尽管有些时候也有拆除城墙，或是不积极修缮城墙的举动。但是，通观历史，中国古代的城市还是修筑有城墙的情况远远多于无城墙。城墙不但是城内居民的安全保障，而且它还以自身的物质形象表明了城市的存在，与城市的存亡共命运，是中国传统文化的重要组成部分。

典型的中国古代城市，除了修建有城墙之外，还连带着修建环绕城墙的壕沟，也叫作护城河。壕沟中，有水的叫"池"，无水的叫"隍"。所以，城又可以称作"城池"，或是"城隍"。护城河大多宽达二三十米，但是，在南方水网地区，可以利用自然的河道、湖泊，所以，有些护城河的宽度便达到了七八十米，南京城东面的外壕甚至宽达200米。护城河的深度多为3~5米，是城墙之外的又一道防线，它不但能够十分有效地阻挡敌人的进攻，而且挖掘护城河的泥土也正好用来堆筑建造城墙。因此，高墙深堑也就成了古人修筑城池所要追求的目标。

与美索不达米亚的苏美尔人善用生土建造早期城市的城墙相类似，中国早期城市的城墙也大多就地取材，采用夯土技术建造。《汉书》《后

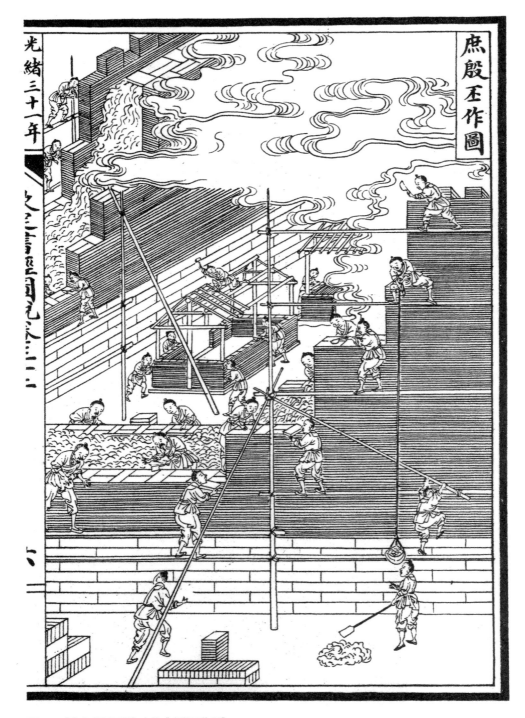

图8-1 《钦定书经图说》中的《庶殷丕作图》
《钦定书经图说》一书中刊载的《庶殷丕作图》，表现的是古代修筑城墙的情景。

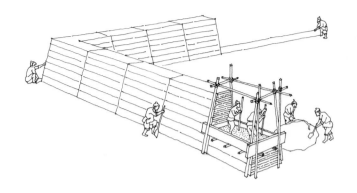

图8-2 版筑夯土城墙施工工艺
示意图
中国古代早期的城墙多采用版筑夯土技术建造，早在公元前二三千年以前，中原地区就已经掌握这一技术，商周以后逐渐扩展至其他地区。

汉书》中虽然也记载有"累石为城"[①]或是"编木为城"[②]的情况，但是在中国，应用最广的还是版筑夯土城墙[③]。为了使墙身能够坚固，早期的城墙一般都建造得非常厚，其至有超过三四十米宽的情况，城墙的断面呈梯形，坡度较大。后来，随着夯土技术的进步，城墙的厚度逐渐减小，也更为陡峻，多在十几至二十几米之间，也有些城墙里面的坡度会比外侧平缓很多，断面呈现为不等坡梯形。城墙墙身的高厚比并无定制，一般是1:1，也就是《墨子·备城守》中所说的："城厚以高，壕池深以广"[④]。而后世《营造法式》中的"筑城之制"则规定：城墙"每高四十尺，则厚加二十尺"[⑤]，墙体的高厚比为2:3，更加敦厚、牢固，同时，也说明城墙的高度比以前更高。从现存的西安明代城墙来看，其高为12米，城基厚15～18米，顶宽12～14米[⑥]。墙体的形制与《营造法式》的规定还是很接近的，只是略为陡峻而已，这或许是由于采用砖石包砌了夯土墙体的缘故。

在土城外面砌筑石块的做法，在中国，最早见于4000多年前的石峁古城，北方及内蒙古地区的史前古城多用石块垒筑，但是，此后全部采用石块砌筑的做法很少，多数情况是在城墙的底部及转角处砌筑条石，上部外包城砖，也有一些城墙仅在外侧包砖，内侧仍为夯土放坡。整座城墙全部外表包砖的做法出现得较晚，文献记载中是始

① （汉）班固.汉书［M］.北京：中华书局，1962.
② （南朝）范晔.后汉书［M］.李贤，等注.北京：中华书局，1965.
③ 考古验证，公元前3000年～前2000年前后，中国出现了大量的早期城址，当时建造城墙的方式各地有所不同，北方内蒙古地区发现的古城聚落城垣采用垒筑技术，黄河下游和长江流域的古城墙垣主要采用堆筑加夯工艺，而中原地区则广泛应用版筑技术建造夯土城墙。商周以后，夯土技术开始影响到了黄河下游和长江流域以及东北地区，成为各地城墙的标准建造模式。参见：张玉石.中国版筑技术研究［J］.中原文物，2004（2）.
④ （东周）墨翟.墨子［M］.郑州：中州古籍出版社，2008.
⑤ （宋）李诫.营造法式［M］.北京：人民出版社，2006.
⑥ 赵立瀛.陕西古建筑［M］.西安：陕西人民出版社，1992.

图8-3 湖北荆州古城城墙

荆州现存古城城墙修建于明末清初，城垣周长10.5公里，有6座城门，3座带有藏兵洞。城墙高9米，厚10米左右，外表包砌城砖，城墙上有炮台24座，城外修建有护城河。

自曹魏邺城[①]。但是，近年来考古发现的在夯土城垣外侧包砖的做法，已经提前到了东汉。四川广汉的东汉雒城城墙，是目前已知运用夯土包砌技术的最早案例，该城所用的城砖上还刻有"雒官城墼"四字的篆书铭文[②]，只是该城是整体包砖还是局部包砖，尚待进一步研究。唐宋时期，南方一些地区以及重要的城池，也有应用外包城砖的方法，但是，并没有全面推广，元大都的城墙也仅仅是在城门等重要部位包砌城

图8-4 西安城墙角台

西安府城城垣的四个转角处，过去都修建有角台，上建角楼。东南、东北、西北三处的角台为方形，西南角为圆形，方形角台之上建方形二层角楼，圆形角台之上建八角形三层角楼，现均已不复存在。1.西安城西北角台，2.西安城西南角台。

图8-5 陕西西安南城墙马道

马道也叫盘道，是守城兵士马匹上下城的通道。西安城的登城马道共有10处，马道的护门均涂成红色，俗称"大红门"，平时关闭，守护森严，禁止闲杂人等登城。

① （北魏）郦道元.水经注·浊漳水 [M].陈桥驿，点校.上海：上海古籍出版社，1990.
② 沈仲常，陈显丹.四川广汉发现的东汉雒城遗迹 [A]//中国考古学会第五次年会论文集 [C].北京：文物出版社，1988.

图8-6 陕西西安城墙
西安的城墙建于明太祖洪武三年（1370年），8年后竣工。城墙基底
宽15～18米，顶宽12～14米，高12米。城体以黄土分层夯筑，底
层用石灰，糯米与黄土混合夯打，外表包砌城砖。城墙每隔120米建
有马面和敌楼，城门带有瓮城，修建有闸楼、箭楼、正楼。

砖，直至明代以后，中国才普遍采取外包城砖的方法来保护夯土墙身。这一方面说明火器已经用于攻城，城防必须加固，同时也反映了明代制砖业的发达，在客观上提供了物质条件。今天，保存下来的古代城墙，如平遥、西安、兴城、南京、荆州、寿县等用城砖包砌修筑的所谓"砖城"，就大多是在明代建设完成的。

城墙的顶端，为了抵挡矢石，建有女墙，古时称为"雉堞"，也叫作"埤倪"，是城墙顶部修建的一种掩体，后来演变成为用砖石砌筑的垛口，形成了城墙所特有的高低错落、虚实相间的顶部造型效果。女墙的高度多为1.6~2米，凹口部分高约0.8米，宽在0.4米左右，以便于保护守城人员。

随着攻防战术水平的提高，城墙便从直线形发展成为带有"角台"和"马面"的形式。角台，是城墙转角处的墩台。马面，是间隔一定的距离，在墙体上修建的一个向外凸出的墩台。所以，角台和马面，本质上是同一类东西，过去也被统称为"台城"或"墩台"。角台和马面都可以组织交叉射击，多方位地反击进攻之敌，同时，也可以作为支撑体，加强城墙墙身的坚固程度。

这种防御设施，在四五千年以前美索不达米亚的城市中就已经被采用，不同的地方是：中国的角台和马面与城墙的高度一致，西域及欧洲的墩台常常高于城墙。目前，中国发现的最早的带有角台和马面的城墙，是战国时期的燕下都[①]。内蒙古、甘肃、吉林

图8-7　山西平遥城墙马面
山西平遥的城墙建于明洪武三年（1370年），周长6.4公里。城墙高10米，顶宽5米左右，墙体为夯土外包青砖。城墙顶部外侧建有2米高的垛墙，设垛口3000个，城墙外侧带马面，间隔60~100米，上筑敌楼，全城共有马面敌楼72个。

---

① 　河北省文物研究所. 燕下都［M］. 北京：文物出版社，1996.

图8-8　辽宁兴城城墙垛口
垛口是城墙顶端修建的一种掩体，各地城墙垛口的形式不尽相同，各有特色。辽宁兴城的城墙始建于明宣德年间，其城墙垛口间距较密，掩护性能较好。

图8-9　湖南凤凰古城城墙垛口
凤凰古城的城墙修建于明代，时为砖城，清康熙四十年（1709年）改为石城。全部采用紫红砂岩条石包砌，城墙厚0.8米，单侧起垛口，垛口亦用紫红砂岩条石砌筑。

一带分布有诸多秦汉时期的带有马面的城址，其中汉代的边城——甘肃夏河县汉代城址中，有残存的马面5处[1]，洛阳的"金庸城"亦发现有马面，为曹魏、西晋时期所筑[2]。而地处西北的大夏国都统万城（建于公元413年）的城墙，则与中原地区不同，修筑有密集的马面和高出城墙的角台[3]，明显是受到了西域城市的影响。

角台，有方形和圆形两种，方形角台又有平行于城墙墙身和与城墙墙身成45°角的两种情况，还有一些城墙的角台向内伸延，并不凸出墙体的外侧。而马面多为方形，宽度视城墙的大小而定，一般宽为12～20米，凸出墙垣8～20米不等。马面与马面之间的距离，多数情况是70～80米，最大也不过百米，目的是确保马面之间的地段能够在弓箭的有效射程之内，以便从不同的方位攻击来犯之敌。北宋的沈括在《梦溪笔谈》中讲述过马面的实用效果。他说："予曾亲见攻城。若马面长，则可反射城下攻者，兼密则矢石相及，敌人至城下，则四面矢石临之"[4]。北宋熙宁年间，官方还曾经编纂过《修城法式条约》一书，对城墙相关的各种防御设施作过统一的规定。不过，自火器普及之后，城池防御体系与技术措施发生了变化，便较少采用马面、角台等防御方式了。

① 李振翼.八角城调查记［J］.考古与文物，1986（6）.
② 中国社会科学院考古研究所洛阳汉魏故城队.汉魏洛阳故城金庸城城址发掘简报［J］.考古，1999（3）.
③ 陕西省文物管理委员会.统万城城址勘测记［J］.考古，1981（3）；侯甬坚等.统万城建城一千六百年国际学术研讨会文集［M］.西安：陕西师范大学出版社，2015：12.
④ （宋）沈括.梦溪笔谈［M］.长沙：岳麓书社，2002.

图8-10　山西平遥城墙、马面与敌楼
平遥城南面的城墙呈曲线形，转折变化较多，凸出于墙外的马面、敌楼使南城墙的形态变得非常丰富。

图8-11　西安明代城墙南门
西安城墙南城门名永宁门，原为隋唐长安皇城南面偏东的安上门，历五代宋元至明洪武十一年（1378年）统一形制重建，沿袭至今，是明清西安城的正南门。

二、城门

　　城墙最薄弱的部分是城门，所以防御方面历来为人们所重视，城门的形式和构造也在不断地得到改进。在4500多年以前的河南平粮台古城的遗址中，就发现了城门的门道两侧有用土坯垒砌的门卫房[①]，这显然是为了加强城门的防卫管理而设置的。春秋时期，墨子为了改进城门的防卫性作用，提出了建造用绞车启闭的悬吊式的城门，并在门板上钉木栈涂泥以防火的设想[②]。南宋的德安知府陈规在《德安守城录》一书

---

① 河南省文物研究所等.河南淮阳平粮台龙山文化城址试掘简报［J］.文物，1983（3）.
② （东周）墨翟.墨子·备城守［M］.郑州：中州古籍出版社，2008.

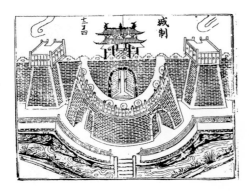

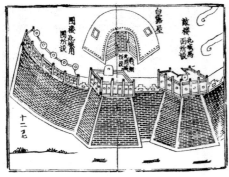

图8-12 《武经总要》中的宋代城制

北宋仁宗时奉皇帝之命，曾公亮和丁度编著《武经总要》一书，书中有专篇论述城防工事，并附有详细的城制图绘，对宋代及其以前的筑城经验，从军事攻防的角度进行了十分详尽的总结。

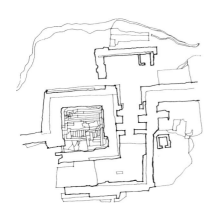

图8-13 陕西石峁古城瓮城遗迹平面示意图

石峁古城是一座龙山文化晚期至夏代早期的城址，有内外两圈城墙，外城东门建有用石块包砌的瓮城，该瓮城由挡墙、墩台和门塾组成。

中也建议过城门设三道门扇，城楼处设暗板，揭去暗板后，可以从城楼上投掷滚木礌石，用以增强城门的防御能力[①]。明清时期，为了有效地抵御火攻，城门已经普遍包锭铁叶，或是设置上下启闭的"千斤闸"。城门洞口的结构构造，也由宋代以前采用的过梁式木结构城门洞演进为砖券式的城门洞。

早期的城门只有1个门洞，后来出现了2个城门洞、3个城门洞，以至5个城门洞的情况。但是，一般来说，多门洞的城门仅仅应用于宫城，例如唐长安城大明宫的丹凤门、北京紫禁城的天安门，都是5个门洞。门洞的增多，一是基于城门体量的增大，二是出于礼仪规格方面的要求，不过，京城及各级地方城市的外郭城门，鉴于防卫上的需要，一直以来采用的都是一个门洞。

夏商周三代的城门洞口都比较窄，偃师商城的城门洞口，只有2米多还不到3米宽[②]。后世，随着城门洞口的增大，为了加强防御能力，便在城门之外加筑挡墙，后来逐渐演变发展成"瓮城"。目前，已知瓮城的最早案例见于夏代前后的石峁古城。先秦时期是否已有瓮城，一直存在着争议，但是，《诗经》中有"闉阇"一词，唐代经学家孔颖达疏曰："闉是门外之城，

① （宋）陈规，汤璹. 守城录注释［M］. 林正才，注释. 北京：解放军出版社，1990.
② 曹慧奇，谷飞. 河南偃师商城西城墙2007与2008年勘探发掘报告［J］. 考古学报，2011（3）.

图8-14　辽宁兴城瓮城
兴城城墙始建于明宣德三年（1428年），清乾隆四十六年（1781年）重修。周长3274米，城墙高8.5米，墙基宽6.8米，顶宽4.5米。城墙为夯土，墙基外砌条石，上部包砖。城开四门，城门带瓮城，四角设有炮台。

图8-15　湖北荆州古城北门藏兵洞
荆州古城的城门均建有瓮城，北城门的瓮城中建有藏兵洞，说明北门防御的重要性。战时若敌兵进入瓮城，藏兵洞中的兵士可以四面突袭入侵之敌。

图8-16　江西赣州古城八境台炮城
江西赣州的古城墙是一座保存着宋代城墙遗制的防御设施，在章水和贡水的汇流处，八境台古城墙的前端修筑有炮城。炮城略低于主城墙，凸出于城墙的转折处，有上下两层储藏券洞和马道。

即今门外曲城也"[1]。"曲城"或许就是瓮城一类的城防设施。汉代，瓮城多被用于西北地区的边城，但是，当时的瓮城形制极为简单，与早期城门洞口处的挡墙非常相近。至唐宋时期，瓮城已经由北向南发展，在一些重要城市中得到了应用，唐代的边州均筑有瓮城，北宋汴梁带有瓮城的城门是瓮城首次应用于都城的案例。《东京梦华录》中记载的汴京是："城门皆瓮城三层，屈曲开门"[2]。此后，其他城市也开始修建各式瓮城，瓮城的形制亦日趋多样化、复杂化。至明清时期，瓮城已经广为应用，

---

① 出自《诗经·郑风·出其东门》，见：（清）阮元，校勘. 十三经注疏［M］. 北京：中华书局，1980.
② （宋）孟元老. 东京梦华录［M］. 李士彪，注. 济南：山东友谊出版社，2001.

一些瓮城之中还修建有藏兵洞和库房，以作为战争期间储备物资和兵员休息的藏身之地。瓮城的平面有矩形、梯形和半圆形（也称月城）几种类型，其墙垣一般较主城墙略低，以避免遮挡主城的视线。瓮城出入交通的门道大多设置在侧面，与主城门门道曲折连通，以利于防御。现在在南京还能够见到的修筑于明代的聚宝门（中华门）瓮城就采用了三进重叠式的布局，纵深长达128米，内部建有藏兵洞、库房等27处，城门洞口拱券的上方还设有防御火攻的蓄水槽以及多道阻敌闸门[①]，是保存至今规模最大的一座瓮城。

此外，中国许多古城之中都有河流穿过，所以，很多城市都修建有水门。水门始于何时，已经无法考证，考古发现的最早疑为水门的案例是4300多年以前的良渚古城。从文献记载上看，春秋时期，吴王阖闾所筑的吴国都城已经建有8座水门，范蠡修筑的越国山阴城有4座水门，中原地区郑国的都城之中也建有水门，这就说明，其时水门的建设已经相当普遍。水门与陆门具有同样的作用，在楚都纪南城遗址，曾经发掘出一座距今2500多年战国时期的水门。该水门为木结构建筑，纵深11.5米，宽15米，有三条水道从中间穿过，由四排木柱支撑着上部的木结构闸楼[②]，用以管控

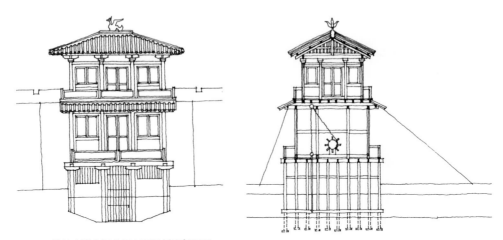

图8-17　楚纪南城南垣水门立面及剖面复原图
楚纪南城南垣的水门，1973年时被发掘出来，该门位于左河道穿越南城墙处，是战国时期楚都的水门遗迹。水门为木构，下部由4排木柱支撑上面的主体建筑，木柱每排10根，形成3条水道，水道宽3.5～3.7米。主体建筑的两侧有挡板，挡板之外各有一排略小的木柱，疑为附属建筑。经学者研判，该水门应是三层：下面为水道，通行船只；中间一层安放闸门、盘车；上层是守城兵士瞭望值班的处所。

①　杨新华.南京明城墙［M］.南京：南京大学出版社，2006.
②　湖北省博物馆.楚都纪南城的勘查与发掘（上）［J］.考古学报，1982（3）.

江苏苏州盘门

江苏苏州盘门瓮城

江苏苏州盘门水门瓮城

苏州盘门券门水道

图8-18 江苏苏州盘门
苏州府城的盘门，历史悠久，始建于春秋战国时期，现存的城门为元至正十一年（1351年）
重建。此门有水、陆两门，附带瓮城，陆门之上建城楼，水门之上有上下启动的千斤闸两道。

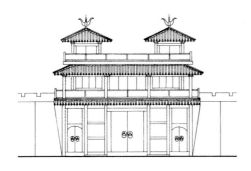

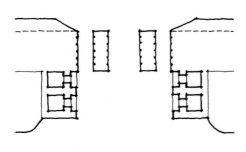

图8-19 楚纪南城西垣北门平面及立面复原图
楚纪南城西垣的北门，1975年时被发掘出来，该城门经考古勘测，应为战国时期楚都的城门遗迹。城门有三个门洞，中间的门道宽7.8米，两侧的门道宽约3.9米左右，城门口紧靠墙身的内侧，两旁各有门房基址一座。

舟船的进出。后世为了加强水门的防御能力，对水门进行过多种改进尝试，木结构的水门已经演进为砖石结构，一些水门还建有类似陆门瓮城的"翼城"。北宋时，就曾经在开封外城的汴河上、下水门两侧岸边修建了向外伸出的翼城，当时也叫"掴子城"。翼城夹河而建，与城墙水门连为一体，可以从两侧反击进攻水门之敌。今天我们还能够见到的水门实例并不多，山东的蓬莱水城（登州营）是一座明代修建的军事要塞，城池北面临海处建有一座包砖水门，扼守住出海口，保护着港内的舰船安全。现在保存下来的唯一一座水陆并峙的城门，是江苏苏州的盘门。它由水陆城门、瓮城和城楼组成，造型复杂、绮丽，与门外河道上的拱桥一起构成了苏州城的一景，是一处十分珍贵的历史文化遗存。

第二节　形象标志

一、城楼

中国古代城市的城门之上都建有"城楼"，城楼俗称"门楼"，源自于上古时期的战棚。有些城墙的马面之上也建有敌楼，城墙的转角处亦修筑有角台，上建角楼。由于城楼、敌楼、角楼都是修建在城墙之上的多层建筑，所以，显得非常雄伟壮观，既丰富了城墙墙身的轮廓形态，又有利于登楼远眺，居高临下地监视敌情，同时，它们也是中国古代城市形象的重要标志物。

汉唐以前的城门入口处也有依照古制设置"门阙"的情况。由于阙的形制较为复杂，外观隆重，地位更高，所以，历代宫城的正门为了显示尊贵，均修建门阙。《诗经·郑风》中载："纵我不往，子宁不来，挑兮达兮，在城阙兮"①。这就说明，早在西周时期就出现了城阙。城阙与城楼的不同之处，即如《释名》所言："阙，缺也。在门两旁，中央阙然为道也"②。也就是说，阙是城门两侧所建之建筑，而城楼则是建在城门之上。现在很多地方出土的汉画像石都保留有门阙的形象。东晋时，建业城的南门处仍然因循古制立有一对"朱阙"，是为三国吴都的遗物，辞赋大家左思在《吴都赋》中对此有过生动的描写："高闱有闶，洞门方轨，朱阙双立"③。

唐宋以后，城市的南北中轴线变得越来越重要，为了强化"居中之势"，城门便不再建阙，而更多地建造居中设置的城楼。不过，唐代的一些城门楼结合门阙的遗风，仍然十分壮丽，特别是重要的城门，多是重楼连阁。例如唐代益州的阳城门之上，即为"重阁复道"，左思的《蜀都赋》赞其是"结阳城之延阁，飞观榭乎云中"④。敦煌壁画中也留有这类带有连阁、挟楼的城楼形象。宋代之后，城楼的形制逐渐简

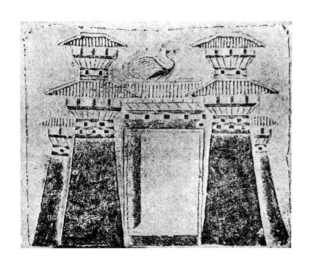

图8-20 汉画像砖中的《凤阙》

《凤阙》为成都市郊出土的汉代画像石拓片，因门阙之上立有凤鸟而得名。该画像石中所绘的门阙蔚为壮观，双楼并列，重檐迢然，中连罘罳，有金凤于楼上迎风欲翔，说明这是一座规格很高的重要门阙。

① （周）尹吉甫，采集.诗经·郑风［M］.北京：中华书局，2015.
② （清）毕沅，王先谦，疏正.释名疏证补［M］.上海：上海古籍出版社，1984.
③ （晋）左思《吴都赋》，收录于：全上古三代秦汉三国六朝文［M］上海：上海古籍出版社，2015.
④ （晋）左思《蜀都赋》，收录于：全上古三代秦汉三国六朝文［M］.上海：上海古籍出版社，2015.

图8-21　湖南凤凰古城南城门
南城门正对十字街，是凤凰古城最为重要的城门之一。城门之上
修建有带两层木构楼阁的门楼，城门内外商铺林立，是古城最为
繁华的关厢地段。

图8-22　北京城正阳门
北京城的正阳门，俗称"前
门"，是北京城南面的正
门。城楼修建于明永乐十九
年（1421年），通高42米，
面阔七间，二层重檐三滴水
歇山顶，造型庄重巍峨，是
一座非常典型的明清时期的
城门楼。

图8-23　北京城正阳门箭楼
北京正阳门箭楼，是正阳门瓮城上所建之
城楼，俗称"前门箭楼"。该楼之所以被称
作"箭楼"，是因为楼身为了抵挡炮火的
攻击而采用青砖包砌，仅开有82个箭窗，
造型与一般的木构楼阁差异较大。该楼建
于明永乐年间，后多次重修，现在楼腰处
的平座是民国初年增加的饰物。

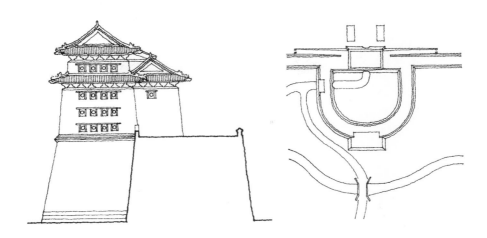

图8-24　北京阜成门箭楼侧立面及阜成门瓮城平面
北京城四面的城门均修建有瓮城，瓮城上建箭楼。由于南门正阳门是正门，故道路笔直，穿箭楼而过，其余各门则是在瓮城的侧面开门，道路曲折。阜成门在北京城西侧，瓮城为半圆形，箭楼凸出于瓮城之外，入口处设有闸楼。

化，形象与殿阁非常相像，基本上都是修筑在墙基之上的一至三层独立建造的木构楼阁。但是，随着攻城火器的发展，明清时期的城墙和城楼就多采用耐火材料取代土城木楼，改用城砖包砌楼身的木构架。此后，木结构的楼阁便被称为"软楼"，而包砖的城楼则被称为"硬楼"。北京城几个城门的箭楼和角楼就都属于用砖石包砌建造的硬楼，而正阳门等城楼则是所谓的软楼。

城楼的修建本是出于军事需要，然而，正是由于高大的城楼的存在，才使得城墙的外观形象产生了变化，丰富了整座城市的空间轮廓。又因为城楼处于出入城市的必经之地，所以，城楼即成为一种极具视觉感染力又令人印象深刻的标识性建筑。同时，城楼又与城墙一起记录着世间沧桑，作为历史文化

图8-25　北京故宫角楼
北京故宫角楼是紫禁城城池的一个组成部分，建在紫禁城城垣转角的四隅之上。角楼为木构方形，四面出抱厦，重檐三层，做十字脊屋顶，上覆黄色琉璃瓦，造型醒目别致。

图8-26 湖南凤凰古城东门
凤凰古城的东门原名"升恒门"，紧靠沱江，门前有码头、
石板桥，为凤凰一胜景。城门楼修建于清康熙五十四年
（1715年），城门洞口宽3.5米，上建二层楼阁，高11米。

图8-27 广东潮州城东门城门楼
潮州城墙始建于宋，明洪武十二年（1379年）全面重建，
开有7座城门，尤以东城门最为壮丽。东城门又称"广济
门"，城楼面阔五间，三层重檐歇山顶。东城楼面临韩
江，正对着广济桥，楼上有联曰："万峰当户立，一水接
天来"，是潮州八景之一的"东楼观潮"。

图8-28 山西平遥东城门
山西平遥城的各个城门均建有瓮城，东城门的瓮城规模最
大。瓮城的形态为方形，南侧开门，与朝东设门的东门成
90度，以利于防守。

224

遗迹而感人至深。今天，尽管城墙和城楼都已经失去了它的功能意义，但是，它们所承载的历史文化内涵却仍然能够令人感慨万千！

二、钟鼓楼

中国古代城市给人印象最为深刻的，除了城墙与城门之外，大概就要算钟鼓楼了。因为，不论是京城还是各地的省城、府、州、县城，城内都修建有十分引人注目的标志性建筑——钟、鼓楼。钟、鼓楼大多位于城市的中心地段，是古代城市主要街道的底景，它们体量高大，凸出于城内的一般性建筑，既能够壮观瞻、示威严，又可以使城市的立体轮廓发生变化，丰富城市空间的景致。

钟鼓楼的设置，源自于古代的"更鼓报时制度"。由于城门的开闭控制着人们的出入，促成了"日出而作、日落而息"的生活方式的形成，所以，为了能够在同一时刻开启城门，通常以击鼓为号。汉代时，在宫城及官寺之前，已经设置有桓表和植鼓，后来便演变成为在宫城和衙城（子城）的城楼之上放置大鼓，以作警众报时之用。因为衙城（子城）城门上的楼橹也叫作"谯楼"，故而，司时功能的城楼亦被称作"更鼓谯楼"。这种做法在三国时期就已经形成了定制，《三国志·孙权传》中有

图8-29　汉代铜漏壶
铜漏壶是古代的计时器，该壶出土于内蒙古伊克昭盟杭锦旗，为西汉成帝二年（公元前27年）4月在河西郡千章县铸造。

图8-30　山西代县边靖楼
代县边靖楼又名"鼓楼"、"谯楼"，位于代州旧城中心。始建于明洪武七年（1374年），于成化七年（1471年）被烧毁后增筑城台重建。台基高13米，楼身高27米，通高40米，气势雄浑。楼上高悬"声闻四达"、"威镇三观"、"雁门第一楼"三块大匾，以展示其壮丽英姿。

图8-31　新疆伊犁古城钟鼓楼
伊犁古城为清代修建的惠远城，城中十字街交汇处建有钟鼓楼。钟鼓楼下部为
砖石包砌的墩台，上建3层木构楼阁，通高23.76米。二层、三层各置大鼓和大
钟，以为报时之用。

"诏诸郡、县城郭起谯楼"①的记载。总之，这种习俗已经逐渐地演变成为中国古代
城市中的一种报时制度，并导致了专门用于报时的钟楼和鼓楼的出现。

　　钟鼓报时之制，最早见于春秋战国时期的《墨子》一书。汉代的蔡邕在《独断》
中说："鼓以动众，钟以止众。夜漏尽，鼓鸣则起，昼漏尽，钟鸣则息"②。这表明，
汉时已经具有了比较完备的"天明击鼓催人起，入暗鸣钟促人息"的司时制度，但
是，当时采用的是"晨鼓暮钟"。北周诗人庾信的《陪驾幸终南山和宇文内史诗》中
云："戍楼鸣夕鼓，山寺响晨钟"③，说明寺院是清晨鸣钟，后世习用的"晨钟暮鼓"
制度，或许与寺院有关。

　　唐代继承了前朝的宵禁制度，都城长安在宫城正门和6条主要街道的坊门处都

① （晋）陈寿.三国志［M］.北京：中华书局，1959.
② （汉）蔡邕的《独断》，载：（清）孙星衍校辑.汉礼器制度、汉官旧仪、汉旧仪、伏侯古今注、独断、汉仪·丛书集
　　成［M］.北京：中华书局，1985.
③ 陈志平.庚信诗全集［M］.武汉：崇文书局，2017.

安置有大鼓，通称"街鼓"。按照《唐律疏议》的说法是："五更三筹，承天门击鼓，听人行。昼漏尽，承天门击鼓四百槌讫，闭门。后更击六百槌，坊门皆闭，禁人行"[1]。唐代诗人王履贞曾作《六街鼓赋》，以记这一"动心骇耳"的宵禁制度。这种在宫城正门置鼓报时的做法，最先实施在京师，后来又推广到了地方。于是，各地的府、州、县城均在衙城正门之上安置鼓角，以作为地方城市的司时中心。《事物纪原》中就称："今州郡有楼，以安鼓角，俗谓之鼓角楼，盖自唐始也"[2]。

此外，北魏时，市场中的市楼也置有大鼓，击鼓以为开市、罢市报时[3]。故此，后世城市中的报时建筑也有被称为"市楼"的，例如保存至今的山西平遥与榆次的市楼。在古代，"置楼悬鼓"还有着报警的作用，以鼓声统一号令城门、坊门、市门的开闭，如遇水火贼盗之事，还有集众救援之功用，这也就是古代所谓的"悬鼓报警"制度。

宋时，"街鼓制度"虽废，但是，设钟鼓于城楼以警昏晓的做法却被沿用了下来。北宋礼部侍郎宋敏求在《春明退朝录》中就记载有："京师街衢，置鼓于

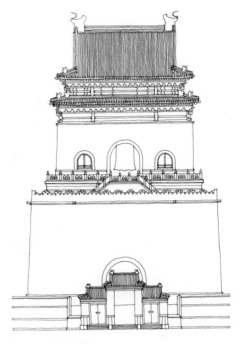

图8-32　北京钟楼
钟楼通高47.9米，是一座砖石包砌结构的砖楼，二层陈列的报时铜钟重达63吨，为明万历年间铸造。

图8-33　北京鼓楼
北京城的鼓楼下部为砖台，上部建有七开间的木楼，通高46.7米。二层大堂中安放更鼓25面，并置碑漏及铜刻漏。

① （唐）长孙无忌等．唐律疏议［M］．刘俊文，点校．北京：中华书局．
② （宋）高承．事物纪原［M］．北京：中华书局，1989．
③ （北魏）杨衒之．洛阳伽蓝记［M］．北京：中华书局，2012．

图8-34 陕西西安钟楼及鼓楼
西安的钟楼和鼓楼，均坐落在西安城的中心区，鼓楼在东，钟楼在西，呈横向
布局。钟楼和鼓楼均建于明洪武年间，钟楼方形，下部为砖石结构的墩台，上
建三层木构楼阁，通高36米。鼓楼比钟楼早建4年，平面长方形，通高34米。
钟、鼓二楼至今仍为西安市的地标建筑，对城市空间有着重大影响。

小楼之上，以警昏晓"①。《畿辅通志·真定府》中也有：百花楼"北宋时建，高百
余尺，上置钟鼓滴漏"②。宋时的鼓角楼，有专司击鼓的鼓角将之设，《宋朝事实类
苑》中记载有，安州通判怪鼓角将累日三更不打鼓之事③。今福建莆田的古谯楼，即
是创建于南宋绍兴六年（1136年），并放置更鼓、刻漏于楼上的实例。

　　金中都首创独立的钟、鼓楼建制，在皇城南门东西长廊南端的两侧，修建了东
西相对而设的三层高的钟楼和鼓楼，时称"文楼""武楼"，东为"武楼"，西为"文
楼"。元大都，在金代做法的基础之上，将钟、鼓楼作为城市的重要礼仪建筑，在城
市的中央地段修建。金元之后，各地城市由于废除了"子城制度"，便在各级城市的

① （宋）宋敏求.春明退朝录［M］.尚成，校点.上海：上海古籍出版社，2012.

② （清）郭棻，总纂.畿辅通志［M］.石家庄：河北人民出版社，1985.

③ （宋）江少虞，辑.宋朝事实类苑［M］.上海：上海古籍出版社，1981.

中心修建钟、鼓楼，以钟鼓楼取代了谯楼。明南京城亦是遵照前朝的遗制设置了钟、鼓二楼，也是取东鼓西钟的横向布局。但是，在明代修建的北京城中，钟、鼓二楼却建在景山以北的北中轴上，作为全城轴线的终端，是城市空间组织上的一组非常重要的礼仪性建筑，被称之为"紫金后护"。明代，各地晨昏报时的钟声，一般分为3通，敲108声。鼓则分为都城与地方城市两种情况，都城禁鼓，1230槌为1通，打3通3690槌。地方更鼓330挝为1通，千挝为3通①。

　　总之，在中国古代后期城市之中，钟鼓楼有着"司昏晓，节出入，丽壮观，播远听"的功用。而正是由于这种附属作用，钟、鼓楼才得以从宫城正门和衙城谯楼中分离出来，衍变成为独立于市井之中的钟楼和鼓楼。至明清时期，更形成通制，不论是都城，还是地方上的府、州、县城，均在城市中最为显要的位置设置钟楼、鼓楼，既为报时，也有礼仪建筑之用，令人"仰之使知所载也，望之使知所归也"。从钟鼓楼的发展过程来看，钟鼓楼在精神层面上的作用，越来越为王朝的统治者所重视，钟鼓楼不但具有正时刻、定作息的功能，而且还被后人赋予了"集吏民、出治教"的规范

图8-35　山西太谷鼓楼
太谷鼓楼位于太谷县城中心，建于明万历四十三年（1615年）。鼓楼跨十字街而建，下部为砖石砌筑的台基，开有四个门洞，拱券十字穿心，台基之上是两层三重檐歇山顶的木构楼阁，通高20米。四门东曰"观象"，南曰"仪凤"，西曰"眺汾"，北曰"拱辰"。

①　王立兴.纪时制度考［A］//中国天文学史文集（4）［C］.北京：科学出版社，1986.

生活行为的作用，所以，钟鼓楼又有被命名为"齐政楼"的。

城市中双设的钟、鼓楼，有东西并置的，如南京、西安等地的钟鼓楼，也有南北纵向而设的，例如北京、山西新绛的钟鼓楼以及河北宣化的清远楼（钟楼）、镇朔楼（鼓楼）等。单置的钟楼或是鼓楼，在北方多设置在城市中心、十字大街的交汇处，是为城市中心地段的标志性建筑。山东聊城的光岳楼、宁夏银川的鼓楼、天津旧城的鼓楼、山西霍州的鼓楼、甘肃酒泉的鼓楼以及北方各地众多的县城都是如此。而在南方，许多地方的钟鼓楼沿用跨越南北大道的古谯楼旧迹修建，但是，无论如何，钟鼓楼都是修建在城市的中央地段，有着统领全城、威震四方的作用。由于城市中的钟、鼓楼是从城门楼发展演化而来，所以，也就很自然地采用了城楼的形制，下部是夯土包砖的墩台，上部为木结构的楼阁。钟鼓楼与城楼的不同之处在于：若是位于城市的中心地段，墩台之下往往会开设十字穿心的门洞，以方便行人从各个方向穿行。而楼身的屋顶也与城门楼不同，多有做成十字脊或攒尖顶的情况，例如西安的钟楼、河北宣化的钟楼、山西霍州的鼓楼、张掖的鼓楼等。

第三节　景观建筑

一、风水楼阁

中国古代的城市，为了弥补自然条件上的某些缺陷和不足，改善城市的空间环境，还常常借助风水理论，在城市的冲要之地修建文昌阁、奎星楼以及其他名目命名的楼阁与文峰塔一类的建筑，用以改善城市的空间面貌，趋利避害、振兴文风，为城市博得好运，这也是中国古代后期城市建设的一大特色。这些风水楼、风水塔虽然不一定像钟鼓楼那样占据着城市的中心位置，但是，却往往能够"得地势之要，成一方之形胜"，在城市空间景观的构成上起到举足轻重的作用。特别是在地方城市，有些时候，其声威甚至可以超过城市中的所有建筑。明清时期，广州城内就曾经修建有4座崇楼，南曰拱北楼，北曰镇海楼，西曰观海楼，中曰岭南第一楼，雄峙全城。[①]四

---

① （清）屈大均. 广东新语 ［M］. 北京：中华书局，1997.

图8-36 广州镇海楼

镇海楼在广州越秀山顶，建于明洪武十三年（1380年）。楼名取自"雄镇海疆"之意。平面长方形，高五层28米，硬山层层内收，下层围墙用红石砌筑。屹立山巅气宇轩昂，为清时羊城八景之"镇海层楼"。

图8-37 四川阆中中天楼

中天楼位于阆中古城南北主干道的交汇处，是阆苑十二楼之一。始建于唐，楼高3层20.5米，楼下四通，古城街道以此楼为轴心，向四面八方延伸，被称为古城的风水坐标，有"阆中风水第一楼"之誉。

川阆中古城的主街之上，亦建有中天楼、华光楼等多座楼阁，这些楼阁可谓气象玮丽，成为整座城市中最为显著的标识。其中，中天楼建于十字街交叉点处，是风水学中"天心十道"的位置，被誉为"四应登对"，势壮城邑。

除此之外，这类建筑中常见的还有文昌阁和奎星楼。文昌阁中的文昌，乃是道教大神，源自上古的星辰信仰，是北斗上六星之总称，因"文者精所聚，昌者扬天纪"[1]，故取名"文昌"。奎星楼中的奎星也作"魁星"，是西方白虎七宿之首。《初学记》释云："奎主文章"[2]。是故，言文章、文运者多用文昌、奎星，在中国民间极有影响，被视为能够主宰功名利禄，为人们带来好运的神灵。各地所建之文昌阁、奎星楼，其造型各异，不同于一般，每每追求新奇，多聚巧形以展势，借形象吸引人们的注意力。文昌阁和奎星楼，有单独建设的，也有与文庙或是城墙一起建设而成为其中一个重要组成部分的。许多中小城市的文昌阁与奎星楼都跨越在城墙之上，概是承袭"临城筑高台"之古制，借助城墙增加其高度，以突出形象，文峰塔的建造亦大致如此。

---

① 此语出自纬书《孝经援神契》
② （唐）徐坚.初学记［M］.北京：中华书局，1985.

图8-38 宁夏中卫高庙

高庙位于中卫城北面连接城墙的高台之上，是中卫城令人瞩目的一组建筑，始建于明永乐年间，时称"新庙"。清康熙四十八年（1710年）因地震坍塌重建，后经多次续建，改名"玉皇阁"，民国后称"高庙"。高庙建于高台之上，有24级台阶，拾阶而上，经牌坊、南天门、中楼，最后是三层高的五岳、玉皇、圣母殿。主体建筑的两侧还有钟、鼓楼，文、武楼，灵官、地藏等配殿。整组建筑群布局巧妙、结构新奇，重楼叠阁，飞檐相啄。

图8-39　贵州贵阳文昌阁

贵阳文昌阁建于明万历三十七年（1609年），坐落在贵阳城老东门的月城之上，地势较高，登阁远眺，山川城郭尽收眼底。文昌阁的造型很有特色，底层为正方形，二层、三层变为九边形，其木构梁架亦取9的倍数，可谓匠心独运。

图8-41　湖南长沙天心阁

天心阁位于长沙仅存的一段明清古城墙之上，原名天星阁，以对应天上的"长沙星"而得名。始建于明末，清乾隆年间重修，抗战时被毁，1983年重建。有主副三阁，间以长廊连接，阁中供奉文昌与奎星。乾隆年间，随着城南书院迁址天心阁城墙之下，天心阁遂为长沙的文化胜地，前来拜祭之人络绎不绝，文人墨客亦常登阁赋诗。

图8-40　山西平遥魁星楼

平遥魁星楼初建于清康熙年间，同治十二年（1873年）迁建至古城东南角的城墙之上。三层通高24米，下部砖石结构，使楼身与城墙形成一体，顶部建一八角木构亭楼，造型精巧，是平遥城墙上的一道亮丽的风景线。

图8-43 湖南岳阳楼

岳阳楼位于岳阳旧城西门城墙之上，俯瞰洞庭，前望君山，自古就有"洞庭天下水，岳阳天下楼"之美誉。岳阳楼历史悠久，传为三国孙吴大将鲁肃的阅军楼，南北朝时称"巴陵城楼"，屡毁屡建，现存的岳阳楼为清光绪五年（1879年）时再建。重建后的木构楼阁，高三层19.42米，平面方形，四根楠木金柱直贯各层，屋顶用盔顶，是该建筑最为显著的特征。

图8-42 江西赣州八境台

江西赣州八境台建于北宋，为孔子46代孙孔宗瀚修筑赣州城墙时所建。初为石楼，后改建木构楼阁，历代多次重建，为赣州一大胜境。由于八境台修建在章水与贡水合流处城墙的转折点上，故此可以居高临下，俯瞰两侧江面的景致，视野非常开阔。苏东坡曾经作有《虔州八境图八首并序》及《八境图后序》，说登此台可将赣州八景尽收眼底。

　　此外，在风水形胜之地，修建壮观的楼阁不独为了祀神祈运。有时候，一些占有绝佳景观资源的楼阁还能够"因景成势"，成为人们登高眺望、借景抒怀的游览胜地，吸引众多的文人、骚客到此吟诗作赋。而由此演绎出来的那些感人至深的文学作品，则又会为这些楼阁建筑平添更多的艺术魅力，使其成为所在城市乃至全国尽人皆知的建筑圣地，为整座城市增色，例如湖南岳阳的岳阳楼、湖北武昌的黄鹤楼、江西南昌的滕王阁、云南昆明的大观楼、山东登州的蓬莱阁等。

　　这些以各种名目建造的与城市景观、风水有关的楼阁，还有一个共同的特点，那就是在城市中因借自然，能够因势利导地将环境裁成完善，从而使人们得以寄托其理想和追求。它们的修建，不但可以用其高大的体量、奇伟的造型获得良好的城市景观效果，同时，也满足了古人"壮人文、补缺陷、兴时运"的美好愿望，并因此而使得这些楼阁拥有了极佳的观赏性和可识别性，成为所在城市的标识性名片。所以，它们常常会被所处城市选作"八景"、"十景"之中的一景，而广为后人凭吊追忆。

图8-44　江西南昌滕王阁

滕王阁是"江南三大名楼"之一，为南昌市的标志性建筑。由唐太宗李世民之弟——滕王李元婴所建，因王勃著名的诗句而流芳后世。滕王阁历代重建多达29次，几经兴废，现在的滕王阁是1989年时修建的，取法唐宋，富丽绚奇。

图8-45　云南昆明大观楼

大观楼位于滇池之畔，现楼为清同治五年（1866年）重建，因孙髯翁撰写的180字长联而闻名。

二、牌坊

一般来说，人们对于城市的印象，大多来自于街道景观。中国古代后期城市的街道景观，在漫长的发展演化过程中，孕育出来了一种非常独特且极具东方艺术魅力的构成元素——牌坊。牌坊作为象征性的大门，在中国城市的街道景观构成中有着举足轻重的作用。正是由于牌坊的存在，才更加突出了街道空间的场所感，而牌坊也就成了中国传统街道的重要标志，即便在今天，世界各地的中国城、中华街，也仍然用牌坊作为"街门"，以区别于其他街道。

牌坊为中国传统城市中所特有，虽然在日本，也有类似牌坊那样的木结构的标志物——"鸟居"。但是，鸟居多用于"神道"之上，很少被用来组织世俗的城市街道景观。印度佛教建筑窣堵坡的前面，也有一种形态类似的象征性石构大门——"陀兰那"，不过，陀兰那与鸟居一样，也是仅仅应用于宗教建筑。而欧洲城市中的凯旋门在街道中所起到的作用，也与中国的牌坊不尽相同，建筑形态亦相去甚远。

图8-46　安徽歙县许国坊
许国坊耸立在歙县旧城中和街之上，以坊主许国为名，因为许国为武英殿大学士，所以也叫"大学士坊"，是歙县老街上的重要景观。许国坊的造型非常有特色，是一座四面组合的立体石坊，正面三间四柱三楼，两侧一间三楼，建于明万历十二年（1584年），距今已经400多年。

图8-47　广东潮州太平路牌坊
潮州城的牌坊街十分有名，仅太平路上就有39座牌坊，其中建于明代的有34座，建于清代的有5座。与太平路垂直相交的东门街上的牌坊也很集中，密集程度不输太平路。从潮州城外广济桥进东门街至太平路，一路上的景致变化可谓是目不暇接，可令人充分体验到牌坊给城市空间带来的视觉精彩。

图8-48 辽宁兴城大街上的牌坊

兴城是非常典型的十字大街、中央设置鼓楼的空间格局。南大街上有石坊两座：南为明朝前锋总兵祖大寿"忠贞胆智"石坊，建于明崇祯四年（1631年）；北为明朝援剿总兵祖大乐"登坛骏烈"石坊，建于明崇祯十一年（1638年）。两座石坊均为四柱三间五楼式。

在中国，牌坊在城市空间中，特别是在街道之上，除了具有组织空间的作用之外，更重要的是作为象征性的大门而存在。这源自于其最初的功用，直接谱系可以上溯至汉唐里坊的坊门。宋时，里坊瓦解，墙去门留，坊门独立，用以象征街坊单位的存在。我们从宋代的《平江府城图》中就可以看到这种标注了坊名的牌坊门，此后，沿街设立牌坊的做法，即成为一种传统。为了提倡伦理道德，汉唐时表彰"嘉德懿行"，便常常旌表于坊门之上，称之为"表闾"，也就是利用坊门的昭示性来表彰坊间名人的功德。这就使得坊门也带有了一定的宣示与纪念性的意义。元明以后，官府更是为了旌表而专门修建牌坊，牌坊也就单独作为宣示与纪念性的建筑物而存在了。

然而，牌坊不论是作为门，还是用以表记，也不论其形式如何，都有着标识和组织空间的作用。由于牌坊的设立，从某种意义上来说，街道就成了一处被界划出来的空间，从而产生了场所感。设置在街口处的牌坊，会让人感觉到这里是另一个空间的开端，进入其内即会产生别有洞天之感，而当几座牌坊组织在一起的时候，又能够形成层次更为丰富的街景效果。例如：明清时期，北京城内的东四、西四，几座牌坊组织在一起，强化了十字路口，对城市空间场所有着极大的提升作用。而在沿街重要建筑的入口处，通常也会在街道上，相对地设立两座牌坊，界划出门前的小广场，以突出该建筑的地位。当数座牌坊沿街而设时，还能够在空间上延伸街道的透视效果，形成层层框景，使城市街道景观变得更加深邃而又富于变化。

图8-49　福建漳州石坊

福建漳州香港路北端的"尚书探花"坊、"三世宰贰"坊，与新华东路东端岳口
街的"勇壮简易"坊和"闽越雄声"坊，是漳州现存的位于街市之上的明清石
坊的代表。石坊既有南方细腻繁复的特征，又融合了北方粗犷刚毅的气势，为
街道增色，渲染着一种中国所特有的文化氛围。

图8-50　北京成贤街牌楼
北京的成贤街上，现存有四座牌楼，均建于明代，为一间二柱三楼式。北京原是牌坊最多的城市之一，但保存至今沿街而设的牌坊只有成贤街上这4座明代的冲天坊。

图8-51　北京前门大街上的牌楼
北京正阳门前有一座高大的牌楼，名正阳牌楼。初建于明正统四年（1439年），屡毁屡建，采用五间六柱五楼式做法。原正阳门前护城河上有正阳桥，此牌楼立于桥南，对于前门大街有着极为重要的作用。

　　总之，至明清时，沿街修建牌坊已经风行各地，北京城当时的大街小巷之中，就修建有众多的各式各样的牌坊。依据《北京的牌楼》一书统计，北京历史上有据可考的牌坊有200多座，遍布京师九城[①]。当然，这些牌坊也并不是都修建在街道之上，有很大的一部分是建在建筑组群和园林之中。但是，其时，街巷中的牌坊仍然不在少数，在南方的一些城市之中，建造牌坊更是非常盛行。例如：苏州的吴县（苏州市吴中区）有牌坊123座[②]；广东的潮州府城，自宋至清，共计修建有牌坊91座[③]；福建的泉州按照《晋江县志》的记载，城内城外曾经先后修建过牌坊399座，在清代道光、同治时期，全城的牌坊总数超过了200座[④]。可见，不只是京城，牌坊在各地府、州、县城之中所起到的作用都非常突出，特别是在有些地方城市的主要街道之上，牌坊极为密集。福建的泉州及漳州，城内的街道上就都集中修建了多座连续设立的牌坊。广东的潮州城，在不足1公里长的太平路上，更是集中建设了39座牌坊，气势非凡，是名副其实的"牌坊街"。这充分表明，牌坊在中国古代后期城市的空间组织上应用极广，明清时期，已经成为城市景观构成上的一大特征，当然，这也是一种独具特色的城市意匠的展现。

① 韩昌凯.北京的牌楼［M］.北京：学苑出版社，2002.
② 苏州市吴县志编辑委员会编.吴县志［M］.上海：上海古籍出版社，1994.
③ 黄美岑.潮州牌坊纪略［M］.潮州市文化局文艺创作基金会编印，1994.
④ （清）周学曾，等修编.晋江县志［M］.福州：福建人民出版社，1990.

　　我最初接触中国古代城市，是在 30 多年以前，20 世纪 80 年代的初期，当时，只是想通过了解古代城市的规划建设方法来帮助我认识和理解今天的城市。开始时，凭借着一时的兴趣，跑过一些城市，参与过几座古城的保护规划，同时，也根据自己的爱好阅读有关书籍，并着手收集了一些相关的资料。后来，有感于当时看到的研究成果均较为零散，除了教材以外，多为专题性的研究，尚缺少从整体上对中国古代城市的建设成就、规划意匠以及从都城到各级地方城市的系统性研究。于是便在 1993 年时动手编写了一本名为《中国的城》的小册子。该书有幸被收纳在由中国建筑工业出版社与中国台湾锦绣出版公司合作的一套大型丛书之中，并于 2003 年首次在中国台湾出版。2016 年，该书以《中国古城》为书名，又在大陆出版了中、英文两个版本。现在看来，20 多年前编写的这本小书过于简短概括，其中还存在着不少值得推敲以及没能够说清楚的事情。

　　在撰写完该书之后，20 多年来，我的主要工作虽然是教学与建筑创作，但是闲暇之时，对于中国古代城市的相关研究还是一直给予一定的关注，并逐渐地对这一课题加深理解，对过去的一些疑问也有了新的认识。2016 年，中国城市出版社组织编写"大美中国"丛书，约我撰写其中的《城市意匠》一书，这正好圆了我这些年来的夙愿。尽管古代城市建设史并非我之所长，但是，我仍然希望能够借此机会重新再写一部有关中国古代城市的专论，以弥补此前出版的《中国古城》一书所没能完成的工作。

　　因为最近的一二十年以来，中国古代城市这一重大课题的相关研究发展得非常快，不仅仅是在建筑、规划领域，历史、经济、地理、考古、文化、民俗等各界都涌现出了大量极有价值的研究成果，各自从不同的领域，以不同的方法，扩展了中国古代城市研究内容的广度和深度，澄清了许多重大悬案与误读，同时，也引发了许多有待于进一步探讨的新问题。不仅如此，境外学者也为中国古代城市的研究工作做出了很大的贡献，他们那些针对世界各地古代城市的研究成果也让我们开拓了视野，使我们能够放眼世界，展开跨地域、跨文明的比较研究。

所以，我在构思《城市意匠》一书时，即希望借鉴并融合不同领域的研究成果，使这次写作可以突破学科之间的局限，相互验证，相互补充，从而令书中的内容能够更加丰满、充实。在《城市意匠》一书中，我尝试着以时间为发展轴，按照不同的主题，在不同的时间节点上，对中国古代的城市建设展开论述。围绕着城市的核心问题，从城市建制、城市规模、城市形态、城市空间、城市建筑、城市景观、城市生活等诸多方面，跨领域地对各个时期中国古代城市的特征进行介绍。从观念意匠、规划方法、空间格局、交通组织、景观构成的角度，对中国古代城市进行分析和总结。希望读者在阅读本书之后，能够对中国古代的城市有一个比较全面的认识。此外，"大美中国"这套书带有一定的普及性，要兼顾各方面的读者，因此，本次写作就需要既有专业的深度，又以"去学术化"为宗旨，使书中的内容能够深入浅出，尽可能地使文字简练、通俗。在插图的选配上，也尝试着增加些趣味性，以适应更多的人阅读。

本书的顺利出版，首先要感谢中国建筑工业出版社的王莉慧副总编辑和白玉美老师！正是他们的热心推荐，才使得我的这部书稿能够顺利付梓，还应该感谢责任编辑李鸽和李婧两位老师为这本书所付出的辛劳与努力！同时，还要感谢我的学生姚遥、刘子玉、刘冲，他们为这部书的插图做了很多工作。当然，也要感谢我的家人对我的一如既往的支撑与帮助。

最后，还想借此机会，再一次感谢中国建筑工业出版社和中国城市出版社！出版社能够先后两次将我对中国古代城市的研究心得编辑出版出来，实属难得。对我来说，两次出版，虽然每次在写书之前都是信心满满，但其实，内心深处仍然不免惶恐。因为虽说前人已经为此项研究奠定了坚实的基础，但是，中国古代城市毕竟是一个十分宏大的研究课题，不单是时间上跨度久远，而且研究所涉及的内容也极为广博。所以，此次编写的《城市意匠》一书，尽管比之前的那本小书有了些许进步，但是，那也只能算作是一种介绍性的"概说"，这不仅仅是因为篇幅所限，很多问题都不能展开讨论，更重要的还是基于目前的研究状况，仍然存在着不少问题，需要今后去进一步地深入探究。同时，书中的很多东西也并不是我所擅长的本职专业，在引用和转述相关成果的过程之中，便难免会有把握失当的时候，更何况，不同背景的研究工作者对于同一疑难问题也会持有不同的看法，这就必然导致《城市意匠》一书也会存在着一些遗漏与失误，故此，还希望广大的读者与专家学者能够给予斧正、赐教。

覃力
2017 年 12 月初稿
2018 年 12 月修改
2020 年 5 月修定

A

安阳（彰德府）　82　150

B

保定　129
渤海国上京（龙泉府）　46
北宋汴梁　6　7　47　48　49　62　85　89　94　146
　　　　　150　153　166　175　186　187　192　196
　　　　　216　219
北魏洛阳　34　35　85　122　131　142　146　164
　　　　　172　195
巴县　125
霸州　150
北镇（辽东镇）　75

C

长城　1　2　3
成都（益州）　39　46　79　171　173　178　188　220
重庆　96　201
长沙　232
城头山古城遗址　9　10
崇武　134
曹魏邺城　32　33　104　107　115　122　163
楚郢都（纪南城）　22　24　78　156　217　219
常州　79
潮州　178　224　236　239
成周　19　21
滁州　65
城头山古城遗址　10

D

东汉雒城　210

245

敦煌（沙州）　75
大理　67　150
大同（云州、平城）　64　65　75　79　96
定陶　27
东下冯商城　17
大圩镇　159
代县　225

E
二里头遗址　12　13　14

F
府城（河南焦作）　17
凤凰　90　151　157　177　182　183　213　221　224
浮梁　128　129
丰京　19
佛山　59　81　197
奉天　150
抚冥　74
奉贤　150
繁阳县城　124
福州　39　79

G
镐京　19
广灵　151
桂林　65
贵阳　232
固原　76
龟兹　75
广州　39　47　59　65　79　147　189　230　231
赣州　65　96　97　216　234

H
汉安陶县城　124
淮安（楚州）　39　79
洹北商城　16
汉长安　6　7　28　31　73　85　89　105　115　122
　　　　152　156　163　171
韩城　91
弘赐堡　96
韩大梁　78
怀荒　74
洪江镇　203

汉洛阳　29　30　32　94　115　122　131　172　213
阖闾吴都　217
海口（海口所）　65　76
汉口　59　81　201
河口镇　203
合浦　27
垣曲商城　17
怀朔　74
会泽　200
霍州　125　129　230
湖州　65
华州　79
杭州　46　47　59　79　96

J
蓟　27　78
建德府　71
景德镇　59　81　91
襄汾晋都　20
贾家堡　96
建康　36　37　79　94　97　116　122　220
京口　39
江陵　27　79
江陵（荆州）　79　210　212　216
即墨　150
集宁路　55
酒泉（瓜州）　75　230
金山（金山卫）　65
金上京　53
蓟县　144　147
嘉峪关　74　75
居庸关　75　77
金中都　150　228
解州　136　137
净州路　55

K
开封（汴州）　39　79　86　173　200　205
昆明　234

L
鲁（曲阜）　20　134　135
罗城　199
聊城（东昌府）　95　230

良渚古城遗址　11　217
丽江　65　72　87　167　179
楼兰　31
琉璃河燕都　20
辽上京　53
阆中　231
利州　46
甪直　81
辽中京　53

M
明清北京　6　59　60　61　70　84　85　89　94　106
　　　　107　108　118　119　120　121　123　131
　　　　132　133　137　143　146　147　150　156
　　　　168　176　178　179　195　198　200　201
　　　　204　215　222　223　227　229　230　239
眉州　160

N
宁波（明州）　39　47　79　193　203
南昌　233　234
南汇　87
南京　59　85　94　97　123　147　195　199　200
　　　217　229
南宋临安　6　7　49　50　89　94　188　192
南通　64　150　152
南浔　81
南阳（宛）　78　97　98　126
内乡　129
宁夏中卫　235

P
番禺　27　79　195
蓬莱（登州）　39　80　219　234
盘龙城（湖北黄陂）　18
平粮台古城遗址　10　93
莆田　228
平阳　79
平遥　63　87　127　129　135　141　167　174　178
　　　212　214　224　227　232

Q
齐临淄　20　22　23　78　88
岐山凤雏周原　113

秦咸阳　6　25　27　105　106　114
秦雍城　23　113　170
秦州　47
泉州　39　47　57　58　79　91　96　141　198　239

R
柔玄　74

S
寿春　27　79
山海关　75
上海　138　139　146　195　197　200
双槐树遗址　9　105
疏勒　75
石峁古城遗址　12　13　215
神木堡　96
赊旗镇　81　91
社旗　203　204
商丘（宋州、归德府）　64　79
隋唐洛阳　39　42　43　79　85　165
隋唐长安　6　7　39　40　41　73　79　85　89　94
　　　　105　107　116　117　122　146　150　153
　　　　164　165　172　191　195　215
三星堆商城　18
三原　140
绍兴　181
绍兴（会稽）　39　65
歙县（徽州）　63　66　73　126　167　236
碎叶　75
陕州　79
寿县　91　97　212
沈阳（沈阳中卫）　76
睢阳　27
绥远　96
盛泽镇　91
朔州　75
泗州（盱眙）　79
苏州（平江府）　39　46　51　59　79　80　86　89
　　　　147　158　187　200　201　218
　　　　219　239

T
腾冲（腾冲卫）　65　96
太谷　64　229

腾国故城 20
同里 52 81
天津（天津卫） 65 76 175 194 195 197 200
204 230
陶寺古城遗址 11 12
统万城 54 213
太原（山西镇） 47 75 76 150
檀州 75

W
魏安邑 24
王城 19 21 23
王城岗古城遗址 13
武川 74
武昌 234
威海（威海卫） 76
望京楼商城 17
涢水吴城 17
武威（凉州） 75 79
沃野 74
乌镇 81 145
魏州（大名） 39 79
温州 47 79

X
西安 62 86 144 210 211 212 214 228
兴城（宁远卫） 65 96 212 216 237
夏河汉代城址 213
宣化（宣府镇） 75 150 151 230
薛国故城（滕州） 20
新绛 151 230
厦门（中左卫） 76
新平堡 96
西山古城遗址（河南郑州） 9
西塘 81
西夏兴庆府 54
新砦古城遗址 13 14
徐闻 27
旬阳 201
襄州 39
秀州 47

Y
银川（宁夏镇） 76 230

颍川 79
榆次 83 139 227
元大都 6 55 56 57 85 89 94 123 153 156
210 228
越国山阴城 217
榆林（延绥镇） 75 151
伊犁（惠远城） 226
雁门关 75
偃师商城 15 16 112 215
元上都 55
云石堡 96
于阗 75
永兴军 46
燕下都 22 24 212
殷墟 16 17 88 112
扬州（广陵） 39 44 59 79 173 176
岳阳 234
应县 147
营州 75
幽州 39 75
越州 39

Z
赵邯郸 23 24 78 113
正定 91 142
自贡 202 204
遵化（蓟州镇） 75
郑韩故城 22 24
镇江（润州） 79
樟树吴城 18
中山国灵寿 22
朱仙镇 59 81
张掖（甘州） 75 76 230
左云 65
周庄 66 81 89 181
郑州商城 14 15
漳州 238 239
梓州 46

图1–1　　吕辰，姜大斧.全景中国[M]. 长沙：湖南美术
　　　　出版社，2003：PC038–05.

图1–2　　吕辰，姜大斧. 全景中国[M]. 长沙：. 湖南美
　　　　术出版社，2003：PC043–05.

图2–1　　根据考古发表的遗址平面图，作者重绘

图2–2　　金雄诺. 中国美术全集·雕塑编1[M]. 北京：人
　　　　民美术出版社，1988：17.

图2–3　　根据考古发表的遗址平面图，作者重绘

图2–4　　根据考古发表的遗址平面图，作者重绘

图2–5　　浙江省文物局. 意匠生辉[M]. 杭州：浙江人民
　　　　出版社，2003：23.

图2–6　　邵晓光拍摄

图2–7　　李学勤. 中国美术全集·工艺美术编4[M]. 北
　　　　京：文物出版社，1990：13.

图2–8　　根据考古发表的遗址平面图，作者重绘

图2–9　　根据考古发表的遗址平面图，作者重绘

图2–10　李学勤. 中国美术全集·工艺美术编4[M]. 北
　　　　京：文物出版社，1990：112.

图2–11　启功. 中国美术全集·书法篆刻篇1[M]. 北京：
　　　　人民美术出版社，1987：1.

图2–12　根据考古发表的遗址平面图，作者重绘

图2–13　陈德安. 三星堆古蜀王的圣地[M]. 成都：四川
　　　　人民美术出版社，2000：12.

图2–14　中国历代艺术编辑委员会编. 中国历代艺
　　　　术·工艺美术编[M]. 北京：文物出版社，
　　　　1994：97.

图2–15　《洛阳府志》

图2–16　《三礼图》

图2–17　根据考古发表的遗址平面图，作者重绘

图2–18　根据考古发表的遗址平面图，作者重绘

图2–19　杨伯达. 中国美术全集·工艺美术编10[M]. 北
　　　　京：文物出版社，1989：108.

图2-20　庄林德，张京祥.中国城市发展与建设史[M].南京：东南大学出版社，2002：19.

图2-21　根据杨鸿勋的复原设计，作者重绘

图2-22　吕辰，姜大岑.全景中国[M].长沙：湖南美术出版社，2003：PC046-04.

图2-23　傅天仇.中国美术全集·雕塑篇2[M].北京：人民美术出版社，1985：27，15.

图2-24　根据考古发表的遗址平面图，作者重绘

图2-25　河南博物馆院.河南出土汉代建筑明器[M].郑州：大象出版社，2002：24.

图2-26　根据考古发表的遗址平面图，作者重绘

图2-27　李零等.了不起的文明现场[M].北京：三联出版社，2020：157.

图2-28　程念祺.话说中国·秦西汉[M].上海：上海文艺出版社，2004：221.

图2-29　中国历代艺术编辑委员会编.中国历代艺术·工艺美术编[M].北京：文物出版社.1994：119.

图2-30　中华古文明大图集·铸鼎[M].北京：人民日报社，乐天文化（中国香港）公司，宜新文化事业有限公司，1992：212.

图2-31　根据考古发表的遗址平面图，作者重绘

图2-32　根据考古发表的遗址平面图，作者重绘

图2-33　黄滢，马勇.中国最美的古城（1）[M].武汉：华中科技大学出版社，2016：330.

图2-34　杨可扬.中国美术全集·工艺美术编1[M].上海：上海人民美术出版社，1988：242.

图2-35　根据郭湖生的复原概念图，作者重绘

图2-36　林树中主编.中国美术全集·雕塑编3[M].北京：人民美术出版社，1988：99.

图2-37　根据考古发表的遗址平面图，作者重绘

图2-38　贺从容.古都西安[M].北京：清华大学出版社，2012：114.

图2-39　根据考古发表的复原设计，作者重绘

图2-40　根据考古发表的遗址复原想象图，作者重绘

图2-41　http:// tuchong.com/3432289/24128497/

图2-43　杨可扬.中国美术全集·工艺美术编2[M].上海：上海人民美术出版社，1988：80.

图2-42　根据考古发表的遗址复原想象图，作者重绘

图2-44　傅熹年.中国美术全集·绘画编3[M].北京：文物出版社，1988：136.

图2-45　根据《中国城市建设史》中的附图，作者重绘

图2-46　杨可扬.中国美术全集·工艺美术编2[M].上海：上海人民美术出版社，1988：157.

图2-47　根据《中国古代都城考古发现与研究》中的附图，作者重绘

图2-48　南宋《平江图》碑拓

图2-49　作者拍摄

图2-50　吕辰，姜大岑.全景中国[M].长沙：湖南美术出版社，2003：PC092-02.

图2-51　傅熹年《山西繁峙岩山寺南殿金代壁画中所绘建筑的初步分析》中的附图

图2-52　李玉明.山西古建筑通览[M].太原：山西人民出版社，1986：65.

图2-53　根据考古发表的遗址复原示意图，作者重绘

图2-54　中国历代艺术编辑委员会.中国历代艺术·工艺美术编[M].北京：文物出版社，1994：268.

图2-55　杨可扬.中国美术全集·工艺美术编3[M].上海：上海人民出版社，1988：21.

图2-56　作者拍摄

图2-57　根据《中国城市发展与建设史》中的附图，作者重绘

图2-58　《江宁府志·明都城图》

图2-59　刘敦桢著.中国古代建筑史[M].北京：中国建筑工业出版社，1980：280.

图2-60　吕辰，姜大岑.全景中国[M].长沙：湖南美术出版社，2003：PC017-03.

图2-61　李有杰摄，载：马炳坚.北京四合院建筑[M].天津：天津大学出版社，1999：6.

图2-62　作者拍摄

图2-63　根据《中国城市建设史》中的附图，作者重绘

图2-64　作者拍摄

图2-65　作者拍摄

图2-66　黄滢，马勇.中国最美的古城（2）[M].武汉：华中科技大学出版社，2016：055.

图2-67　石耀臣拍摄

图2-68　根据《中国城市建设史》中的附图，作者重绘

图2-69　黄滢，马勇.中国最美的古城（3）[M].武汉：华中科技大学出版社，2016：011.

图2-70　根据民国年间地图，作者重绘

图2-71　黄滢，马勇.中国最美的古城（2）[M].武汉：华中科技大学出版社，2016：007.

图2-72　孙建平拍摄

图2-73　祖万安拍摄

图3-1　紫禁城[M].北京：紫禁城出版社，1988：2.

图3-2　曹婉如等.中国古代地图集（战国—元）.文物出版社，1990：115.

图3-3　洪吴迪拍摄

图3-4 黄滢，马勇. 中国最美的古城（2）[M]. 武汉：华中科技大学出版社，2016：057.

图3-5 吕辰，姜大斧. 全景中国[M]. 长沙：湖南美术出版社，2003：PC044-02.

图3-6 根据《城池防御建筑》中的附图，作者重绘

图3-7 于卓云，楼庆西. 中国美术全集·建筑艺术编1[M]. 北京：中国建筑工业出版社，1987：164.

图3-8 参照多幅旧城图，作者重绘

图3-9 吕辰，姜大斧. 全景中国[M]. 长沙：湖南美术出版社，2003：PC043-04.

图3-10 中华古文明大图集·神农[M]. 北京：人民日报出版社、乐天文化（中国香港）公司，宜新文化事业有限公司，1992：181.

图3-11 中华文明大图集·通市[M]. 北京：人民日报出版社、乐天文化（中国香港）公司，宜新文化事业有限公司，1992：85.

图3-12 根据许倬云《万古江河》的附图，作者重绘

图3-13 中华古文明大图集·通市[M]. 北京：人民日报出版社、乐天文化（中国香港）公司，宜新文化事业有限公司，1992：200.

图3-14 中华古文明大图集·通市[M]. 北京：人民日报出版社，乐天文化（中国香港）公司，宜新文化事业有限公司，1992：75.

图3-15 中华古文明大图集·铸鼎[M]. 北京：人民日报出版社，乐天文化（中国香港）公司，宜新文化事业有限公司，1992：147.

图3-16 根据《中国城市建设史》的附图，作者重绘

图3-17 王金平，李会智，徐强. 山西古建筑[M]. 北京：中国建筑工业出版社，2015：133.

图3-18 作者拍摄

图3-19 根据《中华邮政舆图》中的开封城区图，作者重绘

图3-20 黄滢，马勇. 中国最美的古城（3）[M]. 武汉：华中科技大学出版社，2016：051.

图3-21 根据《中国城市建设史》的附图，作者重绘

图3-22 李祥拍摄

图3-23 作者拍摄

图3-24 作者拍摄

表3-1 中国城市发展与建设史[M]. 南京：东南大学出版社，2002：8.

表3-2 中国城市发展史[M]. 合肥：安徽科学技术出版社，1994：12.

图4-1 根据《华夏意匠》封面的模型照片，作者绘制。

图4-2 戴震. 万有文库《考工记图》[M]. 北京：商务印书馆，1935.

图4-3 贺业钜. 考工记营国制度研究[M]. 北京：中国建筑工业出版社，1985：51.

图4-4 作者绘制

图4-5 根据《中国历史文化名城寿县》的附图，作者重绘

图4-6 根据1946年《赣县新志稿》的附图，作者改绘

图4-7 《嘉庆东昌府志》

图4-8 吴庆洲. 中国古城防洪研究[M]. 北京：中国建筑工业出版社，2009：354.

图4-9 根据傅熹年的聊城图，作者重绘

图4-10 根据《南阳县志》中的南阳城图，作者改绘

图4-11 作者绘制

图4-12 《钦定书经图说》

图4-13 李零. 我们的中国·思想地图[M]. 北京：三联书店，2016：6.

图4-14 作者绘制

图4-15 中华古文明大图集·神农[M]. 北京：人民日报出版社，乐天文化（中国香港）公司，宜新文化事业有限公司，1992：50.

图4-16 杨可扬. 中国美术全集·工艺美术编1[M]. 上海：上海人民美术出版社，1988：151.

图4-17 中华古文明大图集·神农[M]. 北京：人民日报出版社，乐天文化（中国香港）公司，宜新文化事业有限公司，1992：98.

图4-18 高晓明. "天人合一"与中国古代城市规划思想的关联逻辑. 城市规划历史与理论01[M]. 南京：东南大学出版社，2014.

图4-19 吕辰，姜大斧. 全景中国[M]. 长沙：湖南美术出版社，2003：PC100-01.

图4-20 作者绘制

图4-21 中华古文明大图集·神农[M]. 北京：人民日报出版社，乐天文化（中国香港）公司，宜新文化事业有限公司，1992：41.

图4-22 中华古文明大图集·神农[M]. 北京：人民日报出版社，乐天文化（中国香港）公司，宜新文化事业有限公司，1992：57.

图5-1 根据考古发表的遗址平面图，作者重绘

图5-2 根据考古发表的遗址平面图及复原设计，作者重绘

图5-3 《钦定四库全书》

图5-4 根据郭湖生《台城考》的附图，作者重绘

图5-5 根据考古复原想象图，作者重绘

图5-6 根据考古复原想象图，作者重绘

图5-7　　紫禁城. 紫禁城出版社，1988.

图5-8　　吕辰，姜大斧. 全景中国[M]. 长沙：湖南美术出版社，2003：PC017-01.

图5-9　　俯瞰北京[M]. 北京：北京出版社，1993：11.

图5-10　紫禁城[M]. 北京：紫禁城出版社，1988：52.

图5-11　曹婉如等. 中国古代地图集（战国—元）[M]. 北京：文物出版社，1990：33.

图5-12　王金平等. 山西古建筑[M]. 北京：中国建筑工业出版社，2015：256.

图5-13　《巴县志》

图5-14　左满常. 河南古建筑[M]. 北京：中国建筑工业出版社，2015：128.

图5-15　左满常. 河南古建筑[M]. 北京：中国建筑工业出版社，2015：130.

图5-16　黄滢，马勇. 中国最美的古城（2）[M]. 武汉：华中科技大学出版社，2016：016.

图5-17　王金平等. 山西古建筑[M]. 北京：中国建筑工业出版社，2015：266.

图5-18　作者拍摄

图5-19　作者拍摄

图5-20　作者拍摄

图5-21　王月前. 远古中国[M]. 北京：中国大百科全书出版社，2017：76.

图5-22　根据《中国美术全集·建筑艺术编1》中的附图，作者重绘

图5-23　《大明会典》

图5-24　作者拍摄

图5-25　俯瞰北京[M]. 北京：北京出版社，1993：39.

图5-26　南京工学院建筑系，曲阜文物管理委员会. 曲阜孔庙建筑[M]. 北京：中国建筑工业出版社，1987：179.

图5-27　中国最美的古城（2）[M]. 武汉：华中科技大学出版社，2016：263.

图5-28　黄滢，马勇. 中国最美的古城（1）[M]. 武汉：华中科技大学出版社，2016：048.

图5-29　李玉明. 山西古建筑通览[M]. 太原：山西人民出版社，1986：271.

图5-30　作者拍摄

图5-31　作者拍摄

图5-32　李玉明. 山西古建筑通览[M]. 太原：山西人民出版社，1986：182.

图5-33　王军等. 陕西古建筑[M]. 北京：中国建筑工业出版社，2015：185.

图5-34　黄滢，马勇. 中国最美的古城（1）[M]. 武汉：

华中科技大学出版社，2016：039.

图5-35　黄滢，马勇. 中国最美的古城（2）[M]. 武汉：华中科技大学出版社，2016：234.

图5-36　黄滢，马勇. 中国最美的古城（5）[M]. 武汉：华中科技大学出版，2016：257.

图5-37　作者拍摄

图5-38　建筑历史研究所. 北京古建筑[M]. 北京：文物出版社，1986：260.

图5-39　https：//m.sohu.com/a/329608828_784961/?prid=000115_3w_a & strategyid=00014

图5-40　作者拍摄

图5-41　作者拍摄

图5-42　俯瞰北京[M]. 北京：北京出版社，1993：38.

图5-43　王伯扬编审. 中国历代艺术·建筑艺术编[M]. 北京：中国建筑工业出版社，1994：243.

图6-1　　《考工记通》

图6-2　　根据《中国城市建设史》的附图，作者重绘

图6-3　　根据《中国城市建设史》的附图，作者重绘

图6-4　　根据《中国城市建设史》的附图，作者重绘

图6-5　　根据《中国城市建设史》的附图，作者重绘

图6-6　　傅天仇. 中国美术全集·雕塑编2[M]. 北京：人民美术出版社，1985：30.

图6-7　　作者绘制

图6-8　　傅天仇. 中国美术全集·雕塑编2[M]. 北京：人民美术出版社，1985：147.

图6-9　　作者拍摄

图6-10　作者拍摄

图6-11　作者拍摄

图6-12　作者拍摄

图6-13　谢小英. 广西古建筑[M]. 北京：中国建筑工业出版社，2015：064.

图6-14　常任侠. 中国美术全集·绘画编18[M]. 上海：上海人民美术出版社，1988：238.

图6-15　根据出土汉代明器测绘图，作者重绘

图6-16　曹婉如等. 中国古代地图集（战国—元）[M]. 北京：文物出版社，1990：48.

图6-17　妹尾达彦. 长安的都市计画（王静IX588）//荣新江. 唐研究（第九卷）[M]. 北京：北京大学出版社，2003.

图6-18　黄滢，马勇. 中国最美的古城（2）[M]. 武汉：华中科技大学出版社，2016：007.

图6-19　徐强拍摄

图6-20　洪吴迪拍摄

图6-21　根据《乾隆京城全图》，作者重绘

图6-22　覃力. 中国古城[M]. 北京：中国建筑工业出版社，2015：07.

图6-23　常任侠. 中国美术全集·绘画编18[M]. 上海：上海人民美术出版社，1988：188.

图6-24　作者拍摄

图6-25　赵广超摹绘. 笔记清明上河图[M]. 北京：生活·读书·新知三联书店，2005.

图6-26　作者拍摄

图6-27　作者拍摄

图6-28　作者拍摄

图6-29　作者拍摄

图6-30　吕辰，姜大斧. 全景中国[M]. 长沙：湖南美术出版社，2003：PC200-12.

图6-31　作者拍摄

图6-32　作者拍摄

图6-33　吕辰，姜大斧. 全景中国[M]. 长沙：湖南美术出版社，2003：PC091-06.

图6-34　吕辰，姜大斧. 全景中国[M]. 长沙：湖南美术出版社，2003：PC091-09.

图6-35　作者拍摄

图6-36　作者拍摄

图7-1　李学勤. 中国美术全集·工艺美术编4[M]. 北京：文物出版社，1990：153.

图7-2　常任侠. 中国美术全集·绘画编18[M]. 上海：上海人民美术出版社，1988：195，196.

图7-3　杨伯达. 中国美术全集·工艺美术编10[M]. 北京：文物出版社，1987：27.

图7-4　杨伯达. 中国美术全集·工艺美术编10[M]. 北京：文物出版社，1987：23.

图7-5　赵广超摹绘. 笔记清明上河图[M]. 北京：生活·读书·新知三联书店，2005.

图7-6　中华古文明大图集·世风[M]. 北京：人民日报出版社，乐天文化（中国香港）公司，宜新文化事业有限公司，1992：126.

图7-7　中华古文明大图集·颐寿[M]. 北京：人民日报出版社，乐天文化（中国香港）公司，宜新文化事业有限公司，1992：254.

图7-8　根据贺友直的作品，作者重绘

图7-9　根据贺友直的作品，作者重绘

图7-10　傅天仇. 中国美术全集·雕塑编2[M]. 北京：人民美术出版社，1985：108，109.

图7-11　段文杰. 中国美术全集·绘画编15[M]. 上海：上海人民美术出版社，1988：117.

图7-12　作者拍摄

图7-13　浙江省文物局. 意匠生辉[M]. 杭州：浙江人民美术出版社，2003：315.

图7-14　作者拍摄

图7-15　吕辰，姜大斧. 全景中国[M]. 长沙：湖南美术出版社，2003：PC196-05，PC197-05.

图7-16　作者拍摄

图7-17　作者拍摄

图7-18　作者拍摄

图7-19　作者拍摄

图7-20　http://m.chewen.com/journal/201202/75468.html

图7-21　黄滢，马勇. 中国最美的古城（5）[M]. 武汉：华中科技大学出版社，2016：009.

图7-22　黄滢，马勇. 中国最美的古城（3）[M]. 武汉：华中科技大学出版社，2016：307.

图7-23　根据《陕西古建筑》的附图，作者重绘

图7-24　许康拍摄

图7-25　左满常. 河南古建筑[M]. 北京：中国建筑工业出版社，2015：201，199.

图7-26　黄滢，马勇. 中国最美的古城（4）[M]. 武汉：华中科技大学出版社，2016：299.

图8-1　《钦定书经图说》

图8-2　根据杨鸿勋版筑夯土城墙工艺图，作者重绘

图8-3　程里尧拍摄

图8-4　张振光拍摄

图8-5　张振光拍摄

图8-6　张振光拍摄

图8-7　作者拍摄

图8-8　作者拍摄

图8-9　作者拍摄

图8-10　徐强拍摄

图8-11　黄滢，马勇. 中国最美的古城（4）[M]. 武汉：华中科技大学出版社，2016：031.

图8-12　《武经总要》

图8-13　根据考古资料，作者重绘

图8-14　作者拍摄

图8-15　程里尧拍摄

图8-16　作者拍摄

图8-17　根据《楚都纪南城复原研究》的附图，作者重绘

图8-18　江苏苏州盘门，作者拍摄；江苏苏州盘门瓮城，作者拍摄；江苏苏州盘门，作者拍摄；江苏苏州盘门水门门洞，俞绳方拍摄

图8-19　根据《楚都纪南城复原研究》的附图，作者重绘

图8-20   常任侠. 中国美术全集·绘画编18[M]. 上海：
          上海人民美术出版社，1988：227.

图8-21   作者拍摄

图8-22   作者拍摄

图8-23   作者拍摄

图8-24   根据《北京的城墙和城门》中的附图，作者
          重绘

图8-25   作者拍摄

图8-26   吕辰，姜大斧. 全景中国[M]. 长沙：湖南美术
          出版社，2003：PC063-06.

图8-27   作者拍摄

图8-28   黄滢，马勇. 中国最美的古城（1）[M]. 武汉：
          华中科技大学出版社，2016：010.

图8-29   中华古文明大图集·神农[M]. 北京：人民日
          报出版社，乐天文化（中国香港）公司，宜
          新文化事业有限公司，1992：072.

图8-30   李玉明. 山西古建筑通览[M]. 太原：山西人民
          出版社，1986：145.

图8-31   中华古文明大图集·社稷[M]. 北京：人民日
          报出版社，乐天文化（中国香港）公司，宜
          新文化事业有限公司，1992：286.

图8-32   根据《中国建筑史》中的附图，作者重绘

图8-33   作者拍摄

图8-34   吕辰，姜大斧. 全景中国[M]. 长沙：湖南美术
          出版社，2003：PC056-01.

图8-35   作者拍摄

图8-36   作者拍摄

图8-37   黄滢，马勇. 中国最美的古城（5）[M]. 武汉：
          华中科技大学出版社，2016：112

图8-38   作者拍摄

图8-39   作者拍摄

图8-40   作者拍摄

图8-41   作者拍摄

图8-42   作者拍摄

图8-43   作者拍摄

图8-44   作者拍摄

图8-45   作者拍摄

图8-46   黄滢，马勇. 中国最美的古城（2）[M]. 武汉：
          华中科技大学出版社，2016：021.

图8-47   作者拍摄

图8-48   张振光拍摄

图8-49   作者拍摄

图8-50   吕辰，姜大斧. 全景中国[M]. 长沙：湖南美术
          出版社，2003：PC031-04.

图8-51   作者拍摄

[1] （春秋）尹吉甫.诗经[Z].北京：中华书局，2015.

[2] （战国）管仲.管子[Z].扬州：广陵书社，2009.

[3] （战国）墨翟.墨子[Z].郑州：中州古籍出版社，2008.

[4] （西汉）伏胜.尚书大传[Z].郑玄，注，陈寿祺辑.北京：中华书局，1985.

[5] （西汉）戴圣.礼记[Z].陈澔，注.上海：上海古籍出版社，1987.

[6] （西汉）司马迁.史记[Z].北京：中华书局，1975.

[7] （东汉）班固.汉书[Z].北京：中华书局，1962.

[8] （东汉）赵岐.三辅决录[Z].张澍，辑，陈晓捷注.西安：三秦出版社，2006.

[9] （西晋）陈寿.三国志[Z].北京：中华书局，1959.

[10] （北魏）郦道元.水经注[Z].陈桥驿，点校.上海：上海古籍出版社，1990.

[11] （北魏）杨衒之.洛阳伽蓝记[Z].北京：中华书局，2012.

[12] （南朝宋）范晔.后汉书[Z].李贤，等注.北京：中华书局，1965.

[13] （梁）萧统.文选[Z].李善，注.北京：中华书局，1977.

[14] （唐）韦述，杜宝.两京新记辑校·大业杂记辑校[Z].辛德勇辑校.西安：三秦出版社，2006.

[15] （唐）李林甫等.唐六典[Z].陈仲夫，点校.北京：中华书局，1992.

[16] （唐）长孙无忌等.唐律疏仪[Z].北京：中国政法大学出版社，2013.

[17] （唐）杜佑等.通典[Z].北京：中华书局，1984.

[18] （唐）李吉甫.元和郡县图志[Z].北京：中华书局，1983.

[19] （唐）徐坚等.初学记[Z].北京：中华书局，1985.

[20] （唐）欧阳询等.艺文类聚[Z].上海：上海古籍出版社，1999.

[21] （北宋）司马光.资治通鉴[Z].胡三省，音注.北京：中华书局，1978.

[22] （北宋）孟元老.东京梦华录[Z].李士彪，注.济南：山东友谊出版社，2001.

[23] （北宋）宋敏求，李好文.长安志·长安志图[Z].西安：三秦出版社，2013.

[24] （北宋）王溥.唐会要[Z].北京：中华书局，1955.

[25] （北宋）沈括.梦溪笔谈[Z].长沙：岳麓书社，2002.

[26] （北宋）高承.事物纪原[Z].北京：中华书局，1989.

[27] （南宋）陈规，汤涛.守城录注释[Z].林正才，注释.北京：解放军出版社，1990.

[28] （南宋）吴自牧.梦粱录[Z].杭州：浙江人民出版社，1984.

[29] （南宋）周密.武林旧事[Z].钱之江，注.杭州：浙江古籍出版社，2011.

[30] （元）熊梦祥.析津志辑佚[Z].北京：北京古籍出版社，1983.

[31] （元）陶宗仪.南村辍耕禄[Z].北京：中华书局，1980.

[32] （明）宋濂等.元史[Z].北京：中华书局，1976.

[33] （明）顾炎武.历代宅京记[Z].北京：中华书局，1984.

[34] （明）顾炎武.日知录[Z].上海：上海古籍出版社，2012.

[35] （清）王聘珍.大戴礼记解诂[Z].王文锦，点校.北京：中华书局，1983.

[36] （清）阮元校勘.十三经注疏[Z].北京：中华书局，1980.

[37] （清）张廷玉等.明史[Z].北京：中华书局，1974.

[38] （清）伊桑阿等.大清会典[Z].中国台北：文海出版社，1993.

[39] （清）徐松.唐两京城坊考[Z].张穆，校补.北京：中华书局，1985.

[40] （清）周城.宋东京考[Z].单远慕，点校.北京：中华书局，1988.

[41] （清）朱一新，穆荃孙.京师坊巷志稿[Z].北京：北京古籍出版社，1982.

[42] （清）富察敦崇.燕京岁时记[Z].北京：北京古籍出版社，1981.

[43] （清）严可均.全上古三代秦汉三国六朝文[Z].北京：中华书局，1958.

[44] 黄怀信.逸周书汇校集注[Z].上海：上海古籍出版社，2007.

[45] 闻人军.考工记译注[Z].上海：上海古籍出版社，2008.

[46] 陈植校正.三辅黄图[Z].西安：陕西人民出版社，1980.

[47] 加摹乾隆京城全图[Z].北京：北京燕山出版社，1997.

[48] 刘莉，陈星灿.中国考古学[M].北京：生活·读书·新知三联书店，2017.

[49] 陈正详.中国文化地理[M].北京：生活·读书·新知三联书店，1983.

[50] 董鉴泓.中国城市建设发展史[M].北京：中国建筑工业出版社，1982.

[51] 贺业钜.中国古代城市规划史[M].北京：中国建筑工业出版社，1996.

[52] 顾朝林.中国城镇体系[M].北京：商务印书馆，1992.

[53] 刘敦桢.中国古代建筑史[M].北京：中国建筑工业出版社，1984.

[54] 杨宽.中国古代都城制度史研究[M].上海：上海古籍出版社，1993.

[55] 傅熹年.中国古代城市规划、建筑群布局及建筑设计方法研究[M].北京：中国建筑工业出版社，2001.

[56] 张驭寰.中国城池史[M].北京：中国友谊出版公司，2009.

[57] 刘庆柱.中国古代都城考古发现与研究[M].北京：社会科学文献出版社，2016.

[58] 庄林德，张京祥.中国城市发展与建设史[M].南京：东南大学出版社，2002.

[59] 宁越敏，张务栋，钱今昔.中国城市发展史[M].合肥：安徽科学技术出版社，1994.

[60] 顾朝林.中国城市地理[M].北京：商务印书馆，1999.

[61] 马正林.中国城市历史地理[M].济南：山东教育出版社，1998.

[62] 郭湖生.中华古都[M].台北：空间出版社，2003.

[63] 贺业钜.中国古代城市规划史论丛[M].北京：中国建筑工业出版社，1986.

[64] 贺业钜.考工记营国制度研究[M].北京：中国建筑工业出版社，1985.

[65] 傅崇兰等.中国城市发展史[M].北京：社会科学文献出版社，2009.

[66] 陈代光.中国历史地理[M].广州：广东高等教育出版社，2004.

[67] 周振鹤.中国历代行政区划的变迁[M].北京：中共中央党校出版社，1991.

[68] 杨军.中国区域发展历程[M].长春：长春出版社，2007.

[69] 胡焕庸，张善余.中国人口地理[M].上海：华东师范大学出版社，1984.

[70] 曲英杰.古代城市[M].北京：文物出版社，2003.

[71] 孙庆佛.鼍宅禹迹[M].北京：生活·读书·新知三联书店，2018.

[72] 许宏.先秦城市考古学研究[M].北京：北京燕山出版社，2000.

[73] 张国硕.夏商时代都城制度[M].郑州：河南人民出版社，2001.

[74] 曲英杰.先秦都城复原研究[M].哈尔滨：黑龙江人民出版社，1991.

[75] 王仲殊.汉代考古学概说[M].北京：中华书局，1984.

[76] 湖南省文物考古研究所.澧县城头山：新石器时代遗址发掘报告[M].北京：文物出版社，2007.

[77] 北京大学考古文博学院等.登封王城岗考古发现与研究（2000～2005）[M].郑州：大象出版社，2007.

[78] 河南省文物研究所，中国历史博物馆考古部.登封王城岗与阳城[M].北京：文物出版社，1992.

[79] 邹衡.夏商周考古论文集[M].北京：文物出版社，1980.

[80] 中国社会科学院考古研究所.殷墟发掘报告1958～1961[M].北京：文物出版社，1987.

[81] 中国社会科学院考古研究所.殷墟的发现与研究[M].北京：科学出版社，1994.

[82] 孟宪武.安阳殷墟考古研究[M].郑州：中州古籍出版社，2003.

[83] 河北省文物研究所.燕下都[M].北京：文物出版社，1996.

[84] 陕西省考古研究所.秦都咸阳考古报告[M].北京：科学出版社，2004.

[85] 周长山.汉代城市研究[M].北京：人民出版社，2001.

[86] 中国社会科学院考古研究所.汉长安城未央宫（1980～1989年）考古发掘报告[M].北京：中国大百科全书出版社，1996.

[87] 杜金鹏，钱国祥.汉魏洛阳城遗址研究[M].北京：科学出版社，2007.

[88] 牛润珍.古都邺城研究——中世纪东亚都城制度探源[M].北京：中华书局，2015.

[89] 张子欣.邺城考古札记[M].北京：中国文史出版社，2013.

[90] 中国社会科学院考古研究所，河北省文物研究所，河北省临漳县文物旅游局.邺城考古发现与研究[M].北京：文物出版社，2014.

[91] 段宇京.泱泱帝都·北魏洛阳[M].郑州：河南人民出版社，2014.

[92] 徐金星.汉魏洛阳故城研究[M].北京：科学出版社，2000.

[93] 段鹏琦.汉魏洛阳城[M].北京：文物出版社，2009.

[94] 肖爱玲等.隋唐长安城[M].西安：西安出版社，2008.

[95] 辛德勇.隋唐两京丛考[M].西安：三秦出版社，1991.

[96] 贺从容.古都西安[M].北京：清华大学出版社，2012.

[97] 杨鸿年.隋唐两京考[M].武汉：武汉大学出版社，2005.

[98] 王林晏.上京龙泉府[M].哈尔滨：黑龙江人民出版社，2015.

[99] 刘春迎.北宋东京城研究[M].北京：科学出版社，2004.

[100] 程存洁.唐代城市史研究初篇[M].北京：中华书局，2002.

[101] 包伟民.宋代城市研究[M].北京：中华书局，2014.

[102] 周宝珠.宋代东京研究[M].开封：河南大学出版社，1992.

[103] 丘刚.开封考古发现与研究[M].郑州：中州古籍出版社，1998.

[104] 李路珂.古都开封与杭州[M].北京：清花大学出版社，2012.

[105] 林正秋.南宋都城临安[M].杭州：西泠印社，1986.

[106] 唐俊杰，林正贤.南宋临安城考古[M].杭州：杭州出版社，2008.

[107] 傅伯星，胡安森.南宋皇城探秘[M].杭州：杭州出版社，2002.

[108] 朱国忱.金源故都[M].哈尔滨：北方文物杂志社，1991.

[109] 于杰，于光度.金中都[M].北京：北京出版社，1989.

[110] 陕西师范大学西北环发中心.统万城遗址综合研究[M].西安：三秦出版社，2004.

[111] 郭超.元大都的规划与复原[M].北京：中华书局，2016.

[112] 陈高华.元大都[M].北京：北京出版社，1982.

[113] 北京文物研究所.北京考古四十年[M].北京：北京

燕山出版社，1990.

[114] 徐苹芳.中国社会科学院考古研究所编辑.明清北京地图[M].上海：上海古籍出版社，2012.

[115] 韩大成.明代城市研究[M].北京：中国人民大学出版社，1991.

[116] 史红帅.明清时期西安城市地理研究[M].北京：中国社会科学出版社，2008.

[117] 李孝聪.中国城市的历史空间[M].北京：北京大学出版社，2015.

[118] 李孝聪.唐代地域结构与运作空间[M].上海：上海辞书出版社，2003.

[119] 赵冈.中国城市发展史论集[M].北京：新星出版社，2006.

[120] 薛凤旋.中国城市及其文明的演变[M].北京：世界图书出版公司北京公司，2010.

[121] 钱穆.中国经济史[M].北京：北京联合出版公司，2014.

[122] 张一农.中国商业简史[M].北京：中国财政经济出版社，1989.

[123] 张鸿雁.春秋战国城市经济发展史论[M].沈阳：辽宁大学出版社，1998.

[124] 田昌五，臧知非.周秦社会结构研究[M].西安：西北大学出版社，1996.

[125] 杜正胜.周代城邦[M].台北：联经出版事业公司，1981.

[126] 史念海.中国古都和文化[M].北京：中华书局，1998.

[127] 张继海.汉代城市社会[M].北京：社会科学文献出版社，2006.

[128] 马润潮.宋代的商业与城市[M].马德程，译.台北：中国文化大学出版部，1983.

[129] 傅崇兰.中国运河城市发展史[M].成都：四川人民出版社，1985.

[130] 成一农.古代城市形态研究方法新探[M].北京：社会科学文献出版社，2009.

[131] 李孝悌.中国的城市生活[M].北京：新星出版社，2006.

[132] 赵文林，谢淑君.中国人口史[M].北京：人民出版社，1988.

[133] 袁祖亮.中国古代人口史专题研究[M].郑州：中州古籍出版社，1994.

[134] 黄建军.中国古都选址与规划布局的本土思想研究[M].厦门：厦门大学出版社，2005.

[135] 朱祖希.营国匠意[M].北京：中华书局，2007.

[136] 汪德华.中国古代城市规划文化思想[M].北京：中国城市出版社，1997.

[137] 陈江风.天文崇拜与文化交融[M].郑州：河南出版社，1994.

[138] 陈江风.天文与人文[M].北京：国际文化出版公司，1988.

[139] 武占江.中国古代思维方式的形成及特点[M].西安：陕西人民出版社，2001.

[140] 江晓原.天学真原[M].沈阳：辽宁教育出版社，1995.

[141] 叶舒宪，田大宪.中国古代神秘数字[M].北京：社会科学文献出版社，1998.

[142] 金景芳.论井田制度[M].济南：齐鲁书社，1982.

[143] 刘沛林.风水——中国人的环境观[M].上海：上海三联书店，1995.

[144] 赵立瀛，何融.中国宫殿建筑[M].北京：中国建筑工业出版社，1992.

[145] 杜金鹏.殷墟宫殿区建筑基址研究[M].北京：科学出版社，2010.

[146] 谢宇.中国古代宫殿堪舆考[M].北京：华龄出版社，2013.

[147] 李孔怀.中国古代行政制度史[M].香港：三联书店（香港）有限公司，2007.

[148] 袁刚.中国古代政府机构设置沿革[M].哈尔滨：黑龙江人民出版社，2003.

[149] 朱耀廷，郭引强，刘曙光.古代坛庙[M].沈阳：辽宁师范大学出版社，1996.

[150] 刘晔原，郑惠坚.中国古代的祭祀[M].北京：商务印书馆，1996.

[151] 赵玉春.坛庙建筑[M].北京：中国文联出版公司，2009.

[152] 范小平.中国孔庙[M].成都：四川出版集团、四川文艺出版社，2004.

[153] 孔喆.孔子庙建筑制度研究[M].青岛：青岛出版社，2018.

[154] 赵逵，邵岚.山陕会馆与关帝庙[M].上海：东方出版中心，2015.

[155] 郑士有.关公信仰[M].北京：学苑出版社，1994.

[156] 郑士有，王贤森.中国城隍信仰[M].上海：上海三联书店，1994.

[157] 郝铁川.灶王爷、土地爷、城隍爷·中国民间神研究[M].上海：上海古籍出版社，2003.

[158] 马晓宏.天·神·人——中国传统文化中的造神运动[M].北京：国际文化出版公司，1988.

[159] 孙大章.中国佛教建筑[M].北京：中国建筑工业出版社，2017.

[160] 南怀瑾.中国佛教发展史略[M].上海：复旦大学出版社，1996.

[161] 白化文.汉化佛教与佛寺[M].北京：北京出版社，2017.

[162] 薛林平.中国道教建筑之旅[M].北京：中国建筑工业出版社，2007.

[163] 李养正.道教与中国社会[M].北京：中国华侨出版公司，1989.

[164] 段玉明.中国寺庙文化[M].上海：上海人民出版社，1994.

[165] 韩增禄.易学与建筑[M].沈阳：沈阳出版社，1999.

[166] 严耕望.中国地方行政制度史[M].上海：上海古籍出版社，2007.

[167] 鲁西奇.人群·聚落·地域社会[M].厦门：厦门大学出版社，2012.

[168] 任重，陈仪.魏晋南北朝城市管理研究[M].北京：中国社会科学出版社，2003.

[169] 刘太祥.汉唐行政管理[M].开封：河南大学出版社，1995.

[170] 朱绍侯.中国古代治安制度史[M].开封：河南大学出版社，1994.

[171] 袁琳.宋代城市形态和官署建筑制度研究[M].北京：中国建筑工业出版社，2013.

[172] 丁长清.中国古代的市场与贸易[M].北京：商务印书馆，1997.

[173] 龙登高.中国传统市场发展史[M].北京：人民出版社，1997.

[174] 吴刚.中国古代的城市生活[M].北京：商务印书馆，1997.

[175] 阎崇年.中国古代都市生活[M].北京：九州出版社，2009.

[176] 方志远.明代城市与市民文学[M].北京：中华书局，2004.

[177] 王笛.街头文化[M].李德英等译.北京：商务印书馆，2013.

[178] 高有鹏.中国庙会文化[M].上海：上海文艺出版社，1999.

[179] 王兆祥，刘文智.中国古代的庙会[M].北京：商务印书馆，1997.

[180] 金大珍.北魏洛阳城市风貌研究[M].北京：中国社会科学出版社，2016.

[181] 王笛.茶馆[M].北京：社会科学文献出版社，2010.

[182] 刘修明.中国古代饮茶与茶馆[M].北京：商务印书馆，1995.

[183] 蒋和宝，俞家栋.市井文化[M].北京：中国经济出版社，1995.

[184] 何炳棣.中国会馆史论[M].北京：中华书局，2017.

[185] 车文明.中国古戏台调查研究[M].北京：中华书局，2011.

[186] 侯希三.戏楼、戏台[M].北京：文物出版社，2003.

[187] 国家文物局文物保护司，江苏省文物管理委员会办公室，南京市文物局.中国古城墙保护研究[M].北京：文物出版社，2001.

[188] 杨国庆.中国古城墙[M].南京：江苏人民出版社，2017.

[199] 张先得.明清北京城垣和城门[M].石家庄：河北教育出版社，2003.

[190] 覃力.楼阁建筑[M].北京：中国建筑工业出版社，2016.

[191] 孔庆普.北京的城楼与牌楼结构考察[M].北京：东方出版社，2014.

[192] 金其桢，崔素英.牌坊中国——中华牌坊文化[M].上海：上海大学出版社，2010.

[193] 覃力.说门[M].济南：山东画报出版社，2004.

[194] 韩昌凯.北京的牌楼[M].北京：学苑出版社，2002.

[195] 刘凤云.明清城市空间的文化探析[M].北京：中央民族大学出版社，2001.

[196] （美）罗泰.宗子维城：从考古材料的角度看公元前1000至前250年的中国社会[M].吴长青、张莉、彭鹏，等译.上海：上海古籍出版社，2018.

[197] （意）贝纳沃罗.世界城市史[M].薛钟灵，等译.北京：科学出版社，2000.

[198] （英）莫里斯.城市形态史[M].成一农，等译.北京：商务印书馆，2011.

[199] （德）阿布弗雷德·申茨.幻方——中国古代的城市[M].梅青，译.北京：中国建筑工业出版社，2009.

[200] （美）施坚雅.中华帝国晚期的城市[M].叶光庭，等译.北京：中华书局，2000.

[201] （瑞典）喜仁龙.北京的城墙和城门[M].许永金，译，宋惕冰，校订.北京：北京燕山出版社，1985.

图书在版编目（CIP）数据

城市意匠＝Planning and Design Aesthetics of Historical Cities／覃力著. —北京：中国建筑工业出版社，2020.2
（大美中国系列丛书／王贵祥，陈薇主编）
ISBN 978-7-5074-3244-2

Ⅰ.①城… Ⅱ.①覃… Ⅲ.①城市规划－城市史－研究－中国－古代 Ⅳ.①TU984.2

中国版本图书馆CIP数据核字（2019）第280603号

责任编辑：李 鸽 李 婧
书籍设计：付金红 李永晶
责任校对：焦 乐

大美中国系列丛书
The Magnificent China Series
王贵祥 陈薇 主编
Edited by WANG Guixiang CHEN Wei

城市意匠
Planning and Design Aesthetics of Historical Cities
覃力 著
Written by QIN Li

*

中国建筑工业出版社、中国城市出版社出版、发行（北京海淀三里河路9号）
各地新华书店、建筑书店经销
北京方舟正佳图文设计有限公司制版
北京雅昌艺术印刷有限公司印刷

*

开本：787毫米×1092毫米 1／16 印张：16¾ 字数：322千字
2020年12月第一版 2020年12月第一次印刷
定价：**199.00**元
ISBN 978-7-5074-3244-2
（904229）

版权所有 翻印必究
如有印装质量问题，可寄本社图书出版中心退换
（邮政编码 100037）